Java程序设计入门

（第2版）

[印度] 沙姆 · 蒂克库（Sham Tickoo）／著
郭奇青／译

人民邮电出版社
北京

图书在版编目（CIP）数据

Java程序设计入门 ：第2版 / (印) 沙姆·蒂克库
(Sham Tickoo) 著 ; 郭奇青译. -- 北京 ：人民邮电出
版社, 2020.5（2022.10重印）
ISBN 978-7-115-53157-5

Ⅰ. ①J… Ⅱ. ①沙… ②郭… Ⅲ. ①JAVA语言－程序
设计－高等职业教育－教材 Ⅳ. ①TP312.8

中国版本图书馆CIP数据核字(2019)第287987号

◆ 著　　　[印度]沙姆·蒂克库（Sham Tickoo）
　译　　　郭奇青
　责任编辑　陈聪聪
　责任印制　王　郁　焦志炜
◆ 人民邮电出版社出版发行　　北京市丰台区成寿寺路 11 号
　邮编　100164　　电子邮件　315@ptpress.com.cn
　网址　http://www.ptpress.com.cn
　北京七彩京通数码快印有限公司印刷
◆ 开本：800×1000　1/16
　印张：23　　　　2020 年 5 月第 1 版
　字数：537 千字　　　　2022 年 10 月北京第 2 次印刷

著作权合同登记号　图字：01-2018-4379 号

定价：79.00 元

读者服务热线：(010)81055410　印装质量热线：(010)81055316
反盗版热线：(010)81055315
广告经营许可证：京东市监广登字20170147号

内 容 提 要

本书是关于 Java 语言程序设计的入门图书。全书从 Java 入门开始，介绍了 Java 基础，控制语句与数组，类与对象，继承，包、接口和内部类，异常处理，多线程，字符串处理，Applet 与事件处理，抽象窗口工具包，Java I/O 系统等内容。通过本书的学习，读者可以从零开始认识和掌握 Java 语言的基本概念和数据结构。

本书不但适用于 Java 语言的初学者，而且可以作为大专院校相关专业师生的学习用书和培训学校的教材。

前　言

Java 是 Sun Microsystems 公司所开发的一门面向对象、独立于平台的多线程编程语言。Java 的基本概念来自 C 和 C++，它为用户提供了选择、效率和灵活性。在带来传统易用性的同时，Java 还允许有选择地使用新的语言特性，例如平台独立性、安全性、多线程等。最重要的是 Java 的可移植性，这使它能够在任何操作系统上运行。所有这一切使 Java 成为学习面向对象编程的强大工具。

本书是一本基于示例的教科书，旨在满足希望了解 Java 基本概念的初学者和中级用户的需求。书中着重强调了 Java 是简单、高效的程序创建工具，包括基于窗口和基于 Web 的程序。

本书的亮点在于其中介绍的每个概念都辅以相应的程序作为示例，以便于读者更好地理解。此外，书中的所有程序都配有逐行讲解，即使没有编程经验的用户也能够弄清楚背后的概念并掌握编程技术，在设计程序时加以灵活运用。

本书的主要特色如下。

- **编程方法**：以直观的方式介绍了面向对象编程的重要概念，并通过恰当的示例对其进行诠释。
- **提示**：以“提示”的形式提供了额外信息。
- **演示**：广泛采用了示例、示意图、流程图、表格、截图和编程练习等形式展现相关内容。
- **学习目标**：每章的第一页都总结了本章的主题。
- **自我评估测试、复习题以及练习**：每章都以“自我评估测试”作结，以便于读者可以评估自己学到的知识。“自我评估测试”的答案在各章末尾给出。另外，在各章末尾还有“复习题”和“练习”，教师可以将其作为试题和练习使用。

资源与支持

本书由异步社区出品，社区（https://www.epubit.com/）为您提供相关资源和后续服务。

提交勘误

作者和编辑尽最大努力来确保书中内容的准确，但难免会存在疏漏。欢迎您将发现的问题反馈给我们，帮助我们提升图书的质量。

当您发现错误时，请登录异步社区，按书名搜索，进入本书页面，单击“提交勘误”，输入勘误信息，单击“提交”按钮即可，如下图所示。本书的作者和编辑会对您提交的勘误进行审核，确认并接受后，您将获赠异步社区的100积分。积分可用于在异步社区兑换优惠券、样书或奖品。

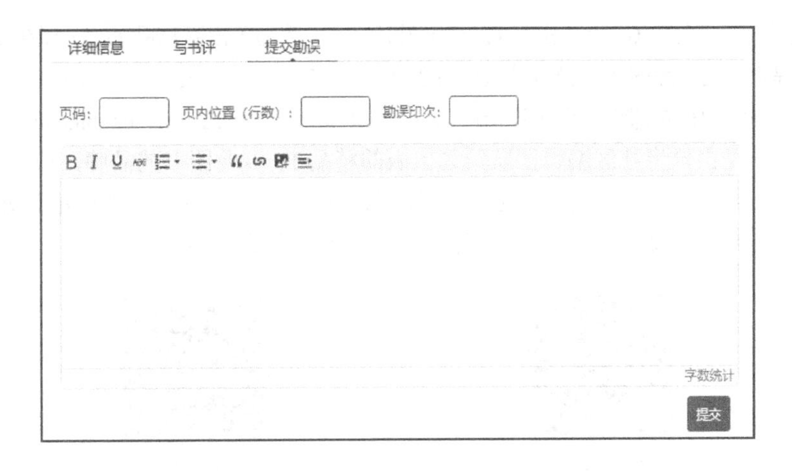

扫码关注本书

扫描下方二维码，您将会在异步社区微信服务号中看到本书信息及相关的服务提示。

与我们联系

我们的联系邮箱是 contact@epubit.com.cn。

如果您对本书有任何疑问或建议，请发邮件给我们，并请在邮件标题中注明本书书名，以便我们更高效地做出反馈。

如果您有兴趣出版图书、录制教学视频，或者参与图书翻译、技术审校等工作，可以发邮件给我们；有意出版图书的作者，也可以到异步社区在线提交投稿（直接访问 www.epubit.com/selfpublish/submission 即可）。

如果您所在的学校、培训机构或企业希望批量购买本书或异步社区出版的其他图书，也可以发邮件给我们。

如果您在网上发现有针对异步社区出品图书的各种形式的盗版行为，包括对图书全部或部分内容的非授权传播，请您将怀疑有侵权行为的链接发邮件给我们。您的这一举动是对作者权益的保护，也是我们持续为您提供有价值内容的动力之源。

关于异步社区和异步图书

“异步社区”是人民邮电出版社旗下 IT 专业图书社区，致力于出版精品 IT 技术图书和相关学习产品，为著译者提供优质出版服务。异步社区创办于 2015 年 8 月，提供大量精品 IT 技术图书和电子书，以及高品质技术文章和视频课程。更多详情请访问异步社区官网 https://www.epubit.com。

“异步图书”是由异步社区编辑团队策划出版的精品 IT 专业图书的品牌，依托于人民邮电出版社近 30 年的计算机图书出版积累和专业编辑团队，相关图书在封面上印有异步图书的 LOGO。异步图书的出版领域包括软件开发、大数据、AI、测试、前端、网络技术等。

异步社区

微信服务号

目　录

第 1 章　Java 入门 ······ 1
1.1　概述 ······ 2
1.2　Java 的历史与演变 ······ 2
1.3　Java 的特性 ······ 3
1.4　面向对象编程概念 ······ 4
1.4.1　数据抽象 ······ 4
1.4.2　封装 ······ 4
1.4.3　多态 ······ 4
1.4.4　继承 ······ 5
1.4.5　接口 ······ 6
1.5　Java 编译器和解释器 ······ 7
1.6　安装 Java 开发套件 ······ 8
1.7　Java 语句 ······ 9
1.7.1　Java API 和包 ······ 9
1.7.2　import 关键字 ······ 10
1.7.3　class 关键字 ······ 10
1.7.4　System.out.println()语句 ······ 10
1.7.5　访问修饰符 ······ 11
1.7.6　Java 中的注释 ······ 11
1.8　编写第一个 Java 程序 ······ 12
1.9　设置程序目录路径 ······ 14
1.9.1　设置临时路径 ······ 14
1.9.2　设置永久路径 ······ 15
1.10　安装 NetBeans IDE ······ 17
1.11　在 NetBeans 中编写第一个 Java 程序 ······ 18
1.12　自我评估测试 ······ 21
1.13　复习题 ······ 22
1.14　练习 ······ 23

第2章 Java基础 ······ 24
2.1 概述 ······ 25
2.2 标识符 ······ 25
2.3 关键字 ······ 25
2.4 数据类型 ······ 26
2.4.1 原始数据类型 ······ 26
2.4.2 派生数据类型 ······ 29
2.4.3 用户自定义类型 ······ 29
2.5 转义序列 ······ 29
2.6 变量 ······ 32
2.6.1 变量声明 ······ 32
2.6.2 变量初始化 ······ 32
2.6.3 变量类型 ······ 34
2.6.4 变量的作用域与生命期 ······ 36
2.7 类型转换 ······ 36
2.7.1 隐式转换（扩大转换） ······ 36
2.7.2 显式转换（收窄转换） ······ 37
2.8 运算符 ······ 39
2.8.1 单目运算符 ······ 39
2.8.2 算术运算符 ······ 43
2.8.3 按位运算符 ······ 44
2.8.4 关系运算符 ······ 50
2.8.5 逻辑运算符 ······ 50
2.8.6 赋值（=）运算符 ······ 51
2.8.7 ?:运算符 ······ 56
2.8.8 instanceof运算符 ······ 57
2.8.9 运算符优先级 ······ 58
2.9 命令行参数 ······ 59
2.9.1 String类型转换为int类型 ······ 60
2.9.2 String类型转换为long类型 ······ 61
2.9.3 String类型转换为float类型 ······ 61
2.10 自我评估测试 ······ 62
2.11 复习题 ······ 62
2.12 练习 ······ 63

第 3 章 控制语句与数组 ······ 64
3.1 概述 ······ 65
3.2 流程图 ······ 65
3.3 控制语句 ······ 65
3.3.1 选择语句 ······ 66
3.3.2 迭代语句 ······ 80
3.3.3 跳转语句 ······ 88
3.4 数组 ······ 92
3.4.1 一维数组 ······ 92
3.4.2 多维数组 ······ 96
3.5 foreach 循环 ······ 98
3.6 自我评估测试 ······ 100
3.7 复习题 ······ 100
3.8 练习 ······ 102
第 4 章 类与对象 ······ 103
4.1 概述 ······ 104
4.2 类 ······ 104
4.3 对象 ······ 105
4.3.1 创建对象 ······ 105
4.3.2 初始化实例变量 ······ 105
4.3.3 访问实例变量 ······ 106
4.3.4 为对象引用变量赋值 ······ 109
4.4 方法 ······ 111
4.4.1 定义方法 ······ 111
4.4.2 调用方法 ······ 112
4.4.3 带有返回值的方法 ······ 113
4.4.4 向方法传递参数 ······ 115
4.4.5 向方法传递对象 ······ 117
4.4.6 从方法返回对象 ······ 119
4.4.7 向方法传递数组 ······ 121
4.4.8 方法重载 ······ 122
4.5 构造函数 ······ 124
4.5.1 默认构造函数 ······ 124
4.5.2 带参数的构造函数 ······ 127
4.5.3 复制构造函数 ······ 129

4.5.4 构造函数重载 …… 131
4.6 垃圾回收 …… 133
4.7 finalize()方法 …… 133
4.8 this 关键字 …… 134
4.9 静态数据成员与方法 …… 135
4.10 递归 …… 136
4.11 自我评估测试 …… 138
4.12 复习题 …… 138
4.13 练习 …… 140

第 5 章 继承 …… 141

5.1 概述 …… 142
5.2 继承基础 …… 142
5.2.1 单一继承 …… 143
5.2.2 多级继承 …… 145
5.2.3 层次继承 …… 147
5.2.4 多重继承 …… 149
5.2.5 混合继承 …… 149
5.3 访问限定符与继承 …… 149
5.3.1 private …… 149
5.3.2 public …… 150
5.3.3 protected …… 150
5.3.4 default …… 150
5.4 super 关键字 …… 154
5.4.1 调用父类构造函数 …… 154
5.4.2 使用 super 关键字访问成员 …… 157
5.5 方法重写 …… 159
5.6 动态方法分派 …… 161
5.7 抽象方法 …… 163
5.8 final 关键字 …… 165
5.8.1 将变量声明为常量 …… 165
5.8.2 避免重写 …… 165
5.8.3 避免继承 …… 166
5.9 自我评估测试 …… 166
5.10 复习题 …… 167
5.11 练习 …… 169

第 6 章 包、接口和内部类 …… 170
6.1 概述 …… 171
6.2 Object 类 …… 171
6.3 包 …… 171
6.3.1 定义包 …… 172
6.3.2 访问包 …… 172
6.3.3 包内部的访问保护 …… 174
6.3.4 导入包 …… 174
6.4 接口 …… 176
6.4.1 定义接口 …… 177
6.4.2 实现接口 …… 177
6.4.3 接口变量 …… 179
6.4.4 扩展接口 …… 180
6.4.5 嵌套接口 …… 183
6.5 嵌套类 …… 186
6.5.1 静态嵌套类 …… 186
6.5.2 非静态嵌套类 …… 188
6.6 自我评估测试 …… 194
6.7 复习题 …… 194
6.8 练习 …… 195

第 7 章 异常处理 …… 196
7.1 概述 …… 197
7.2 异常处理机制 …… 197
7.2.1 异常类 …… 197
7.2.2 异常类型 …… 197
7.2.3 异常处理机制中用到的语句块 …… 198
7.2.4 定义自己的异常子类 …… 213
7.3 自我评估测试 …… 214
7.4 复习题 …… 215
7.5 练习 …… 216

第 8 章 多线程 …… 217
8.1 概述 …… 217
8.2 多线程简介 …… 218
8.2.1 线程模型 …… 218
8.2.2 线程优先级 …… 218

8.3 main 线程 …… 219
8.4 创建新线程 …… 220
8.4.1 实现 Runnable 接口 …… 220
8.4.2 扩展 Thread 类 …… 224
8.5 创建多个线程 …… 226
8.5.1 isAlive()和 join()方法 …… 227
8.5.2 设置线程优先级 …… 230
8.6 同步 …… 233
8.6.1 互斥 …… 233
8.6.2 协作（线程间通信） …… 238
8.6.3 wait()与 sleep()方法之间的差异 …… 240
8.7 死锁 …… 241
8.8 自我评估测试 …… 241
8.9 复习题 …… 241
8.10 练习 …… 242

第 9 章 字符串处理 …… 243

9.1 概述 …… 244
9.2 字符串 …… 244
9.3 String 类的构造函数 …… 244
9.4 字符串比较方法 …… 246
9.4.1 equals() …… 246
9.4.2 equalsIgnoreCase() …… 246
9.4.3 compareTo() …… 248
9.4.4 compareToIgnoreCase() …… 248
9.4.5 运算符== …… 249
9.4.6 regionMatches() …… 250
9.4.7 startsWith() …… 250
9.4.8 endWith() …… 251
9.4.9 toString() …… 251
9.4.10 字符串提取方法 …… 252
9.4.11 字符串修改方法 …… 254
9.4.12 改变字符大小写 …… 255
9.4.13 字符串搜索方法 …… 256
9.4.14 获得字符串长度 …… 259
9.5 StringBuffer 类 …… 260

9.5.1 StringBuffer 类的构造函数 …… 260
9.5.2 StringBuffer 类的方法 …… 261
9.6 自我评估测试 …… 267
9.7 复习题 …… 267
9.8 练习 …… 268

第 10 章 Applet 与事件处理 …… 269
10.1 概述 …… 270
10.2 Applet …… 270
10.2.1 Applet 类 …… 270
10.2.2 Applet 的生命周期 …… 271
10.2.3 paint()方法 …… 272
10.2.4 创建 Applet …… 272
10.2.5 设置 Applet 的颜色 …… 275
10.2.6 向 Applet 传递参数 …… 277
10.2.7 getCodeBase()与 getDocumentBase()方法 …… 278
10.3 事件处理 …… 280
10.3.1 事件处理机制 …… 280
10.3.2 事件类 …… 280
10.3.3 事件源 …… 288
10.3.4 创建事件侦听器 …… 289
10.4 自我评估测试 …… 291
10.5 复习题 …… 291
10.6 练习 …… 292

第 11 章 抽象窗口工具包 …… 293
11.1 概述 …… 294
11.2 AWT 窗口 …… 294
11.3 使用图形 …… 299
11.3.1 绘制线条 …… 299
11.3.2 绘制矩形 …… 301
11.3.3 绘制圆形和椭圆形 …… 302
11.3.4 绘制弧线 …… 303
11.3.5 绘制多边形 …… 305
11.4 AWT 控件 …… 307
11.4.1 标签控件 …… 307
11.4.2 按钮控件 …… 310

11.4.3 文本字段控件 ………………………………………………………………………… 312
11.4.4 复选框控件 ………………………………………………………………………… 315
11.4.5 下拉列表控件 ………………………………………………………………………… 319
11.4.6 列表控件 ………………………………………………………………………… 322
11.4.7 滚动条控件 ………………………………………………………………………… 328
11.4.8 文本区域控件 ………………………………………………………………………… 330
11.5 布局管理器 ………………………………………………………………………… 332
11.5.1 FlowLayout ………………………………………………………………………… 332
11.5.2 BorderLayout ………………………………………………………………………… 334
11.5.3 GridLayout ………………………………………………………………………… 335
11.6 自我评估测试 ………………………………………………………………………… 336
11.7 复习题 ………………………………………………………………………… 337
11.8 练习 ………………………………………………………………………… 337

第12章 Java I/O系统 ………………………………………………………………………… 338
12.1 概述 ………………………………………………………………………… 339
12.2 与流相关的类 ………………………………………………………………………… 339
12.2.1 字节流类 ………………………………………………………………………… 339
12.2.2 字符流类 ………………………………………………………………………… 342
12.3 File类 ………………………………………………………………………… 343
12.3.1 创建文件应遵循的命名约定 ………………………………………………………………………… 343
12.3.2 读写字符文件 ………………………………………………………………………… 345
12.3.3 读写字节文件 ………………………………………………………………………… 347
12.4 随机访问文件 ………………………………………………………………………… 348
12.5 自我评估测试 ………………………………………………………………………… 353
12.6 复习题 ………………………………………………………………………… 354
12.7 练习 ………………………………………………………………………… 354

第 1 章

Java 入门

学习目标

阅读本章，我们将学习如下内容。

- Java 的历史、演变、特性
- OOPS 的概念
- Java 编译器和解释器
- 安装 Java 开发工具包
- 编写、编译、设置路径并运行你的第一个 Java 程序
- 安装 NetBeans IDE
- 在 NetBeans IDE 中编写、构建、运行 Java 程序

1.1 概述

本章将介绍Java编程语言，让你能够编写出第一个Java程序。在这一章中，你将简要了解到这门语言的历史、演变、特性，学习如何在系统中安装Java和NetBeans IDE（Integrated Development Environment，集成化开发环境）以及运行Java程序。此外，你还将知晓有关面向对象编程概念的知识及其在Java程序开发中的重要性。

提示

1. 集成化开发环境（Integrated Development Environment，IDE）是一种能够为计算机软件开发人员提供广泛特性的软件，通常由源代码编辑器、自动化构建工具、调试器组成。
2. 本书中的Java程序示例都在Windows平台上进行了测试。

1.2 Java的历史与演变

Java的第一个版本是由James Gosling于1991年在美国的Sun Microsystems公司（后来被Oracle公司收购）开发的。最初，James Gosling将其命名为Oak，但随后在1995年更名为Java。它的首个版本是为电子设备和电路应用而开发的，该计划获得了成功。后来，这项催生出Java的计划被称为绿色项目（Green project）。

除通用目的外，Java被认为是一种领先的基于Web的技术。在诞生伊始，没有人知道它会有多受欢迎。Java是第一种独立于平台的面向对象编程语言，能够运行于任何平台。它允许开发人员贯彻“一次编写，随处运行”（Write Once, Run Anywhere，WORA）的概念。尽管Java的基本语法取自C和C++，但它仍然与这两者有很大的不同。

Java有4种主要版本。

- Java标准版（Java Standard Edition，Java SE）。
- Java企业版（Java Enterprise Edition，Java EE）。
- Java微型版（Java Micro Edition，Java ME）。
- JavaFX。

用于计算机软件的Java应用程序是使用Java标准版开发的，用于Web服务器的Java应用程序是使用Java企业版开发的，用于多媒体平台的应用程序是使用JavaFX开发的，用于移动设备的应用程序是使用Java微型版开发的。

我们可以使用Java编程语言创建小程序（Applet）和应用程序（Application）两种类型的程序。小程序是用于Web浏览器的短小程序代码，属于轻量级的应用程序，通常为浏览器提供增强的导航功能或额外的交互性。

可以使用Java创建的其他类型软件是控制台应用程序（Console Application）。这种应用程序是独立程序，可以像任何其他程序一样在计算机上运行。如NetBeans这样的IDE已经自带了可用于运行 Java 程序的集成控制台环境。

提示

不同于独立应用程序，Java 小程序不需要任何解释器就能够执行。

1.3 Java 的特性

Java 流行的原因在于其先进的特性，例如平台独立性、简单性和安全性等。我们下面来解释其中一些主要的特性。

1. 平台独立性

Java 是一种独立于平台的语言，这意味着它可以在任何操作系统上运行。例如，在 Windows 平台上编写的 Java 应用程序可以在 Linux、Macintosh 和其他任何操作系统上运行。当 Java 在系统上运行时，它会将源代码转换为字节码（byte code）。字节码是由 Java 编译器在 JVM（Java Virtual Machine，Java 虚拟机）帮助下生成的，可以在任何系统上独立使用。有关 JVM 的更多信息，可参见本章后续部分。由于其可移植性，因此在一个平台上用 Java 创建的应用程序可以在任何其他平台上运行。

2. 简单性

与其他语言相比，Java 语言的语法非常简单。它与 C 或 C++的语法非常相似。Java 中的每个关键字都是有意义的，因此，我们可以轻松识别出关键的操作。

3. 两阶段系统

Java 分两个阶段编译程序。第一个阶段，Java 编译器将源代码转换成字节码。第二个阶段，Java 解释器将字节码转换成机器码。因为计算机能够理解机器码，所以就可以执行代码并生成输出。这就叫作两阶段系统（Double Stage System）。

4. 面向对象

Java 完全是一种面向对象编程语言，因为它将所有一切都视为对象。Java 的基本概念取自于 C 和 C++。C 并非面向对象编程语言，而是一种基于结构的编程语言。而作为 C 扩展的 C++，则是面向对象编程语言。Java 更加独立于 C 或 C++。本章的后续部分将更多地讲解 Java、C、C++之间的相似和不同之处。

5. 安全性

安全性是编程语言中的一个重要问题。如果应用程序不安全，数据也就不会安全。Java 是一种安全的语言，因为它不像 C++那样支持指针，所以代码无法直接访问内存。Java 的内部系统会核实试图访问内存的代码。

6. 多线程

Java 支持多线程，这意味着 Java 能够在单个进程中处理多项任务。这是 Java 的重要特性之一。另外，Java 也支持线程同步，这能够帮助多个线程以同步的方式同时工作。本书后续部分将讲解有关多线程的更多内容。

7. 易于上手

Java对用户非常友好，而且易于上手。编写Java程序不需要什么特定的环境。我们可以直接在任何文本编辑器中输入Java代码。例如，我们可以在记事本中编写Java程序并保存，然后像编写C或C++程序时那样在命令行窗口中执行这个Java程序。

1.4 面向对象编程概念

在谈论面向对象编程系统时，Java的名字总是首当其冲，因为它实现了真正的面向对象编程系统的所有要求，例如，支持数据抽象、封装、多态、继承。

如果一个程序是使用Java等面向对象编程语言创建的，那么类、实例、对象就是这个程序必不可少的组成部分。可以将类定义为描述不同对象的行为/状态的模板/蓝图。对象是展示其类所定义的属性和行为的特定元素。相同类型的对象称为同类型（same type）或同类（same class）。一旦从类派生出对象，就形成了一个实例。对象可以采取的操作称为方法。Java 中的方法在其他语言中被称为过程、方法、函数或子程序。

为了理解类和对象的概念，我们假定“车辆”是一个类。在“车辆”类下，可以有不同类型的车辆，例如汽车、公共汽车和卡车等，汽车、公共汽车、卡车就是“车辆”类的对象。

有一些特性促成了面向对象编程的流行。接下来我们就来谈谈这些特性。

1.4.1 数据抽象

用面向对象编程语言的话来说，数据抽象意味着只展示功能，隐藏实现细节。这样做有助于掩饰多种数据的复杂性。在现实世界中，数据抽象的一个例子就是发送电子邮件，用户只需要撰写邮件，然后把它发送给其他用户就可以了，不需要知道背后的内部处理过程。

1.4.2 封装

这是面向对象编程语言的另一个特性。通过封装，方法和数据被组合或包装成为一个单元。换句话说，方法和数据被封装在一起，以称为对象的单个实体形式发挥作用，参见图1-1。这个概念也叫作数据隐藏。在此过程中，数据无法被外部方法或过程访问，只有与其组合在一起的方法才能访问到数据。

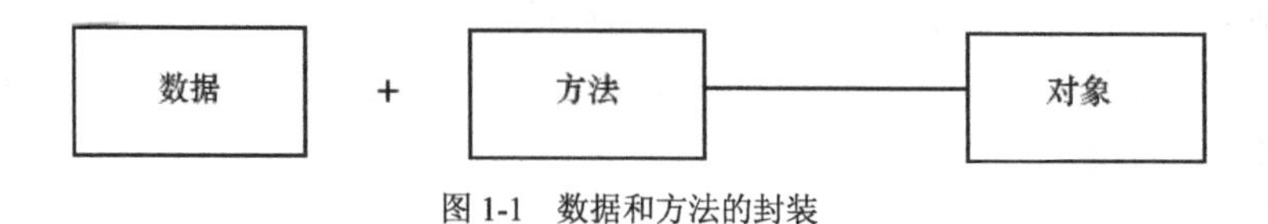

图1-1 数据和方法的封装

1.4.3 多态

多态（Polymorphism）是一个希腊词，其中Poly表示“很多”，morph表示“形式”。因此，多态的意思就是“一个名称，多种形式”。在面向对象的概念中，如果单个操作扮演了多种角色，那么它就称为多态。

多态的一个例子是方法重载。在方法重载中，多种方法可以具有相同的名称，但各自拥有不同的参数数量。例如，有一个名为 calculate 的类，包含了 calculate_area(l,b)和 calculate_area(s)两个方法。两者的名称都是 calculate_area，但是拥有的参数数量不同。因此，当用户传入两个值时，将调用具有两个参数的方法 calculate_area(l,b)；当用户传入单个值时，可以调用具有单个参数的方法 calculate_area(s)。

1.4.4 继承

继承是面向对象编程的关键特性。它带来的好处是能够重用对象的方法和属性，因而可以减少 Java 程序的代码行数。如果我们创建了一个类，在其中以属性和方法的形式定义了若干特性。随后，我们需要创建另一个类，该类除现有类的所有特性（属性和方法）之外，还具有一些新的特性（属性和方法）。在这种情况下，无须再单独创建一个类。我们可以从现有类中派生出新类，在新类中添加新特性。这样就能够避免重复同样的代码。

从技术上来说，继承是一种从现有类中派生出新类的技术，可以在新类中重用现有类的特性。派生出的类也称为次类（sub-class）或子类（child class），用于派生出新类的类称为超类（super class）、基类（base class）或父类（parent class）。图 1-2 通过图示，以简单直观的方式描述了继承的概念。

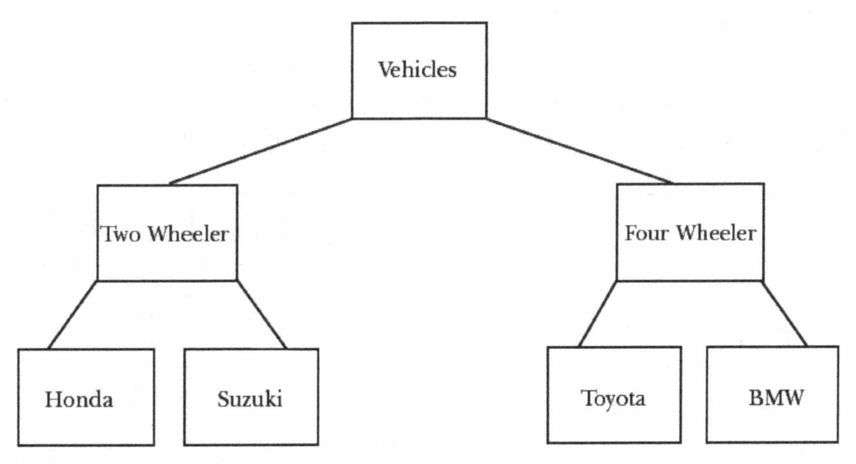

图 1-2 继承的概念

如图 1-2 所示，Vehicles 是一个基类，拥有 Two Wheeler 和 Four Wheeler 两个子类。这两个子类分别又拥有 Honda 和 Suzuki、Toyota 和 BMW 两个子类。因此，Two Wheeler 和 Four Wheeler 是其子类的基类，Vehicles 是其所有子类的基类。

在 Java 中，主要包含以下 3 种继承类型。

- 单一继承（Single Inheritance）。
- 多级继承（Multilevel Inheritance）。
- 层次继承（Hierarchical Inheritance）。

1. 单一继承

如果从单个父类中派生出单个类，就叫作单一继承。图1-3展示了这一概念，其中，类B继承了类A的属性。

2. 多级继承

如果一个类是从另一个派生类中派生出来的，就叫作多重继承。图1-4展示了这一概念，其中，类C继承了类B的属性，而类B又是类A的子类。

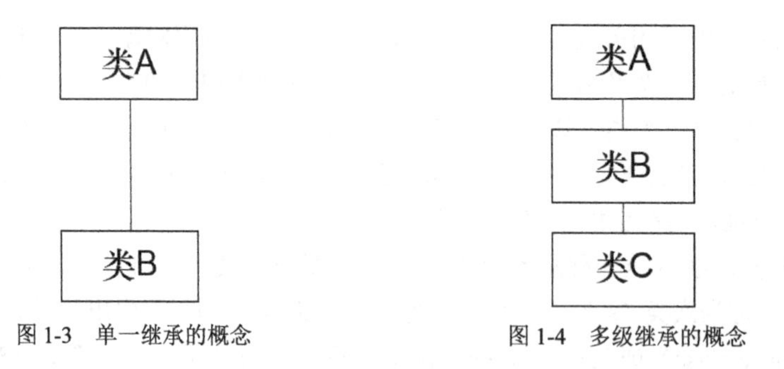

图1-3 单一继承的概念

图1-4 多级继承的概念

3. 层次继承

如果从单个基类中派生出多个类，就叫作层次继承。图1-5展示了层次继承的概念，其中，类B和类C继承了类A的属性。

在面向对象编程中，还有一种继承类型叫作多重继承（multiple inheritance）。在多重继承中，一个类派生自多个父类。Java的设计者认为这种继承太过复杂，与保持Java简单性的观念不能很好地契合。因此，Java并没有实现多重继承。图1-6展示了多重继承的概念。

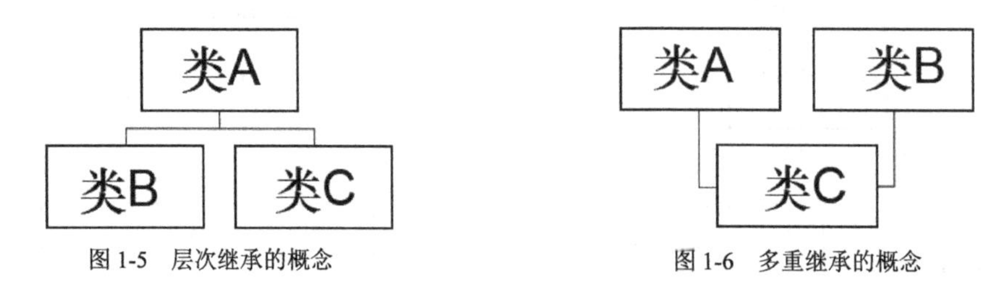

图1-5 层次继承的概念

图1-6 多重继承的概念

Java能够借助接口实现多重继承的要求。接口是面向对象编程的另一个重要特性，接下来将会讲到。

1.4.5 接口

接口是类的蓝图。它与类非常相似，但只包含抽象方法。抽象方法是仅有声明但不包含任何实现的方法。接口可能也包含常量、方法签名、默认方法、静态方法，但它不具有任何构造函数，因此无法被实例化。接口只能由类来实现或者通过其他接口扩展。类继承接口的抽象方法来实现它。我们可以使用接口实现抽象和多重继承，还可以从任意数量的接口派生类。图 1-7 展示了接口的概念，其中，类 C 继承了接口 A 和接口 B 以及类 A 的属性。

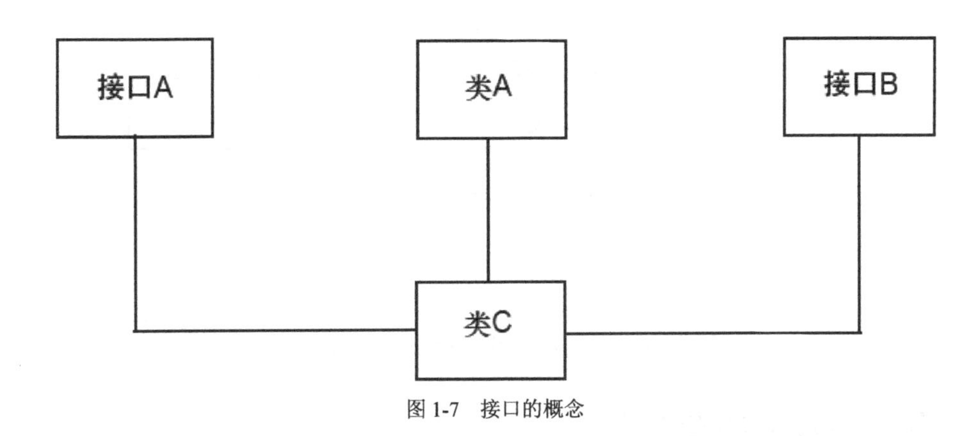

图 1-7 接口的概念

1.5 Java 编译器和解释器

当运行一个 Java 程序时，它要经历编译和解释两个阶段。在编译期间，源代码被编译器转换成中间语言。源代码是用 Java 编写的程序，而中间代码是由 Java 编译器生成的特殊类型代码。中间代码也称为 Java 字节码或字节码。因为字节码并不针对特定的机器，所以它需要被转换成机器级别的代码，这个任务由 Java 解释器来完成。Java 解释器逐行读取字节码，将其转换为机器代码。这时，再由计算机执行机器代码。

提示

1. 编译器是一种特殊用途的程序，负责将 Java 程序等高级语言（易于人们书写和理解）转换成低级语言（机器语言）。
2. 字节码一种用于 Java 虚拟机的机器语言。每个计算机平台都有自己的程序来解释字节码指令。

Java 虚拟机

我们已经知道，Java 程序的源代码会被转换成字节码，然后再被转换成机器码。字节码不属于任何类型计算机的机器语言。事实上，它是一种叫作 Java 虚拟机或 JVM 虚构计算机的机器语言。术语 JVM 用于指代像虚构计算机那样的软件。

JVM 的架构非常强大。只要安装了 JDK，JVM 就会自动加载到计算机内存中，在编译 Java 程序时发挥作用。将 Java 程序转换为机器特定代码的过程表示如图 1-8 所示。

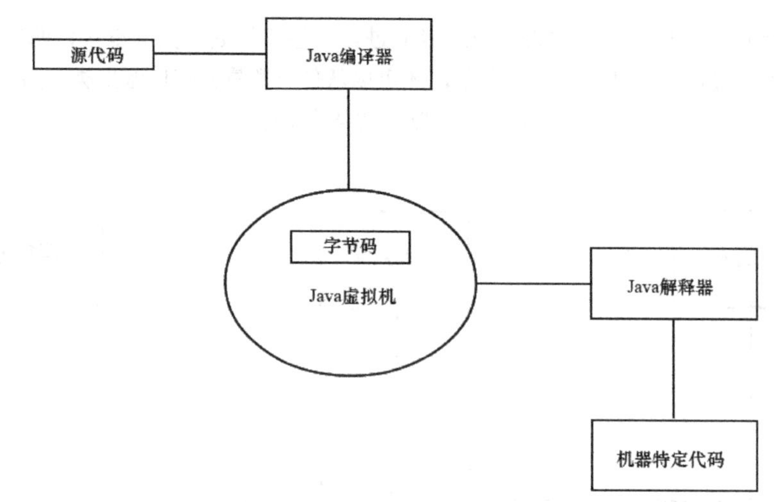

图1-8 将Java程序转换成机器特定代码的过程表示

1.6 安装Java开发套件

在本节中，我们将学习如何在计算机中安装Java SE Development Kit（JDK）以及运行Java程序。安装JDK非常简单，几分钟就能完成。我们可以从Oracle的网站上下载JDK的Windows版本。

一开始，安装程序会提示我们接受许可协议，选择“Accept License Agreement”单选按钮，然后单击与Windows x64条目对应的jdk-8u111-windows-x64.exe，将文件保存在硬盘上。如果我们使用的是32位计算机，则单击与Windows x86条目对应的jdk-8u111-windows-i586.exe链接。文件下载完成后，需要在系统上运行安装程序。在安装过程中，保持默认设置不变。整个过程需要几分钟时间。选择“Finish”按钮以确保完成安装。现在，就可以编写和运行Java程序了。

JDK工具

在系统中安装JDK时，会随之安装如表1-1所列的基础工具。

表1-1 JDK工具清单

工　具	描　述
javac	Java编译器，用于将Java源代码转换成字节码
java	Java解释器，用于将字节码转换成机器特定代码
javadoc	用于创建HTML文档
appletviewer	用于解释Java applet类
javah	用于编写原生方法
javap	用于反汇编类文件
jdb	Java调试器，用于调试Java程序
jar	用于管理Java归档（Java Archive，JAR）文件

1.7 Java 语句

在编写和执行 Java 程序之前，应该了解要用到的一些基本关键字和语法。Java 的大多数关键字与 C++类似。我们接下来要讨论其中一些重要的关键字和语法。

1.7.1 Java API 和包

Java API（Application Programming Interface，应用程序编程接口）包含大量的类和方法，它们被划分为不同类型的包。Java API 用于各种 Java 应用程序之中。包分为以下两种。

- 内建包。
- 用户自定义包。

1. 内建包

内建包是在 Java 库中预先定义好的。Java 中有各种各样的内建包，它们的用法各不相同。每个 Java 类都归属于某个包。下面讨论一些广泛用于 Java 程序中的重要内建包。

（1）Java.lang

这是 Java 中用得较多的包，它提供了编程中要用到的基础的类，例如 Integer、Float、Math、String、Thread 等。

（2）Java.IO

这个包用于在 Java 程序中处理输入和输出文件，包含 Reader、Writer、Stream 等类。

（3）Java.util

这个包包含了各种实用工具类，涉及数据结构、字符串处理、时间与日期等。

（4）Java.net

这个包用于 Java 网络编程、套接字编程等。

（5）Java.awt

这个包为基于 GUI（Graphical User Interface，图形用户界面）的应用程序提供了各种类。

2. 用户自定义包

我们也可以使用 package 关键字以及有效名称来创建自己的包。通过这种方式创建的包叫作用户自定义包。例如：

```
package book;
public class JavaBook
{
   public static void main(String[] args)
   {
         System.out.println("Hello Java");
   }
}
```

在这个例子中，package 是关键字，book 是包的名称，其中包含一个 JavaBook 类。要在其他程序中导入并使用这种包，可以使用以下语法：

```
import book.*
```

1.7.2 import 关键字

顾名思义，该关键字用于往已有程序中导入包、类或方法。这些包或类可以是用户自定义的，也可以是内建的。举例来说，如果我们没有把包导入已有程序中，那么就无法在其中使用这个包的所有类和方法。因此，我们需要将包导入程序中。

例如：

```
import java.lang.Math;
```

该语句导入了 lang 包的 Math 类。这是 Java 的内建包。

我们也可以导入整个包：

```
import java.lang.*;
```

*在这里代表包中的所有类。该语句导入了 lang 包中的全部类。

1.7.3 class 关键字

类是面向对象编程语言的根基，它包含了方法、对象、属性、变量等。class 关键字之后跟上有效的类名就可以定义类。

例如：

```
class JavaBook
```

该语句使用 class 定义了名为 JavaBook 的类。

1.7.4 System.out.println()语句

该语句用于将输出打印到命令提示符的下一行。其中，println 是 out 对象的成员，System 指明了类。

例如：

```
System.out.println("Hello Java");
```

该语句会在命令提示符的下一行打印出字符串“Hello Java”。

提示

我们可以使用关键字 print 来代替关键字 println。两者之间唯一的区别是，println 是在下一行显示输出，而 print 是在同一行显示输出。

1.7.5 访问修饰符

访问修饰符是用于声明类或方法的关键字，以便在类或包的不同范围内访问。在 Java 中，有 4 种类型的访问修饰符，下面对其进行说明。

1. public

如果希望某个类的方法或变量可以由 Java 程序中的其他类访问，则可以声明 public 访问修饰符。这些类可以在同一个包中，也可以在其他包中。在所有的修饰符中，public 访问修饰符实现了最大范围的访问权限。

例如：

```
public class JavaBook
public Book() {..........}
```

2. default

如果没有设置修饰符，则遵循 default 访问权限。这种访问权限不需要指定修饰符关键字，只能从包内部访问，而不能从包外部访问。

例如：

```
class JavaBook
Author() {..........}
```

3. protected

如果希望类的成员既能够在定义其的类内部访问，也能够从由此类派生出的其他类中访问，则可以声明 protected 访问修饰符。

例如：

```
protected class JavaBook
protected Author() {..........}
```

4. private

如果希望类的成员只能由特定的类访问，则可以声明 private 访问修饰符。

例如：

```
private class JavaBook
private Author() {..........}
```

1.7.6 Java 中的注释

为方便起见，我们可以在 Java 程序中加入注释。Java 支持单行注释和多行注释两种类型的注释，C++同样支持这两种类型的注释。

1. 单行注释

如果要在 Java 程序中书写主题或简短的注释，则可以使用单行注释。这种注释以两条斜线（//）开头。

例如：

```
//This is a single line comment.
```

2. 多行注释

如果要在Java程序中书写比较长的描述或小型文档，则可以使用多行注释。这种注释出现在/*和*/之间，其中的所有内容都会被编译器忽略。

例如：

```
/*This is a multiple lines comment. Anything
inside it is ignored by the compiler.*/
```

1.8 编写第一个Java程序

能够用来编写和运行Java程序的编辑器有很多。我们可以从中选择一款或者干脆使用记事本（Notepad）来编写。在本节中，我们将学习如何在记事本中编写Java程序，然后在命令行中编译并运行。

首先从Start（开始）菜单中打开记事本，在其中写入程序代码，然后将文件保存为FirstProgram.java。

示例 1-1

下面是一个简单的Java程序示例，该程序将在屏幕上打印出“Hello Java”。

```
// 该程序将打印Hello Java
1  class FirstProgram
2  {
3        public static void main(String args[ ])
4        {
5              System.out.println("Hello Java");
6        }
7  }
```

讲解

下面逐行讲解该程序。

第1行

class FirstProgram

该行创建了名为FirstProgram的类。

第2行

{

该行表明开始定义FirstProgram类。

第3行

public static void main(String args[])

所有Java程序中都会用到该语句，它是Java的main()方法，是所有程序的入口点。控制权始终会到达此处。

public

这是访问限定符，表明在整个程序中都可以访问到使用该限定符的方法。

static

static 关键字允许在不创建类实例的情况下调用 main()方法。这是必不可少的，因为 main()方法是在所有对象被创建出来之前由 Java 解释器调用的。

void

void 关键字表明 main()方法不返回任何值。

main(String args[])

args[]是 string 类的对象数组，在这里作为 main()方法的参数。

第 4 行

{

该行表明开始 main()方法的定义。

第 5 行

System.out.println("Hello Java");

该行向屏幕输出“Hello Java”。

第 6 行

}

该行表明结束 main()方法的定义。

第 7 行

}

该行表明结束 FirstProgram 类的定义。

提示

最开始的“//该程序将打印 Hello Java”并非程序的组成部分。这是单行注释，仅作参考之用。

编译和运行 Java 程序

编译和运行 Java 程序一点都不难。我们可以在任何命令行窗口中编译 Java 程序。在编译和运行 Java 程序之前，需要知道与此相关的下列两个命令。

1. javac 命令

javac 命令用于编译 Java 程序。我们可以按照以下方法使用该命令编译 Java 程序：

```
javac Name_of_file with extension
```

这里，javac 是命令名，Name_of_file 是后缀为.java 的 Java 程序文件名。

2. java 命令

java 命令运行编译后的 Java 程序，在屏幕上显示程序输出。

我们可以像下面一样使用java命令运行Java程序：

```
java Name_of_file
```

其中，java是命令名，Name_of_file是程序编译后所生成的Java程序名。注意，在执行java命令时，不用添加Java文件的扩展名。

提示

最好使用程序中的类名来保存Java程序以避免错误。例如，程序中的类名是FirstName，那么文件名就必须保存为FirstProgram.java。

1.9　设置程序目录路径

要编译和运行程序，就必须设置能够定位到JDK二进制文件（如javac或java）的路径（位置）。环境变量path的作用就在于此。

有两种方法可以设置目录路径。第一种方法是设置一个临时路径，这意味着在命令行窗口关闭之前都可以使用该路径。一旦退出，就不能再使用。第二种方法是设置永久路径，这意味着即便是关闭计算机，该路径也不会失效。下面详细讲解这两种方法。

1.9.1　设置临时路径

按照下列步骤设置Java程序目录的临时路径。

第1步　在硬盘中创建一个包含所有Java程序的目录并命名，例如Java Projects。

第2步　从Start菜单打开Command Prompt（命令行提示符），进入保存文件的驱动器和目录，例如D盘下的Java Projects目录中的Ch01子目录。如图1-9所示。

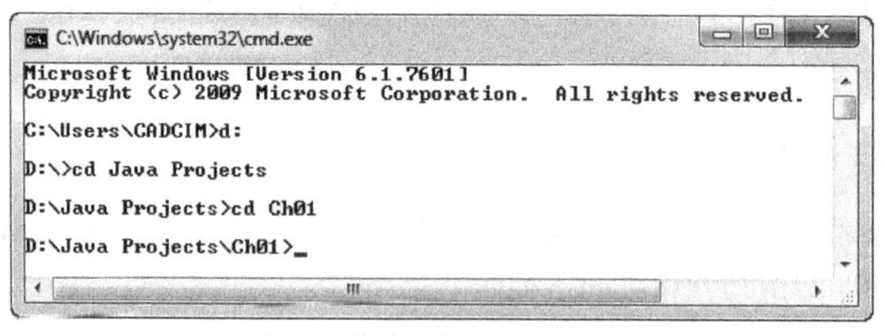

图1-9　修改当前驱动器和目录

第3步　在命令行提示符下输入下列命令：

```
path=The full path of bin directory of Java
```

其中，path是环境变量名。在赋值操作符后写下Java程序所在的完整路径，然后按回车键，如图1-10所示。这样就设置好了路径。

第 4 步　现在就能够在项目目录中编译和运行程序了。我们可以运行示例 1-1 来进行测试。重复之前学到的编译和运行方法，该程序即可正常运行。

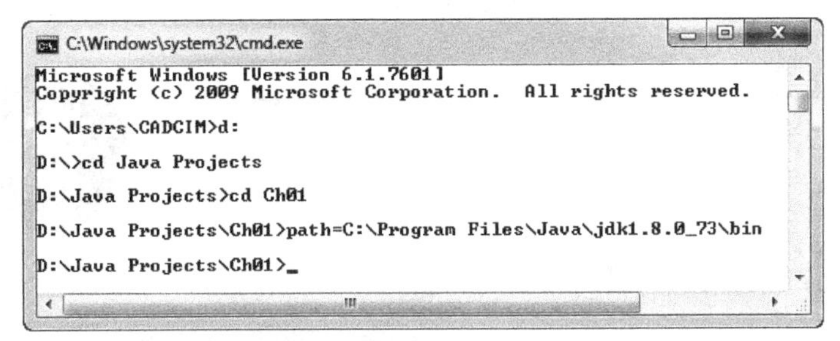

图 1-10　设置临时的 Java 程序路径

设置好临时路径之后，示例 1-1 的输出如图 1-11 所示。

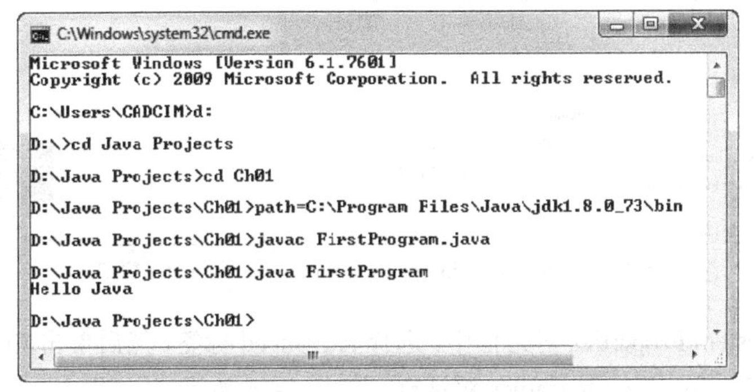

图 1-11　设置好临时路径之后的示例 1-1 输出

提示

要返回之前的目录，可以直接在命令行提示符中输入 cd \。

1.9.2　设置永久路径

按照下列步骤设置 Java 项目目录的永久路径。①

第 1 步　从 Start（开始）菜单中进入 Control Panel（控制面板），单击 System 图标，这时会出现 View basic information about your computer 窗口，如图 1-12 所示。或者，右键单击 Start 菜单中的 Computer，然后选择 properties 来显示 View basic information about your computer 窗口。

第 2 步　在 View basic information about your computer 窗口中选择 Advanced system setting，这时会出现 System Properties 对话框，如图 1-13 所示。

① 译文按照原书，以英文版 Windows 7 演示设置步骤。

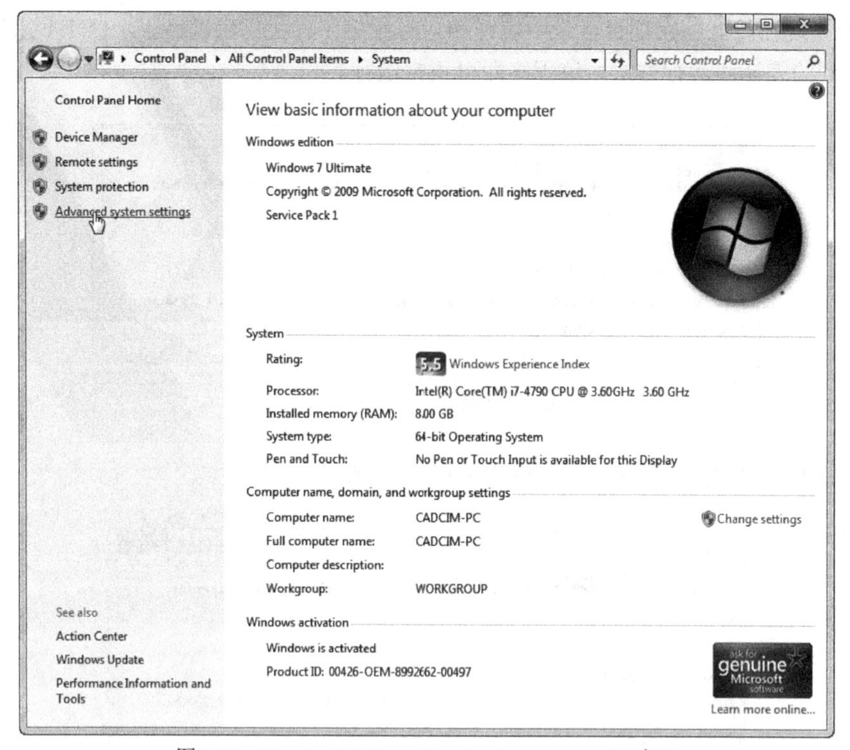

图 1-12 View basic information about your computer 窗口

第 3 步 在 System Properties 对话框中，选择 Advanced 标签，然后单击 Environment Variables 按钮，这时会出现 Environment Variables 对话框，如图 1-14 所示。

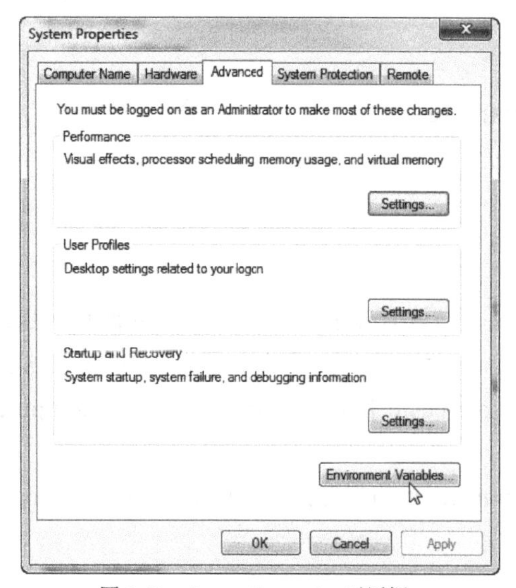

图 1-13 System Properties 对话框

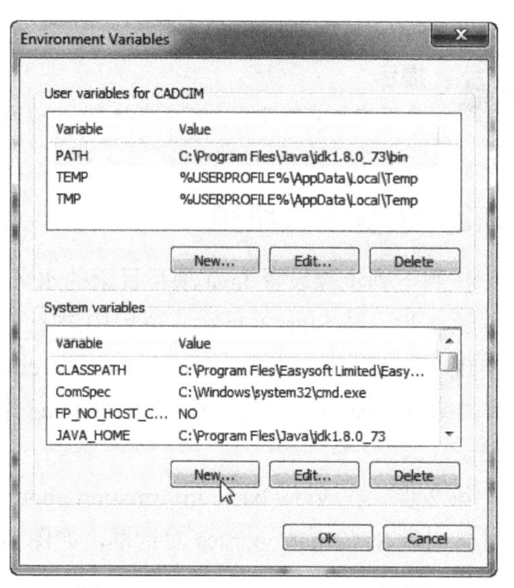

图 1-14 Environment Variables 对话框

第 4 步 在 System variables 区域单击 New 按钮，这时会出现 New System Variable 输入框。

第 5 步 在 Variable name 文本框中输入 PATH，在 Variable value 文本框中输入 JDK 的 bin 目录的完整路径，然后单击 OK 按钮，如图 1-15 所示。

再次单击 Environment Variables 对话框中的 OK 按钮，然后单击 System Properties 对话框中的 OK 按钮。

至此，永久路径设置完毕，我们可以在命令行提示符中随处编译和运行 Java 程序了。

设置好永久路径之后的示例 1-1 输出如图 1-16 所示。

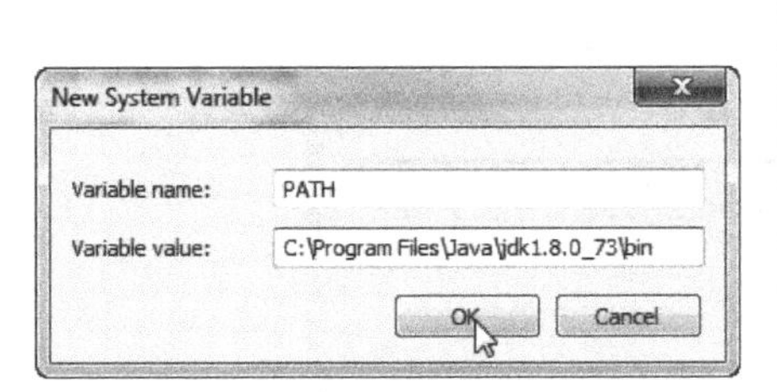

图 1-15 New System Variable 文本框

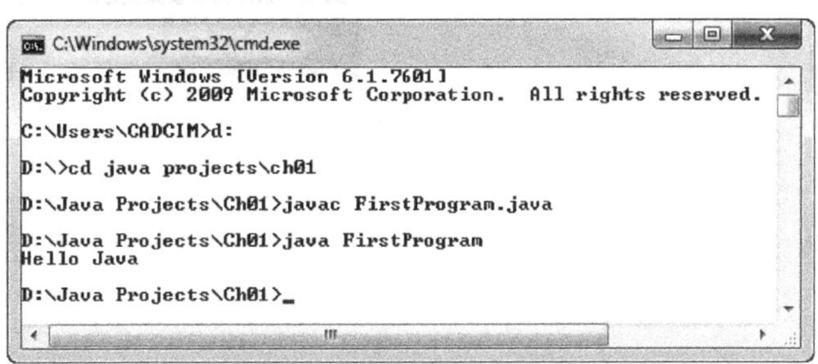

图 1-16 设置好永久路径之后的示例 1-1 输出

1.10 安装 NetBeans IDE

NetBeans IDE 是一款流行的开源 IDE，可以用来轻松快速地进行 Java、JavaScript、HTML5、PHP、C/C++等语言的桌面、移动、Web 应用开发。大多数程序员选择 IDE 的原因在于，无须再单独使用文本编辑器、编译器、运行器等工具。

IDE 通过图形用户界面将以上所有这些工具集成在了一起。网上有很多可用的 IDE，其中一些拥有自己的编译器和虚拟机。

要安装 NetBeans，可进入 Oracle 官网找到 Java SE 的下载页面，然后单击 NetBeans with JDK 8 条目对应的 Download 按钮，如图 1-17 所示。

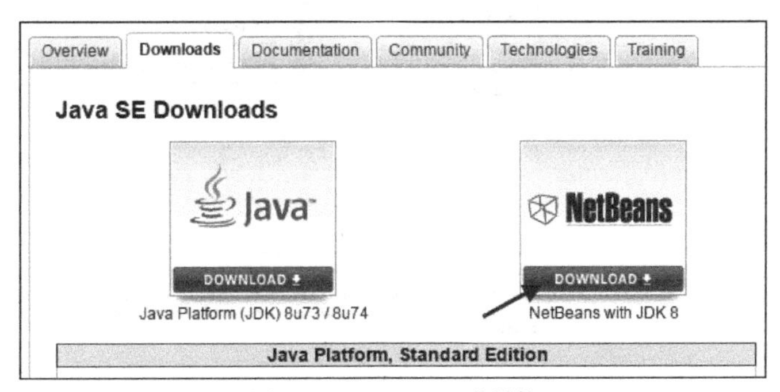

图 1-17 NetBeans 下载链接

在接下来的页面中，选择 Accept License Agreement 单选按钮，然后单击与 Windows x64 条目对应的 jdk-8u73-nb-8_1-windows-x64.exe。保存该文件。如果使用的是 32 位计算机，则单击与

Windows x86 条目对应的 jdk-8u73-nb-8_1-windows-i586.exe。双击 jdk-8u73-nb-8_1-windows-x64.exe 文件开始安装，系统会提示是否接受许可协议。选择接受并继续进行其余的安装过程。NetBeans 快捷方式图标会出现在桌面上。双击该图标，即可进入 NetBeans 的界面，如图 1-18 所示。

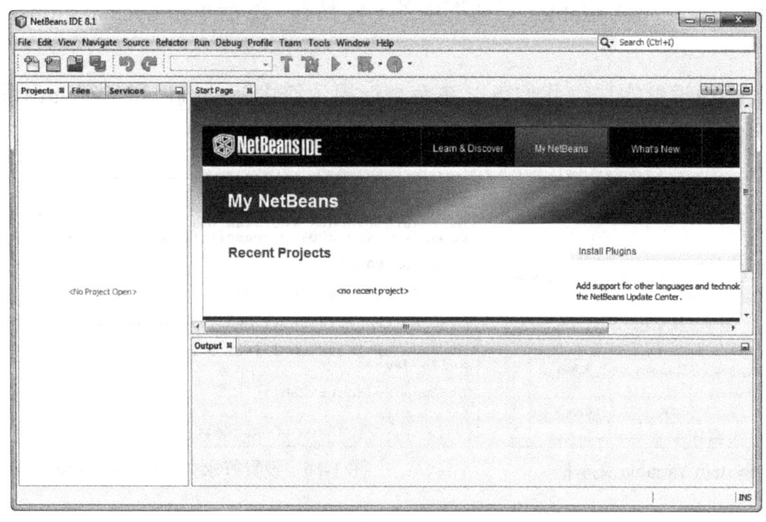

图 1-18　NetBeans 的界面

1.11　在 NetBeans 中编写第一个 Java 程序

在 NetBeans 中编写 Java 程序的第一步是创建一个新的空项目。为此，在菜单中选择 File > New Project，打开 New Project 对话框，如图 1-19 所示。

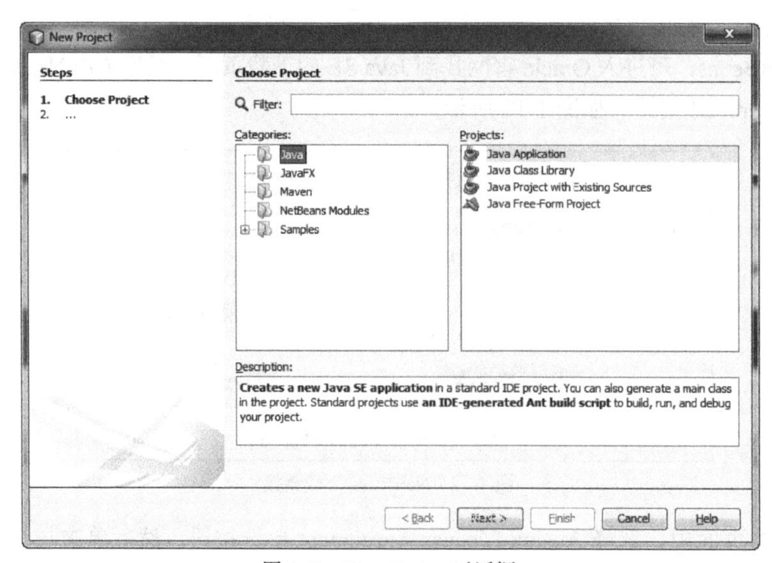

图 1-19　New Project 对话框

在这个对话框中，选择 Categories 中的 Java 以及 Projects 列表中的 Java Application，然后单击 Next 按钮，接着会出现 New Java Application 对话框，如图 1-20 所示。

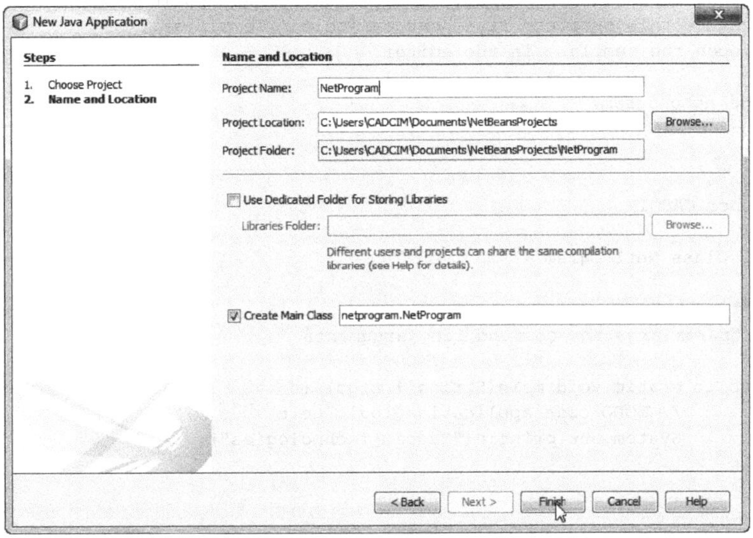

图 1-20 New Java Application 对话框

在该对话框的 Name and Location 部分，在 Project Name 对话框中输入项目名称 NetProgram。如果要更改项目位置，可以在 Project Location 字段中选择 Browse 按钮，然后选择 Finish 按钮，关闭对话框，创建项目。

项目显示在左侧的 Projects 窗口中，如图 1-21 所示。

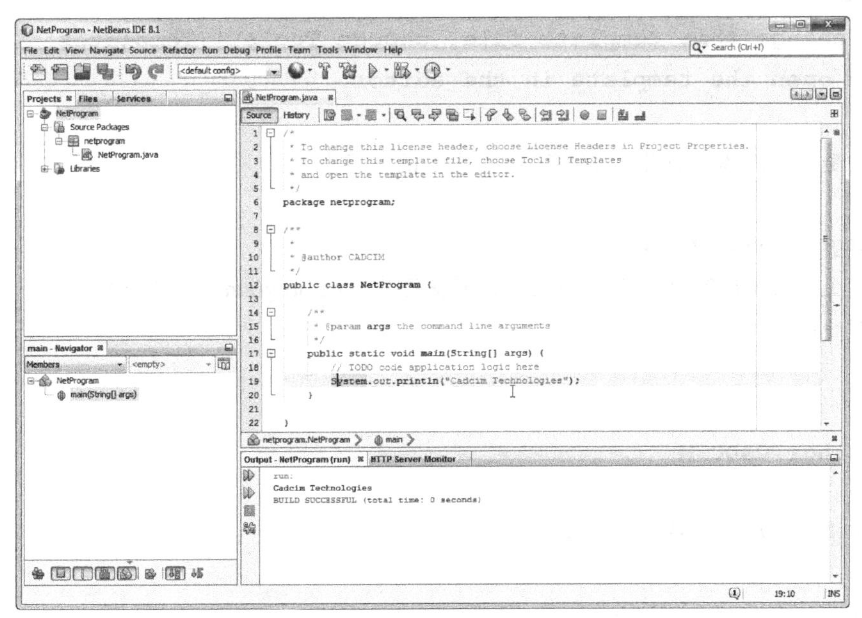

图 1-21 Projects 窗口中显示的 NetProgram 项目

NetBeans的NetProgram.java标签下显示的代码如下：

```
1    /*
2   * To change this license header, choose License Headers in Project Properties.
3    * To change this template file, choose Tools | Templates
4    * and open the template in the editor.
5    */
6    package netprogram;

7    /**
8    *
9    * @author CADCIM
10   */
11   public class NetProgram {

12       /**
13       * @param args the command line arguments
14       */
15       public static void main(String[] args) {
16              // TODO code application logic here
17              System.out.println("Cadcim Technologies");
18       }
19   }
```

讲解

下面逐行讲解该程序。

第1行～第5行

```
/*
* To change this license header, choose License Headers in Project
Properties.
* To change this template file, choose Tools | Templates
* and open the template in the editor.
*/
```

这几行是多行注释。编辑器会忽略/*和*/之间的所有内容。

第6行

```
package netprogram;
```

该行定义了类所属的包。其中，package是关键字，netprogram是包的名称。

第7行～第10行

```
/**
*
* @author CADCIM
*/
```

这几行也是会被编译器忽略的多行注释。

第11行

```
public class NetProgram{
```

在这一行中，public 是访问限定符，表明在整个程序中都可以访问。class 是关键字，NetProgram 是类名，左花括号表明开始定义类。

第 12 行～第 14 行

```
/**
* @param args the command line arguments
*/
```

这几行也是会被编译器忽略的多行注释。

第 15 行

```
public static void main(String[] args) {
```

该行中所包含的 main()方法被视为所有 Java 程序执行时的起始点。左花括号表明开始定义 main()方法。

第 16 行

```
// TODO code application logic here
```

该行为单行注释，会被编译器忽略。

第 17 行

```
System.out.println("Cadcim Technologies");
```

该行会在 Java 程序运行时在屏幕上输出“Cadcim Technologies”。

第 18 行

```
}
```

该行表明 main()方法的定义已经结束。

第 19 行

```
}
```

该行表明 NetProgram 类的定义已经结束。

在菜单中选择 Run > Run Project 或按 F6 即可运行项目。如果运行成功，BUILD SUCCESSFUL 消息会出现在 NetBeans 界面底部的 Output 窗口。如果程序中有错误，该窗口中会显示错误信息。我们需要修改错误，然后重新构建程序。

显示在 NetBeans 界面底部的 Output 窗口中的输出如下：

```
Cadcim Technologies
BUILD SUCCESSFUL (total time: 0 seconds)
```

1.12 自我评估测试

回答以下问题，然后将其与本章末尾给出的问题答案比对。

1. Java 最初的时候叫作什么？

（a）Aok （b）Oak （c）Ako （d）Oka

2. Java可以运行在哪些平台？

(a) Linux　(b) Windows

(c) Mac　(d) 以上所有平台

3. Java不支持以下哪一种继承？

(a) 多级继承　(b) 多重继承

(c) 单一继承　(d) 层次继承

4. Java支持下列哪一项？

(a) 数据抽象　(b) 封装　(c) 多态　(d) 以上所有

5. 如果多个类派生自一个父类，那么这种继承叫作什么？

(a) 单一继承　(b) 多级继承

(c) 层次继承　(d) 多重继承

6. 下列哪个命令可用于编译Java程序？

(a) java　(b) javap　(c) javac　(d) jvm

7. 术语IDE代表__________。

8. __________有助于隐藏数据复杂性。

9. 在封装中，方法和数据被组合成为一个单元。(对/错)

10. Java小程序无须解释器就可以执行。(对/错)

11. javac命令用于解释Java程序。(对/错)

12. 在执行Java命令时，不需要添加文件扩展名.java。(对/错)

1.13 复习题

回答下列问题。

1. 什么是字节码？它是如何产生的？

2. javac和java命令的用法是什么？

3. 什么是JVM？JVM如何处理字节码？

4. Java中的关键字import有什么作用？

5. 检查下列程序中的语法错误并更正，给出该程序的输出结果：

```
Class Hello
{
   Public static void main(String args[ ])
   {
         system.out.println("Hello")
         System.out.print('Welcome to the exciting world of Java');
   }
}
```

6. 下面两条语句有什么不同？

```
System.out.print("Hello World!");
System.out.println("Hello World!");
```

1.14 练习

练习

编写程序，在屏幕上输出下列语句。

Java is an interesting language.

It is easy to learn.

自我评估测试答案

1．b 2．d 3．b 4．d 5．c 6．c 7．Integrated Development Environment 8．数据抽象
9．对 10．对 11．错 12．对

第 2 章

Java 基础

学习目标

阅读本章，我们将学习如下内容。

- 标识符的概念
- 关键字的概念
- 数据类型的概念
- 转义序列
- 变量的概念
- 类型转换的概念
- 运算符的概念
- 命令行参数的概念

2.1 概述

在本章中，我们将学习到Java的基础知识，例如标识符、关键字、字面量、数据类型、变量、运算符等。标识符是包、类、方法、变量的名称。关键字是具有特殊含义的标识符。字面量描述了保存在变量中的固定值。数据类型指定了所保存的数据种类以及数据的取值范围。变量是数据的存储位置，数据可以保存在其中。运算符是用于描述某种操作的符号。另外，我们还将学习有关类型转换的概念。

2.2 标识符

Java 的所有组成部分都需要名称。因此，标识符就是包、类、方法、变量的名称。要命名一个标识符，必须遵循以下规则。

- 标识符必须以字母（A-Z，a-z）或下划线（_）或美元符号（$）起始。同时，标识符的起始不能是数字。
- 第一个字符之后的标识符可以是字母、数字、下划线、美元符号的任意组合。
- Java 区分大小写，所以大写字母字符和小写字母字符被编译器视为不同的字符，例如 Cadcim 和 CADCIM 就是两个不同的标识符。
- Java 关键字不能用作标识符。

以下标识符都是有效的 Java 变量名：

```
idname_6
id_name
_idname
```

以下标识符都是无效的 Java 变量名：

```
6_idname     //以数字开头
idname#      //使用了特殊字符#
id name      //使用了空格
```

2.3 关键字

Java 编程语言中有一些保留的关键字不能用作标识符，因为它们对于编译器而言具有特殊含义。由于关键字在 Java 中所发挥的特定功能，因此大多数 Java IDE 会使用各种颜色着重显示这些关键字，以便程序员一目了然。

Java 的 50 个关键字如下：

abstract	assert	boolean	break	byte
case	catch	char	class	const
continue	default	do	double	else

enum	extends	final	finally	float
for	goto	if	implements	import
instanceof	int	interface	long	native
new	package	private	protected	public
return	short	static	strictfp	super
switch	synchronized	this	throw	throws
transient	try	void	volatile	while

关于 Java 关键字，有下列几点重要之处需要指出。

- const 和 goto 这两个关键字并没有使用。
- 所有的关键字都是小写字母。
- true、false、null 是字面量，不是关键字。

2.4 数据类型

数据类型描述了保存在变量中的值的大小和种类。在任何程序中，都需要在内存中保存特定类型的数据。编译器应该知道需要分配给特定数据的内存单元数量。为此，就要用到数据类型。数据类型的作用是指导编译器为特定类型的数据分配相应的内存。Java 是强类型语言，这意味着每种数据类型都已经作为语言的一部分预先定义好。Java 的数据类型分为 3 类。

- 原始数据类型。
- 派生数据类型。
- 用户自定义数据类型。

提示
本章随后将讨论变量。

2.4.1 原始数据类型

原始数据类型是由 Java 编程语言预先定义的，属于基本数据类型。这些类型需要声明，用于描述单一值，不能描述多个值。Java 提供了 8 种原始数据类型。

- byte。
- short。
- int。
- long。
- float。
- double。
- char。
- boolean。

这些原始数据类型被划分为 4 类，下面我们逐一讨论。

提示

在大多数编程语言中，例如 C++，分配给特定数据类型的内存数量取决于机器架构。但是在 Java 中，所有数据类型的大小都是严格定义好的，不依赖于机器架构。

1. 整数类型

整数类型仅用于那些不包含任何小数部分或小数点的数字。换句话说，这种数据类型仅用于带符号的整数，包括负数和正数。Java 定义了 byte、short、int、long 共 4 种整数类型，它们之间的主要区别在于分配给每种类型的内存数量以及每种类型可以存储的数值范围。表 2-1 显示了所有整数类型的大小和取值范围。

表 2-1 整数类型的大小和取值范围

整数类型名称	大小（字节数）	取值范围
byte	1	−128～127
short	2	−32 768～32 767
int	4	−2 147 483 648～2 147 483 647
long	8	−9 223 372 036 854 775 808～9 223 372 036 854 775 807

（1）byte

byte 是最小的整数类型。byte 类型的大小是 8 位（bit）（1 字节等于 8 位），取值范围为−128～127。这里，取值范围意味着 byte 类型能够保存的最小值是−128、最大值是 127。这种数据类型非常适用于在 Java 中处理文件或流。可用于在大型数组中节省空间。我们可以使用 byte 关键字以及变量名来创建 byte 类型的变量：

```
byte var_name;
```

在该语法中，变量 var_name 被声明为 byte 类型。

（2）short

short 类型在 Java 中很少用到。short 类型的大小是 16 位（2 字节），取值范围为−32 768～32 767。这种类型能够节省不少空间。我们可以像下面一样创建 short 类型的变量：

```
short var_name;
```

在该语法中，变量 var_name 被声明为 short 类型。

（3）int

在整数类型中，int 是 Java 中用得比较多的类型。int 类型的大小是 32 位（4 字节），取值范围为−2 147 483 648～2 147 483 647。除非对内存有所顾虑，否则通常将整数类型作为整数值的默认类型。我们可以像下面一样创建 int 类型的变量：

```
int var_name;
```

在该语法中，变量 var_name 被声明为 int 类型。

（4）long

在整数类型中，long 是最大的类型。当 int 类型不足以容纳某些整数值的时候，就需要用到这种类型。long 类型的大小是 64 位（8 字节），取值范围为–9 223 372 036 854 775 808～9 223 372 036 854 775 807。我们可以像下面一样创建 long 类型的变量：

```
long var_name;
```

在该语法中，变量 var_name 被声明为 long 类型。

2. 浮点类型

浮点类型仅用于那些包含小数部分或小数点的数字。这种数字也称为实数。在 Java 中，定义了 float 和 double 两种浮点类型。表 2-2 显示了这两种类型的大小和取值范围。

表 2-2 浮点类型的大小和取值范围

浮点类型名称	大小（字节数）	取值范围（近似）
float	4	1.40e–45～3.40e+38
double	8	4.9e–324～1.8e+308

（1）float

float 类型用于单精度值（小数点后最多 8 位）。float 类型的大小是 32 位（4 字节），取值范围从 1.40e–45～3.40e+38。我们可以像下面一样创建 float 类型的变量：

```
float var_name;
```

在该语法中，变量 var_name 被声明为 float 类型。

（2）double

顾名思义，double 类型用于双精度值（小数点后最多 15 位）。这种类型多用于希望得到精确结果的科学计算。double 类型的大小是 64 位，取值范围从 4.9e–324～1.8e+308。我们可以像下面一样创建 double 类型的变量：

```
double var_name;
```

在该语法中，变量 var_name 被声明为 double 类型。

3. 字符类型

char 类型属于其中的一类。在 Java 中，char 类型用于保存能够由字母、数位、特殊符号描述的单个字符值。

char

如前所述，char 类型用于保存属于 Unicode 字符集的字符值。但是 Java 中的 char 类型与其他编程语言（如 C/C++等）中的 char 类型完全不同。在 C /C++中，char 类型的大小是 8 位（1 字节），只能支持英语、德语等少数字符集。在 Java 中，char 类型的大小是 16 位（2 字节），用于保存

Unicode 字符集的值[①]。Unicode 字符集包含了人类语言中的用到所有字符。char 类型的取值范围为 0（最小）～65 535（最大）。我们可以像下面一样创建 char 类型的变量：

```
char var_name;
```

在该语法中，变量 var_name 被声明为 char 类型。

提示

赋值给 char 类型变量的字符应该放入单引号中。

4. 布尔类型

原始数据类型 boolean 同样是该分类中的一员。这种类型可用于保存真值或假值。

boolean

该类型只能保存一个值——true 或 false。boolean 类型的大小是 1 位。这种类型仅用于保存逻辑值。在默认情况下，它返回 false。我们可以像下面一样创建 boolean 类型的变量：

```
boolean var_name;
```

在该语法中，变量 var_name 被声明为 boolean 类型。

2.4.2 派生数据类型

派生数据类型的变量能够保存多个相同类型的值，但无法保存多个不同类型的值。其中所包含的值可以是原始数据类型。派生数据类型的代表是数据和字符串。

例如：

```
int a[]={10, 20, 30};    //有效数组
int b[]={10,10.5,'A'};   //无效数组
char carray[]={'c','a','d','c','i','m'};
```

2.4.3 用户自定义类型

用户自定义类型变量中可以保存多个同类型或不同类型的值。这种数据类型由程序员通过该语言的相应特性来定义。类和接口就属于用户自定义数据类型。

提示

我们将在之后的章节中学习到数组、字符串、类以及接口。

2.5 转义序列

转义序列是用于向设备或程序发送指示的字符序列。这种序列以反斜线（\）起始，该字符叫

① 准确地说，保存的是 Unicode 字符集中字符的 codepoint（码值）。

作转义字符。转义序列不仅可用于文本格式化，而且可用于特殊目的。表 2-3 中显示了 Java 中所使用的转义序列清单。

表 2-3 转义序列清单

转义序列	描述
\t	插入制表符
\\	插入反斜线
\'	插入单引号
\"	插入双引号
\r	插入回车
\n	插入新行
\b	插入退格符
\f	插入换页（form feed）

示例 2-1

下面的程序展示了转义序列的用法。

```
//编写程序，展示转义序列的用法
1   class Escape
2   {
3      public static void main(String arg[])
4      {
5          System.out.println("Linefeed        : \nLearning Java");
6          System.out.println("Single Quote    : \'Learning Java\'");
7          System.out.println("Double Quote    : \"Learning Java\"");
8          System.out.println("Backslash       : \\Learning Java\\");
9          System.out.println("Horizontal Tab : Learning\tJava");
10         System.out.println("Backspace       : Learning\bJava");
11         System.out.println("Carriage Return: Learning\rJava");
12     }
13  }
```

讲解

第 1 行

class Escape

在该行中，class 关键字定义了一个名为 Escape 的新类。

第 3 行

public static void main(String arg[])

该行中所包含的 main()方法被视为所有 Java 程序执行时的起始点。程序从这一行开始执行。

第 5 行

System.out.println("Linefeed : \nLearning Java");

该行会在屏幕上显示下列内容：

```
Linefeed :
Learning Java
```

第6行

```
System.out.println("Single Quote : \'Learning Java\'");
```

该行会在屏幕上显示下列内容：

```
Single Quote : 'Learning Java'
```

第7行

```
System.out.println("Double Quote : \"Learning Java\"");
```

该行会在屏幕上显示下列内容：

```
Double Quote : "Learning Java"
```

第8行

```
System.out.println("Backslash : \\Learning Java\\");
```

该行会在屏幕上显示下列内容：

```
Backslash : \Learning Java\
```

第9行

```
System.out.println("Horizontal Tab : Learning\tJava");
```

该行会在屏幕上显示下列内容：

```
Horizontal Tab : Learning   Java
```

第10行

```
System.out.println("Backspace : Learning\bJava");
```

该行会在屏幕上显示下列内容：

```
Backspace : LearninJava
```

第11行

```
System.out.println("Carriage Return: Learning\rJava");
```

该行会在屏幕上显示下列内容：

```
Javaiage Return: Learning
```

示例2-1的输出如图2-1所示。

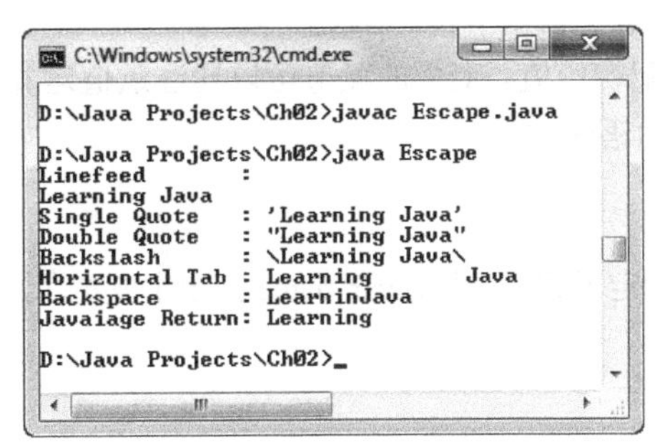

图2-1　示例2-1的输出

2.6 变量

变量是能够保存数据的具名位置。它在计算机内存中拥有特定的地址，可在需要时存储和检索值。在程序执行时，变量的值可能会有所不同。

2.6.1 变量声明

在程序中，变量在使用之前必须先声明。变量声明的语法如下：

```
data_type var_name;
```

该语法将声明分为两部分。第一部分的 data_type 代表数据类型，指定了变量中所存储值的类型以及要为其分配的内存数量。第二部分的 var_name 代表变量名。变量命名需要遵循一些规则。如前所述，标识符是变量、类等所使用的名称。变量名的规则与先前讲过的标识符规则一样。

例如，我们可以声明一个整型变量 age：

```
int age;
```

执行该语句时，编译器会为变量 age 分配 4 字节（int 类型的大小是 4 字节）的内存。现在，变量 age 就可以用来引用已分配的内存位置。

我们也可以在单个语句中声明多个同类型的变量，这些变量之间以逗号分隔。语法如下：

```
data_type var1, var2, var3;
```

其中，var1、var2、var3 被声明为具有数据类型 data_type 的变量。这里，所有 3 个变量的类型都相同。

例如：

```
float highest_temp, lowest_temp;
```

在这个例子中，highest_temp 和 lowest_temp 均为 float 类型的变量。

2.6.2 变量初始化

初始化意味着为变量分配初始值。变量的赋值可以通过赋值运算符（=）完成。本章随后将讨论赋值运算符。变量初始化的语法如下：

```
data_type var_name = value;
```

在该语法中，data_type 指定了数据类型，var_name 指定了变量名，value 指定了分配给 var_name 的初始值。

例如：

```
char ch = 'y';
```

在这个例子中，字符值 y 被作为初始值分配给字符变量 ch。现在，字符值 y 就保存在由变量 ch 所引用的内存位置中。

变量动态初始化

在本节中，变量是在声明时初始化的。在 Java 中，也可以动态地（在程序执行过程中）初始化变量。

例如：

```
int sum = a+b;
```

在执行该语句时，变量 a 和 b 的值通过加法运算符（+）相加。接着，相加的结果被赋给整数类型变量 sum。

提示

所涉及的运算符将在本章随后部分讨论。

示例 2-2

下面的程序演示了变量动态初始化的概念。该程序计算 3 个数的平均值，将结果分配给另一个变量，然后将其显示在屏幕上。

```
//编写程序，计算 3 个数的平均值
1   class average
2   {
3      public static void main(String arg[])
4      {
5         int a=10, b=14, c=33;
6         float avg;
7         avg= (a+b+c)/3; //动态初始化变量 avg
8         System.out.println("The average of three numbers is: "  +avg);
9      }
10  }
```

讲解

第 5 行

int a=10, b=14, c=33;

在该行中，a、b、c 被声明为整数类型，通过赋值运算符（=）将其初始值分别设置为 10、14、33。

第 6 行

float avg;

在该行中，avg 被声明为 float 类型的变量。

第 7 行

avg=(a+b+c)/3;

该行动态初始化了变量 avg。其中，先将变量 a、b、c 的值相加，然后用得到的变量之和 57 除以 3。接下来，在程序执行期间将结果 19.0 赋给变量 avg。

第 8 行

System.out.println("The average of three numbers is:" +avg);

该行会在屏幕上显示下列内容：

```
The average of three numbers is: 19.0
```

提示

第 8 行中，符号+用于将变量 avg 的值拼接到指定的字符串之后。

示例 2-2 的输出如图 2-2 所示。

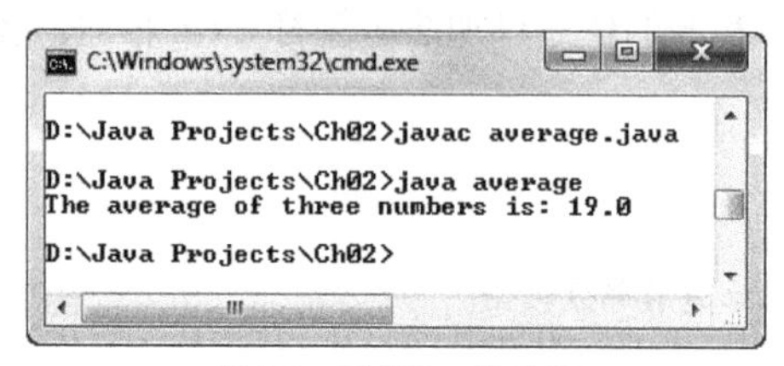

图 2-2 示例 2-2 的输出

2.6.3 变量类型

在 Java 中有 4 种类型的变量。

- 局部变量。
- 实例变量。
- 类/静态变量。
- 方法参数变量。

1. *局部变量*

局部变量是在代码块或方法内部声明的变量。

局部变量有以下限制。

- 具有局部作用域，无法在定义其的代码块之外访问到。这种变量只能在特定的代码块内部访问。
- 访问修饰符不能用于局部变量。
- 局部变量没有默认值。这种变量应该在使用之前先声明和初始化。

例如：

```
int mul( )
{
   int a=10, b=10, c;
   c=a*b;
}
```

在这个例子中，mul()是一个方法，变量 a、b、c 是在其中声明的变量。这些变量是该方法的局部变量，只能在该方法内访问或操作。我们将在后续章节中学到与方法、构造函数、访问修饰符相关的更多内容。

2. 实例变量

在类内部（但是在该类的其他方法之外）声明的变量称为实例变量。这种变量与类的单个实例相关。实例变量可供同类中的不同方法使用，也叫作非静态成员变量。

例如：

```
class Demo
{
   public static void main(String arg[])
   {
      int a, b;
      ----------;
   }
}
```

在这个例子中，变量 a 和 b 是在类的内部，但是在该类的其他方法之外声明的。因此，被视为实例变量，可以被 Dmeo 类的其他方法使用。

3. 类/静态变量

除声明时需要使用 static 关键字外，类变量和实例变量并没什么两样。这种变量不能是局部的。不管一个类被实例化多少次，都只会创建一份静态或类变量的副本。我们将在后续章节中学到与 static 相关的更多内容。

例如：

```
class Demo
{
   public static void main(String arg[])
   {
      static int a, b;
      ----------;
      ----------;
   }
}
```

在这个例子中，使用 static 关键字声明了变量 a 和 b，两者因此被视为类变量。

4. 方法参数变量

在方法声明签名（method declaration signature）中声明的变量称为方法参数变量（methond parameter variable）。只要某个方法被调用，就会创建与其声明时同名的变量。与局部变量一样，这种变量也没有默认值，因此应该对其进行初始化，否则编辑器将报错。

例如：

```
void demo_method( int a, int b)
{
   -----------;
   -----------;
}
```

在这个例子中，demo_method()是一个方法，变量 a 和 b 是该方法的参数。

public static void main(String arg[ ])是所有 Java 程序的执行入口，变量 arg 是该方法的参数。要记住的一件重要事情是，参数总是被归类为“变量”（variable）而不是“字段”（field）。这适用于在后续章节中学到的其他参数（如构造函数和异常处理程序）。

2.6.4 变量的作用域与生命期

变量的作用域指的是程序中可以对其进行访问和操作的部分。作用域还指定了何时为变量分配或销毁内存。生命期指定了变量在计算机内存中的寿命。前面讨论的 4 种类型的变量具有不同的作用域和生命期。局部变量的范围仅限于声明它的代码块或方法，并且局部变量的生命期仅从执行代码块或方法时才开始。一旦执行完毕，局部变量就从计算机内存中销毁。

2.7 类型转换

类型转换（type conversion）意味着将一种数据类型转换成另一种数据类型，也称为类型强转（type casting）[①]。例如，借助类型转换，byte 类型的数据可以转化成 int 类型。Java 支持两种类型转换。

- 隐式转换（扩大转换）。
- 显式转换（缩小转换）。

2.7.1 隐式转换（扩大转换）

如果目标数据类型大于源数据类型，而且两种数据类型相容，则进行隐式转换。这也叫作自动转换。例如，short 类型的数据转换成 int 类型。在这种情况下，Java 执行隐式转换，因为 int 类型大于 short 类型且两种类型相容。在隐式转换过程中，不会出现信息丢失的现象。

示例 2-3

下面的程序利用隐式转换的概念将 byte 类型的数据转换成 int 类型，并在屏幕上显示转换结果。

```
//编写程序，将 byte 类型的数据转换成 int 类型
1   class Type_demo
2   {
3      public static void main(String arg[])
4      {
5          byte src = 127;
6          int dest;
7          dest = src;
8          System.out.println("dest = " +dest);
9      }
10  }
```

讲解

第 5 行

`byte src = 127;`

在该行中，src 被声明为 byte 类型的变量并被初始化为 127。

① 严格来说，type conversion 与 type casting 并非同义词。

第 6 行

```
int dest;
```

在该行中，dest 被声明为 int 类型的变量。

第 7 行

```
dest = src;
```

在该行中，发生了隐式转换，变量 src 的值 127 被赋给 int 类型变量 dest。

第 8 行

```
System.out.println("dest = " +dest);
```

该行会在屏幕上显示下列内容：

```
dest = 127
```

示例 2-3 的输出如图 2-3 所示。

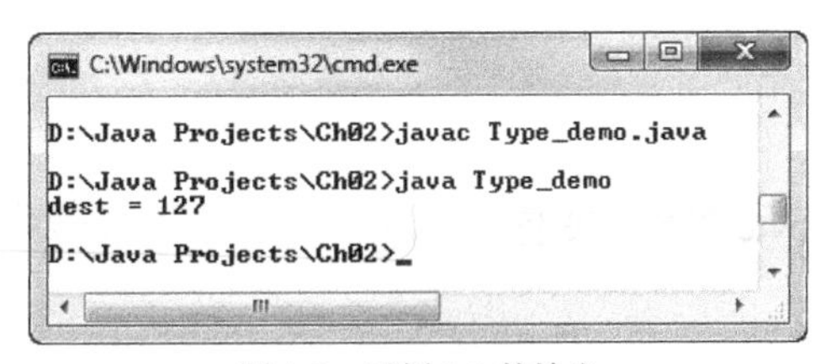

图 2-3　示例 2-3 的输出

2.7.2 显式转换（收窄转换）

在第 2.7.1 节中，我们已经知道了目标类型大于源类型时的类型转换。但有时候，可能需要将较大的数据类型转换为较小的数据类型。例如，将 int 类型转换为 byte 类型。对于这种情况，要用到显式转换。在显式转换中，总是会丢失某些信息。因此，这种类型转换也称为收窄转换（narrowing conversion）。显式转换的语法如下：

```
(destination_data_type) value
```

其中，destination_data_type 指定了要转换的目标数据类型，value 指定了要转换的值。

窍门

显示转换的经验法则是两侧的数据类型应该相同。

例如，我们可以将 int 类型的值转换成 byte 类型：

```
byte b;
int i = 300;
b = (byte) i;
```

在这个例子中，括号中的 byte 告诉编译器将 int 类型变量 i 的值转换成 byte 类型。然后，将转换后的结果赋给 byte 类型的变量 b。

示例2-4

下面的程序利用显式转换的概念将int类型的数据转换成byte类型，并在屏幕上显示转换结果。

```
//编写程序，将int类型转换成byte类型
1   class Explicit_demo
2   {
3      public static void main(String arg[])
4      {
5         byte b;
6         int val = 300;
7         b = (byte) val;
8         System.out.println("After conversion, value of b is: " +b);
9      }
10  }
```

讲解

第5行

byte b;

在该行中，b被声明为byte类型的变量。

第6行

int val = 300;

在该行中，val被声明为int类型的变量并被初始化为300。

第7行

b = (byte) val;

在该行中，变量val的值被转换为byte类型，因为byte是目标类型。转换结果被赋给变量b。

第8行

System.out.println("After conversion, value of b is: " +b);

该行会在屏幕上显示下列内容：

```
After conversion, value of b is: 44
```

示例2-4的输出如图2-4所示。

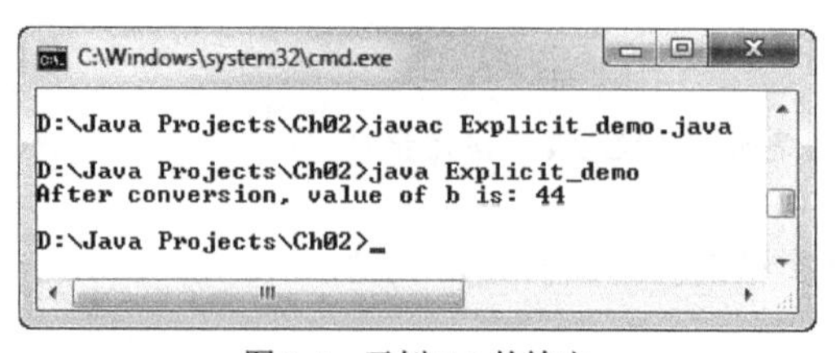

图2-4 示例2-4的输出

提示

布尔类型的值不能赋给其他类型。布尔类型不适用于转换。该类型的值只能赋给同类型的变量。

2.8 运算符

运算符被定义为各种符号，在对变量或常量执行运算的时候使用。Java 提供了丰富的运算符，这些运算符可以分为多类。

- 单目运算符。
- 算术运算符。
- 按位运算符。
- 关系运算符。
- 逻辑运算符。
- 赋值运算符。
- 其他运算符。

2.8.1 单目运算符

单目运算符因只需要一个操作数而得名。表 2-4 列出了 Java 中的所有单目运算符。

表 2-4 单目运算符及其语法

运算符	描述	语法
+	单目加运算符；表示正值（没有该运算符的数字依然是正数）	var1=+var2
–	单目减运算符；表示负值	var1=–var2
++	增量运算符；增加1	var1=var2++，var1=++var2
––	减量运算符；减少1	var1=var2––，var1=––var2
!	单目取反运算符；对布尔值求反	!var1

增量运算符（++）与减量运算符（––）

运算符++可将操作数的值加 1，运算符––可将操作数的值减 1，语法如表 2-4 所示。

这两个运算符有两种写法。

- 后缀写法。
- 前缀写法。

（1）后缀写法

在后缀写法中，增量或减量运算符出现在操作数之后。语法如下：

```
var1++;      //增量
var1--;      //减量
```

在该语法中，出现在变量 var1 之后的增量运算符（++）和减量运算符（––）可将 var1 的值增加或减少 1。

如果在表达式中采用后缀写法，那么操作数的值首先被赋给左侧的变量，然后对该操作数执行加1或减1的操作。

例如：

```
y = x--;
```

在这个例子中，变量x的值先被赋给变量y，然后x再减1。

下面两条语句与语句y = x--产生的结果是一样的。

```
y = x;
x = x-1;
```

（2）前缀写法

在前缀写法中，增量或减量运算符出现在操作数之前。语法如下：

```
++var1;
--var1;
```

在该语法中，出现在变量var1之前的增量运算符（++）和减量运算符（--）可将var1的值增加或减少1。

如果在表达式中采用前缀写法，那么首先对操作数执行加1或减1的操作，然后将结果赋给左侧的变量。

例如：

```
y = --x;
```

在这个例子中，变量x的值先被减1，然后被赋给变量y。

下面两条语句与语句y = --x产生的结果是一样的。

```
x = x-1;
y = x;
```

示例2-5

下面的程序将执行所有的单目运算并将结果显示在屏幕上。

```
//编写程序，执行各种单目运算
1   class UnaryOp_Demo
2   {
3      public static void main(String[] arg)
4      {
5         int result,res = +10;
6         System.out.println("Unary plus Operator result is " +res);
7         res = -res;
8         System.out.println("Unary Minus Operator result is " +res);
9         result = res++;
10        System.out.println("Post-increment result is " +result);
11        result = ++res;
12        System.out.println("Pre-increment result is " +result);
13        result = res--;
14        System.out.println("Post-decrement result is " +result);
15        result = --res;
16        System.out.println("Pre-decrement result is " +result);
17        boolean success = false;
```

```
18        System.out.println("Result without compliment operator is " +success);
19        System.out.println("Result with compliment operator is "+!success);
20    }
21  }
```

讲解

第 5 行

int result,res = +10;

在该行中，result 和 res 被声明为 int 类型的变量，res 被初始化为+10。+是表示正值的单目运算符。如果不使用此运算符，值仍然是正数。

第 6 行

System.out.println("Unary plus Operator result is " +res);

该行会在屏幕上显示下列内容：

Unary plus Operator result is 10

第 7 行

res = -res;

在该行中，使用单目减运算符（–）将变量 res 的值修改成负数。

第 8 行

System.out.println("Unary Minus Operator result is " +res);

该行会在屏幕上显示下列内容：

Unary Minus Operator result is -10

第 9 行

result = res++;

在该行中，首先将变量 res 的值（–10）赋给变量 result，然后变量 res 的值加 1。

第 10 行

System.out.println("Post-increment result is " +result);

该行会在屏幕上显示下列内容：

Post-increment result is -10

第 11 行

result = ++res;

在该行中，首先把变量 res 的值（–9）加 1，然后将其赋给变量 result。

提示

在第 10 行中，输出是–10。但在第 11 行中，res 的初始值是–9。因为在后缀写法中，是先赋值，然后加 1，所以第 10 行输出的是赋值后的值，加 1 后的值（–9）被保存在内存中。

第 12 行

System.out.println("Pre-increment result is " +result);

该行会在屏幕上显示下列内容：

```
Pre-increment result is -8
```

第13行

```
result = res--;
```

在该行中，首先将变量res的值（-8）赋给变量result，然后变量res的值减1。

第14行

```
System.out.println("Post-decrement result is " +result);
```

该行会在屏幕上显示下列内容：

```
Post-decrement result is -8
```

第15行

```
result = --res;
```

在该行中，首先把变量res的值（-9）减1，然后将其赋给变量result。

第16行

```
System.out.println("Pre-decrement result is " +result);
```

该行会在屏幕上显示下列内容：

```
Pre-decrement result is -10
```

第17行

```
boolean success = false;
```

在该行中，success被声明为布尔类型变量并被初始化为false。

第18行

```
System.out.println("Result without compliment operator is " +success);
```

该行会在屏幕上显示下列内容：

```
Result without compliment operator is false
```

第19行

```
System.out.println("Result with compliment operator is " +!success);
```

该行会在屏幕上显示下列内容：

```
Result with compliment operator is true
```

示例2-5的输出如图2-5所示。

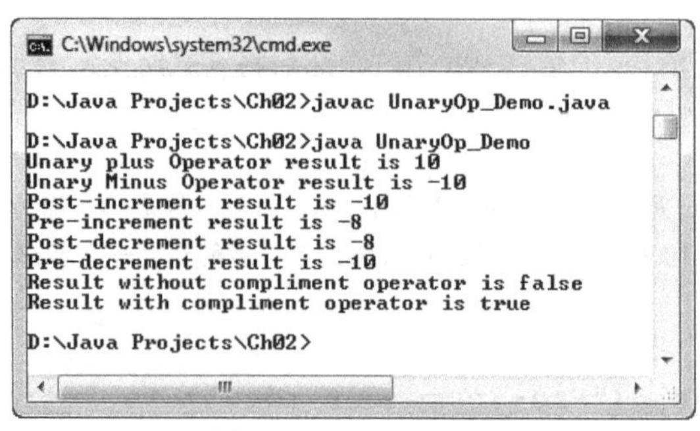

图2-5 示例2-5的输出

2.8.2 算术运算符

用于数学表达式中的运算符称为算术运算符。表 2-5 列出了 Java 中的所有算术运算符。

表 2-5 算术运算符及其语法

运算符	描述	语法
+	加法	var1=var2+var3
−	减法	var1=var2−var3
*	乘法	var1=var2*var3
/	除法	var1=var2/var3
%	求模；得到余数	var1=var2%var3

示例 2-6

下面的程序利用算术运算符对两个数字执行加法、减法、乘法、除法以及求模运算，并在屏幕上显示结果。

```
// 编写程序，使用算术操作符对两个数字执行各种算术操作
1   class Arith_operators
2   {
3      public static void main(String arg[])
4      {
5          int val1 = 30, val2 = 10;
6          int sum = val1+val2;
7          int sub = val1-val2;
8          int mul = val1*2;
9          int div = val1/val2;
10         int mod = mul%7;
11         System.out.println("Value 1 = " +val1);
12         System.out.println("Value 2 = " +val2);
13         System.out.println("Addition = " +sum);
14         System.out.println("Subtraction = " +sub);
15         System.out.println("Multiplication = " +mul);
16         System.out.println("Division = " +div);
17         System.out.println("Modulus = " +mod);
18     }
19  }
```

讲解

第 5 行

int val1 = 30, val2 = 10;

在该行中，var1 和 var2 被声明为整数类型变量并分别被初始化为 30 和 10。

第 6 行

int sum = val1+val2;

在该行中，变量 var1 的值（30）与变量 var2 的值（10）相加，将结果（40）赋给整数类型变

量 sum。

第7行

```
int sub = val1-val2;
```

在该行中，从变量 var1 的值（30）中减去变量 var2 的值（10），将结果（20）赋给变量 sub。

第8行

```
int mul = val1*2;
```

在该行中，变量 var1 的值（30）乘以 2，将结果赋给整数类型变量 mul。

第9行

```
int div = val1/var2;
```

在该行中，变量 val1 的值（30）除以变量 val2 的值（10），将商（3）赋给整数变量 div。

第10行

```
int mod = mul%7;
```

在该行中，变量 mul 的值（60）除以 7，将余数（4）赋给整数类型变量 mod。因此，mul%7 的范围余数值 4。

第11行

```
System.out.println("Value 1 =" +val1);
```

该行会在屏幕上显示下列内容：

```
Value 1=30
```

第12行～第17行的工作方式与第11行类似。

示例 2-6 的输出如图 2-6 所示。

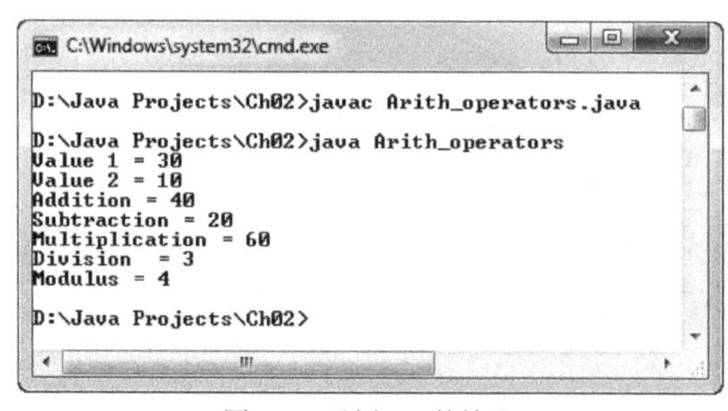

图 2-6 示例 2-6 的输出

2.8.3 按位运算符

数据以 0 和 1 的形式存储在计算机的内存中，这称为位。例如，字节值 3 以 00000011 的形式存储在内存中。为了实现单独操作这些位，Java 提供按位运算符。按位运算符用于对操作数的单个位进行操作。这种运算符主要应用于整数类型，例如 byte、short、int 和 long。它们也可以应用于 char 类型。表 2-6 显示了所有的按位运算符。

表 2-6 按位运算符

运算符	操作
~	按位求补
&	按位 AND
|	按位 OR
^	按位 XOR
>>	右移
<<	左移
>>>	零填充右移

1. 按位求补运算符

按位求补（~）运算符属于按位逻辑运算符类别。~运算符会将操作数的所有位取反，例如，0 变成 1，1 变成 0。该运算符也称为按位单目 NOT 运算符。语法如下：

```
~ value or expression;
```

例如：

```
int a = 3;
int b = ~a;
```

在这个例子中，整数类型变量被初始化为 3，该值在计算机内存中以 00000011 形式保存。在下一条语句中，~运算符的操作数是整数类型变量 a。该运算符将数值 3 所对应的二进制位 00000011 全部取反，结果为 11111100，然后将其赋给整数类型变量 b。

2. 按位 AND（&）运算符

按位 AND（&）运算符属于按位逻辑运算符类别。如果两个操作数都是 1，&运算符的结果为 1；如果两个操作数中的一个为 0，则&运算符的结果为 0。&运算符的语法如下：

```
operand1 & operand2;
```

例如，我们可以像下面一样对两个操作数（23 和 15）使用 AND（&）运算符：

```
  00010111      //23 所对应的二进制位
& 00001111      //15 所对应的二进制位
  --------
  00000111      //7 所对应的二进制位
```

3. 按位 OR（|）运算符

按位 OR（|）运算符属于按位逻辑运算符类别。如果有一个或两个操作数都为 1，|运算符的结果为 1；如果两个操作数都为 0，则|运算符的结果为 0。|运算符的语法如下：

```
operand1 | operand2;
```

例如，我们可以像下面一样对两个操作数（23 和 15）使用 OR（|）运算符：

```
  00010111     //23 所对应的二进制位
| 00001111     //15 所对应的二进制位
  --------
  00011111     //31 所对应的二进制位
```

4. 按位异或（^）运算符

按位异或（^）运算符或 XOR 运算符属于按位逻辑运算符类别。如果其中一个操作数为 1，^运算符的结果为 1；否则，结果为 0。^运算符的语法如下：

```
operand1 ^ operand2;
```

例如，我们可以像下面一样对两个操作数（23 和 15）使用 XOR（^）运算符：

```
  00010111     //23 所对应的二进制位
^ 00001111     //15 所对应的二进制位
  --------
  00011000     //24 所对应的二进制位
```

表 2-7 描述了所有的按位逻辑运算符（&、|、^、～）。

表 2-7 按位逻辑运算符

X	Y	X&Y	X|Y	X^Y	~X
0	0	0	0	0	1
0	1	0	1	1	1
1	0	0	1	1	0
1	1	1	1	0	0

除按位逻辑运算符以外，还有下列运算符可用。

5. 右移（>>）运算符

右移（>>）运算符用于将操作数的所有位向右移动。>>运算符按照指定的次数移动位，语法如下：

```
value or expression >> num
```

在该语法中，num 指定了要执行右移操作的次数，val 或 expression 指定了操作数。

例如：

```
int a = 17;
int b = a>>2;
```

操作过程如下：

```
00010001     //17 所对应的二进制位
```

当>>运算符对操作数执行第一次操作时，会丢失最右侧的位（1），其他所有的位向右移动。在此之后形成的位模式如下：

```
00001000     //8 所对应的二进制位
```

在第二步中，重复与第一步相同的过程，最后形成的位模式如下：

```
00000100    //4 所对应的二进制位
```

6. 左移（<<）运算符

左移（<<）运算符用于将操作数的所有位向左移动。<<运算符按照指定的次数移动位，语法如下：

```
value or expression << num
```

在该语法中，num 指定了要执行左移操作的次数，val 或 expression 指定了操作数。

例如：

```
int a = 17;
int b = a<<2;
```

操作过程如下：

```
00010001  //17 所对应的二进制位
```

当<<运算符对操作数执行第一次操作时，会丢失最左侧的位（0），其他所有的位向左移动。在此之后形成的位模式如下：

```
00100010  //34 所对应的二进制位
```

在第二步中，重复与第一步相同的过程，最后形成的位模式如下：

```
01000100  //68 所对应的二进制位
```

7. 零填充右移（>>>）运算符

零填充右移（>>>）运算符可以将所有的位向右移动，同时用零填充移动过的值。这也称为无符号右移运算符。>>>运算符按照指定的次数移动位，语法如下：

```
value or expression >>> num
```

在该语法中，num 指定了要执行右移操作的次数，val 或 expression 指定了操作数。

例如：

```
int a = 10;
int b = a>>>2;
```

操作过程如下：

```
00001010  //10 所对应的二进制位
```

当>>>运算符对操作数执行第一次操作时，会丢失最右侧的位（0），其他所有的位向右移动，同时用 0 填充最左侧的位。在此之后形成的位模式如下：

```
00000101  //8 所对应的二进制位
```

在第二步中，重复与第一步相同的过程，最后形成的位模式如下：

```
00000010  //4 所对应的二进制位
```

提示

右移（>>）和零填充右移（>>>）运算符之间的差异在于符号扩展。零填充右移运算符>>>将零填充到最左侧位置，而在右移（>>）中最左侧位置取决于符号扩展。

示例 2-7

下面的程序将执行所有的按位操作并在屏幕上显示结果。

```
//编写程序，执行各种按位操作
1    class BitwiseOp_demo
2    {
3       public static void main(String args[])
4       {
5           int a = 15, b = 10, c = 0;
6           c = a & b;       /* 10 = 0000 1010 */
7           System.out.println("a & b = " + c );
8           c = a | b;       /* 15 = 0000 1111 */
9           System.out.println("a | b = " + c );
10          c = a ^ b;       /* 5 = 0000 0101 */
11          System.out.println("a ^ b = " + c );
12          c = ~a;          /*-16 = 1111 0000 */
13          System.out.println("~a = " + c );
14          c = a << 2;      /* 60 = 0011 1100 */
15          System.out.println("a << 2 = " + c );
16          c = a >> 2;      /* 3 = 0000 0011 */
17          System.out.println("a >> 2 = " + c );
18          c = a >>> 2;     /* 3 = 0000 1111 */
19          System.out.println("a >>> 2 = " + c );
20      }
21   }
```

讲解

第 5 行

int a = 15, b = 10, c = 0;

在该行中，a、b、c 被声明为整数类型变量并分别被初始化为 15、10、0。

第 6 行

c = a & b;

在该行中，运算符&对变量 a 和 b 执行按位 AND 操作并将结果赋给变量 c。

第 7 行

System.out.println("a & b = " + c);

该行会在屏幕上显示下列内容：

```
a & b = 10
```

第 8 行

c = a | b;

在该行中，运算符|对变量 a 和 b 执行按位 OR 操作并将结果赋给变量 c。

第 9 行

System.out.println("a | b = " + c);

该行会在屏幕上显示下列内容：

```
a | b = 15
```

第 10 行

```
c = a ^ b;
```

在该行中，运算符^对变量 a 和 b 执行按位 XOR 操作并将结果赋给变量 c。

第 11 行

```
System.out.println("a ^ b = " + c );
```

该行会在屏幕上显示下列内容：

```
a ^ b = 5
```

第 12 行

```
c = ~a;
```

在该行中，运算符^对变量 a 和 b 执行按位 XOR 操作并将结果赋给变量 c。

第 13 行

```
System.out.println("~a = " + c );
```

该行会在屏幕上显示下列内容：

```
~a = -16
```

第 14 行

```
c = a << 2;
```

在该行中，按位左移运算符<<将变量 a 的所有位向左移动 2 位。在这个过程中，最左侧的位会丢失，最终的结果被赋给变量 c。

第 15 行

```
System.out.println("a << 2 = " + c );
```

该行会在屏幕上显示下列内容：

```
a << 2 = 60
```

第 16 行

```
c = a >> 2;
```

在该行中，按位右移运算符>>将变量 a 的所有位向右移动 2 位。在这个过程中，最右侧的位会丢失，最终的结果被赋给变量 c。

第 17 行

```
System.out.println("a >> 2 = " + c );
```

该行会在屏幕上显示下列内容：

```
a >> 2 = 3
```

第 18 行

```
c = a >>> 2;
```

在该行中，按位零填充右移运算符>>将变量 a 的所有位向右移动 2 位。移动过的值用零填充，最终的结果被赋给变量 c。

第 19 行

```
System.out.println("a >>> 2 = " + c );
```

该行会在屏幕上显示下列内容：

```
a >>> 2 = 3
```

示例 2-7 的输出如图 2-7 所示。

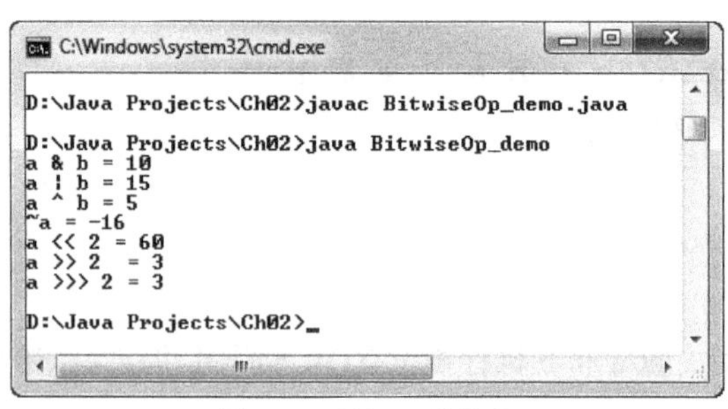

图 2-7　示例 2-7 的输出

2.8.4　关系运算符

关系运算符可以决定两个表达式之间的关系。这类运算符基本上用于比较两个值，其结果是一个布尔值——ture 或 false。表 2-8 给出了关系运算符清单及其语法。

表 2-8　关系运算符及其语法

运算符	操作	语法
==	等于	var1==var2
!=	不等于	var1!=var2
>	大于	var1>var2
<	小于	var1<var2
>=	大于或等于	var1>=var2
<=	小于或等于	var1<=var2

在表 2-8 所示的语法中，关系运算符用于检查两个变量 var1 和 var2 之间的关系。如果变量 var1 和 var2 的值满足条件，则此操作的结果为 ture；否则，结果为 false。

因为关系运算符多用于流程控制语句，所以关于关系运算符更多的用法可参见第 3 章。

2.8.5　逻辑运算符

通过第 2.8.4 节的学习，我们知道了关系运算符用于比较两个表达式或处理某种条件。但有时候，我们可能需要在一条语句中比较两个或多个条件。为此，Java 提供了另一组运算符——逻辑运算符。逻辑运算符用于一次比较两个或多个关系表达式（包含关系运算符的语句），这些运算符的结果是布尔值——true 或 false。表 2-9 给出了逻辑运算符清单。

表 2-9 逻辑运算符

运算符	操作
&&	逻辑短路 AND 运算符
||	逻辑短路 OR 运算符
!	逻辑 NOT 运算符

其中，逻辑 NOT（!）运算符的操作形式与单目求补运算符一样，用于将布尔值从 false 反转为 true 或从 true 反转为 false。

例如：

```
!(x == y)
```

在这个例子中，运算符==（等于）用于检查两个值（x 和 y）之间的相等性。如果关系表达式（x == y）的结果为 true，那么该结果会被逻辑 NOT 运算符反转。因此，最终的结果就是 false。

（1）逻辑短路 AND（&&）与 OR（||）运算符

短路运算符&&和||多用于流程控制语句，其最终结果取决于两个或更多的结果。如果所有的操作数都为 true，运算符&&返回 true；否则，返回 false。如果其中某个操作数为 true，运算符||返回 true；否则，返回 false。表 2-10 显示了短路运算符&&和||的操作方式。

表 2-10 短路运算符

X	Y	X && Y	X||Y
false	false	false	false
false	true	false	true
true	false	false	true
true	true	true	true

在表 2-10 中，只有当两个操作数都为 true 时，运算符&&才返回 true；否则，返回 false。对于运算符||而言，只要其中一个操作数为真，就返回 true。这些运算符称为短路运算符（short-circuit operators）的原因在于，使用的时候只对左侧的操作数求值。根据该操作数的结果得到最终结果。在第 3 章中我们将学习更多有关逻辑运算符的内容。

2.8.6 赋值（=）运算符

赋值运算符用于为变量分配值。这类运算符可分为两类。

- 简单赋值运算符。
- 复合赋值运算符。

1. 简单赋值运算符

简单赋值运算符由等号（=）表示，用于为变量分配值。在本章先前的例子中对其已经有过讨论。赋值运算符的语法如下：

```
variable_name = value;
```

在该语法中，赋值运算符（=）右侧的 value 被分配给左侧的 variable_name。这种位置上的安排是固定不变的。赋值运算符右侧的 value 可以是变量、常量或操作结果。

我们也可以使用赋值运算符完成多个赋值操作，语法如下：

```
var1 = var2 = var3 = value;
```

在该语法中，由 value 所描述的同一个值被赋给所有 var1、var2、var3 共 3 个变量。赋值操作从右向左求值，因此在上面的语句中，值先赋给 var3，var3 然后赋给 var2，var2 最后赋给 var1。

2. 复合赋值运算符

复合赋值运算符是两种运算符的组合：第一个指定要执行的运算，第二个是赋值运算符。复合赋值运算符也称为便写赋值运算符（short hand assignment operators）。表 2-11 显示了复合赋值运算符及其语法。

表 2-11　复合赋值运算符及其语法

<table>
<tr><th>运算符</th><th>描述</th><th>语法</th><th>等价表达式</th></tr>
<tr><td>+=</td><td>将左侧的操作数与右侧的操作数相加，然后将结果赋给左侧的操作数</td><td>var1+=var2;</td><td>var1=var1+var2;</td></tr>
<tr><td>−=</td><td>将左侧的操作数与右侧的操作数相减，然后将结果赋给左侧的操作数</td><td>var1−=var2;</td><td>var1=var1−var2;</td></tr>
<tr><td>*=</td><td>将左侧的操作数与右侧的操作数相乘，然后将结果赋给左侧的操作数</td><td>var1*=var2;</td><td>var1=var1*var2;</td></tr>
<tr><td>/=</td><td>将左侧的操作数与右侧的操作数相除，然后将结果赋给左侧的操作数</td><td>var1/=var2;</td><td>var1=var1/var2;</td></tr>
<tr><td>%=</td><td>对左侧的操作数与右侧的操作数求模，然后将结果赋给左侧的操作数</td><td>var1%=var2;</td><td>var1=var1%var2;</td></tr>
<tr><td>&=</td><td>按位 AND 赋值运算符</td><td>var1&=var2;</td><td>var1=var1&var2;</td></tr>
<tr><td>|=</td><td>按位 OR 赋值运算符</td><td>var1|=var2;</td><td>var1=var1|var2;</td></tr>
<tr><td>^=</td><td>按位 XOR 赋值运算符</td><td>var1^=var2;</td><td>var1=var1^var2;</td></tr>
<tr><td><<=</td><td>按位左移赋值运算符</td><td>var1<<=2;</td><td>var1=var1<<2;</td></tr>
<tr><td>>>=</td><td>按位右移赋值运算符</td><td>var1>>=2;</td><td>var1=var1>>2;</td></tr>
<tr><td>>>>=</td><td>按位零填充右移赋值运算符</td><td>var1>>>=2;</td><td>var1=var1>>>2;</td></tr>
</table>

在表 2-11 显示的语法中，第一个指定的操作在变量 var1 和 var2 上执行，然后将操作结果再赋给 var1。

例如，要给变量 a 加 4，然后把结果再赋给变量 a，写法如下：

```
a+=4;
```

我们也可以使用下面的语句执行相同的操作：

```
a = a + 4 ;
```

示例 2-8

下面的程序将对指定的值执行复合赋值操作并在屏幕上显示结果。

```
//编写程序，执行赋值操作
1   class Assign_demo
2   {
3      public static void main(String args[])
4      {
5         int var = 10, result = 0;
6         result += var; //10
7         System.out.println("result += var : " + result );
8         result *= var; //100
9         System.out.println("result *= var : " + result );
10        result -= var; //90
11        System.out.println("result -= var : " + result );
12        result /= var; //9
13        System.out.println("result /= var : " + result );
14        result %= var; //9
15        System.out.println("result %= var : " + result );
16        result ^= var; //3
17        System.out.println("result ^= var = " + result );
18        result |= var; //11
19        System.out.println("result |= var = " + result );
20        result &= var; //10
21        System.out.println("result &= var = " + result );
22        result <<= 2;  //40
23        System.out.println("result <<= 2 = " + result );
24        result >>= 2;  //10
25        System.out.println("result >>= 2 = " + result );
26        result >>>= 3; //1
27        System.out.println("result >>>= 3 = " + result );
28     }
29  }
```

讲解

第 5 行

int var = 10, result = 0;

在该行中，var 和 result 被声明为整数类型变量并分别被初始化为 10 和 0。

第 6 行

result += var;

在该行中，变量 result 的值（0）先与变量 var 的值（10）相加，然后将结果分配给变量 result。

第 7 行

System.out.println("result += var : " + result);

该行会在屏幕上显示下列内容：

```
result += var : 10
```

第8行

```
result *= var;
```

在该行中，变量result的值（10）先与变量var的值（10）相加，然后将结果分配给变量result。

第9行

```
System.out.println("result *= var : " + result );
```

该行会在屏幕上显示下列内容：

```
result *= var : 100
```

第10行

```
result -= var;
```

在该行中，变量result的值（100）先减去变量var的值（10），然后将结果分配给变量result。

第11行

```
System.out.println("result -= var : " + result );
```

该行会在屏幕上显示下列内容：

```
result -= var : 90
```

第12行

```
result /= var;
```

在该行中，变量result的值（90）先除以变量var的值（10），然后将结果（商）分配给变量result。

第13行

```
System.out.println("result /= var : " + result );
```

该行会在屏幕上显示下列内容：

```
result /= var : 9
```

第14行

```
result %= var;
```

在该行中，变量result的值（9）先与变量var的值（10）求模，然后将结果（余数）分配给变量result。

第15行

```
System.out.println("result %= var : " + result );
```

该行会在屏幕上显示下列内容：

```
result %= var : 9
```

第16行

```
result ^= var;
```

在该行中，先对值分别为9和10的变量result和var执行按位XOR运算，然后将结果分配给变量result。

第 17 行

```
System.out.println("result ^= var = " + result );
```

该行会在屏幕上显示下列内容：

```
result ^= var = 3
```

第 18 行

```
result |= var;
```

在该行中，先对值分别为 3 和 10 的变量 result 和 var 执行按位 OR 运算，然后将结果分配给变量 result。

第 19 行

```
System.out.println("result |= var = " + result );
```

该行会在屏幕上显示下列内容：

```
result |= var = 11
```

第 20 行

```
result &= var;
```

在该行中，先对值分别为 11 和 3 的变量 result 和 var 执行按位 AND 运算，然后将结果分配给变量 result。

第 21 行

```
System.out.println("result &= var = " + result );
```

该行会在屏幕上显示下列内容：

```
result &= var = 10
```

第 22 行

```
result <<= 2;
```

在该行中，先对值为 10 的变量 result 执行按位左移运算。result 的所有位都向左移动 2 位，最左侧的位会因此而丢失。然后，将结果分配给变量 result。

第 23 行

```
System.out.println("result <<= 2 = " + result );
```

该行会在屏幕上显示下列内容：

```
result <<= 2 = 40
```

第 24 行

```
result >>= 2;
```

在该行中，先对值为 40 的变量 result 执行按位右移运算。result 的所有位都向右移动 2 位，最右侧的位会因此而丢失。然后，将结果分配给变量 result。

第 25 行

```
System.out.println("result >>= 2 = " + result );
```

该行会在屏幕上显示下列内容：

```
result >>= 2 = 10
```

第 26 行

result >>>= 3;

在该行中，先对值为 10 的变量 result 执行按位零填充右移运算。result 的所有位都向右移动 3 位，移动后的值以零填充。然后，将结果分配给变量 result。

第 27 行

System.out.println("result >>>= 3 = " + result);

该行会在屏幕上显示下列内容：

```
result >>>= 3 = 1
```

示例 2-8 的输出如图 2-8 所示。

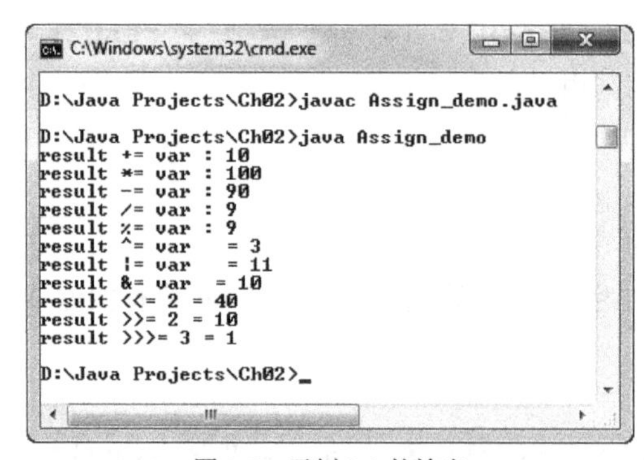

图 2-8 示例 2-8 的输出

2.8.7 ?:运算符

?:运算符也称为三目运算符，因为其使用了 3 个操作数。第一个操作数是布尔表达式。如果表达式为 true，则返回第二个操作数，否则返回第三个操作数。它是一个条件运算符，比 if-else 语句的语法（在随后的章节中讨论）更简短。?:运算符的语法如下：

```
conditional_expression ? statement 1 : statement 2
```

在该语法中，如果 conditional_expression 指定的条件为 ture，则执行 statement 1；否则，执行 statement 2。

例如：

```
int c = a!=0 ? a : b;
```

在这个例子中，先评估条件表达式 a!=0（变量 a 的值不等于 0）。如果条件为 true，则将变量 a 的值赋给整数类型变量 c；否则，将变量 b 的值赋给整数类型变量 c。

示例 2-9

下面的程序使用?:运算符查找指定的两个数字中的较大者并将其赋给另一个变量，然后在屏幕上显示结果。

```
//编写程序，查找较大的数字
1   class Ternary_demo
2   {
3         public static void main(String arg[])
4         {
5               int a=20, b=11, c;
6               c= a>b ? a : b;
7               System.out.println("The greater value is: " +c);
8         }
9   }
```

讲解

第 6 行

c= a>b ? a : b;

该行中用到了?:运算符。首先，评估条件表达式 a>b。因为变量 a 的值（20）大于变量 b 的值（11），所以该条件为 true。现在，变量 a 的值就被赋给了变量 c。

第 7 行

System.out.println("The greater value is: " +c);

该行会在屏幕上显示下列内容：

```
The greater value is: 20
```

示例 2-9 的输出如图 2-9 所示。

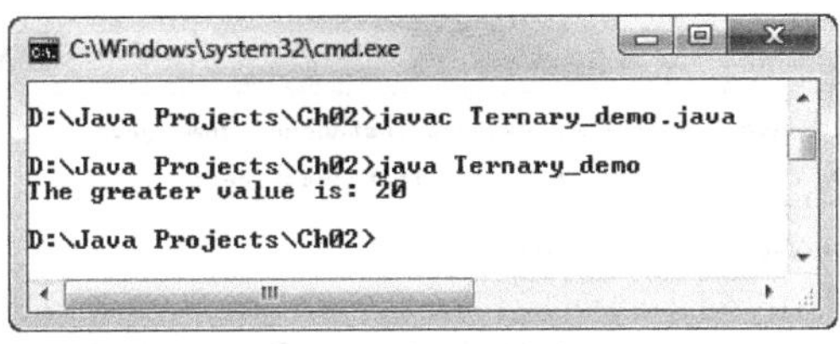

图 2-9　示例 2-9 的输出

2.8.8　instanceof 运算符

instanceof 运算符用于在运行时检查对象是否为指定类型（类、子类或接口）的实例。该运算符也称为类型比较运算符（type comparison operator），因为它会比较实例和类型。如果对象为指定类型，则 instanceof 运算符返回 true；否则，返回 false。如果将其应用于值为空的任何变量，返回 false。

instanceof 运算符的语法如下：

```
object_name instanceof class_name
```

示例 2-10

下面的程序使用 instanceof 运算符检查对象是否为指定类的实例并在屏幕上显示结果。

```
//编写程序，检查对象是否为指定类的实例
1   class Instanceof_demo
2   {
```

```
3       public static void main(String args[])
4       {
5          Instanceof_demo id=new Instanceof_demo();
6          boolean i=id instanceof Instanceof_demo;
7          System.out.println( "value:" +i);
8       }
9   }
```

讲解

第 5 行

Instanceof_demo id=new Instanceof_demo();

在该行中，创建了 Instanceof_demo 类的对象 id。

第 6 行

boolean i=id instanceof Instanceof_demo;

在该行中，使用 instanceof 运算符检查对象 id 是否为 Instanceof_demo 类的实例。

第 7 行

System.out.println("value:" +i);

该行会在屏幕上显示下列内容：

```
value: true
```

示例 2-10 的输出如图 2-10 所示。

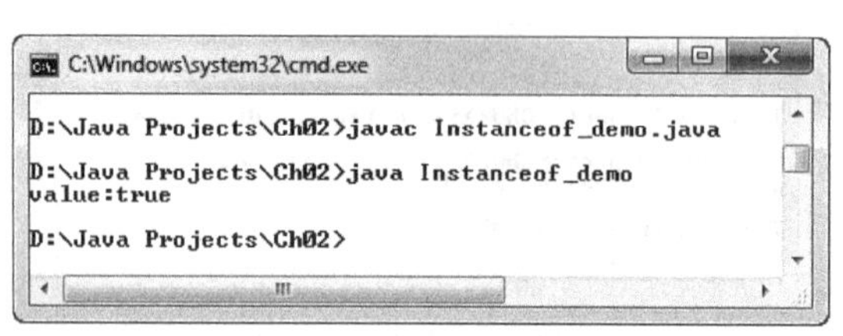

图 2-10 示例 2-10 的输出

2.8.9 运算符优先级

运算符优先级决定了编译器执行运算符的顺序。高优先级的运算符先于低优先级的运算符执行。

除赋值运算符之外的所有双目运算符都从左到右求值。当相同优先级的运算符出现在同一表达式中时，其求值顺序为从左到右，而赋值运算符则是从右到左求值。

表 2-12 按照优先级从高到低的顺序给出了 Java 运算符的清单。

表 2-12 运算符优先级

优先级	运算符
1	() [] .
2	++var --var +var −var ~var !var
3	* / %

续表

<table>
<tr><th>优先级</th><th>运算符</th></tr>
<tr><td>4</td><td>+ −</td></tr>
<tr><td>5</td><td><< >> >>></td></tr>
<tr><td>6</td><td>> < <= >= instanceof</td></tr>
<tr><td>7</td><td>== !=</td></tr>
<tr><td>8</td><td>&</td></tr>
<tr><td>9</td><td>^</td></tr>
<tr><td>10</td><td>|</td></tr>
<tr><td>11</td><td>&&</td></tr>
<tr><td>12</td><td>||</td></tr>
<tr><td>13</td><td>?:</td></tr>
<tr><td>14</td><td>= += −= *= /= %= &= ^= |= <<= >>= >>>=</td></tr>
</table>

提示

在表 2-12 中，1 代表最高优先级，14 代表最低优先级。在同一行中出现的运算符具有相同的优先级。

例如：

```
x=a+b*c
```

乘法运算符（*）的优先级高于加法运算符（+）和赋值运算符（=）。因此，在上面的例子中，变量 b 的值先乘以变量 c 的值，然后将结果与变量 a 的值相加（因为加法运算符的优先级高于赋值运算符）。最后，将表达式 a+b*c 的结果赋给变量 x。

2.9 命令行参数

迄今为止我们讲解过的所有示例中，在执行期间都没有向程序传递任何信息。但有时候，我们的确需要在程序执行期间传入信息。这可以通过命令行参数来实现。只需把参数放在待执行的程序名称之后就可以将其在程序运行期间传入。这些命令行参数会被保存在 main()方法的 String 类型的 arg[ ]数组之中。

例如：

```
D:\Java Projects\Ch02>java demo How are you
```

在这个例子中，demo 是程序名称，How are you 是命令行参数。其中，第一个参数 How 被保存在 arg[0]，are 被保存在 arg[1]，以此类推。

示例 2-11

下面的程序演示了命令行参数的用法。该程序会显示出用户输入的所有命令行参数。

```
//编写程序，显示所有的命令行参数
1   class Commandline_demo
2   {
3      public static void main(String arg[])
4      {
5          System.out.println("First argument is: " +arg[0]
6          System.out.println("Second argument is: " +arg[1]
7      }
8   }
```

讲解

这个例子中，在程序运行期间传入的参数位于 arg[]数组索引为 0 和 1 的位置上。

使用下列命令执行该程序：

```
java Commandline_demo Hello User
```

示例 2-11 的输出如图 2-11 所示。

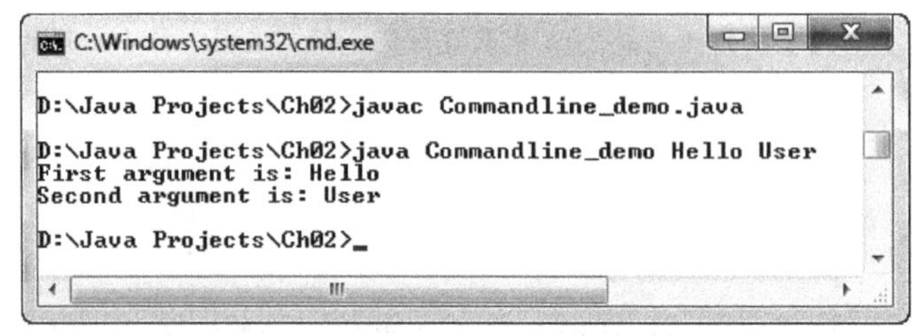

图 2-11　示例 2-11 的输出

通过命令行参数只能传入 String 类型的值，这是因为 arg[]数组是 String 类型的。如果希望传入其他类型，则需要进行类型转换。实现类型转换的方法有多种，接下来我们将对其展开讨论。

2.9.1　String 类型转换为 int 类型

在 Java 中，我们可以使用 Integer.parseInt()方法将 String 类型转换为 int 类型。只要用户希望执行数学运算，就必须用到数字。但是将数字传入程序的时候，JVM 会将其视为 String 类型。在这种情况下，用户需要使用 Integer.parseInt()方法将值从 String 类型转换为 int 类型。

例如：

```
int x = Integer.parseInt(arg[0]);
```

在这个例子中，parseInt 是 Integer 类的方法，可用于从命令行参数中读取数值。然后，将结果赋给 int 类型变量 x。

2.9.2 String 类型转换为 long 类型

我们可以使用 Long.parseLong()方法将 String 类型转换为 long 类型。只要用户希望使用 long 类型的数值执行数学运算，就必须用到该方法。

例如：

```
long y = Long.parseLong(arg[0]);
```

在这个例子中，parseLong 是 Long 类的方法，可用于从命令行参数中读取 long 类型的数值。然后，将结果赋给 long 类型变量 y。

2.9.3 String 类型转换为 float 类型

我们可以使用 Float.parseFloat()方法将 String 类型转换为 float 类型。只要用户希望使用 float 类型的数值执行数学运算，就必须用到该方法。

例如：

```
float z = Float.parseFloat(arg[0]);
```

在这个例子中，parseFloat 是 Float 类的方法，可用于从命令行参数中读取 float 类型的数值。然后，将结果赋给 float 类型变量 z。

示例 2-12

下面的程序演示了将命令行参数由 String 类型转换成 int 类型的做法。该程序计算用户输入的两个整数之和并将结果显示在屏幕上。

```
//编写程序来计算用户输入的两个整数的和
1   class Command_demo
2   {
3      public static void main(String arg[])
4      {
5         int a,b,c;
6         a= Integer.parseInt(arg[0]);
7         b= Integer.parseInt(arg[1]);
8         c=a+b;
9         System.out.println("Addition = " +c);
10     }
11  }
```

讲解

第 6 行和第 7 行

```
int a = Integer.parseInt(arg[0]);
int b = Integer.parseInt(arg[1]);
```

在这两行中，Integer 类的 parseInt 方法用来从命令行参数中读取数值。然后，将结果分别赋给整数类型变量 a 和 b。

示例 2-12 的输出如图 2-12 所示。

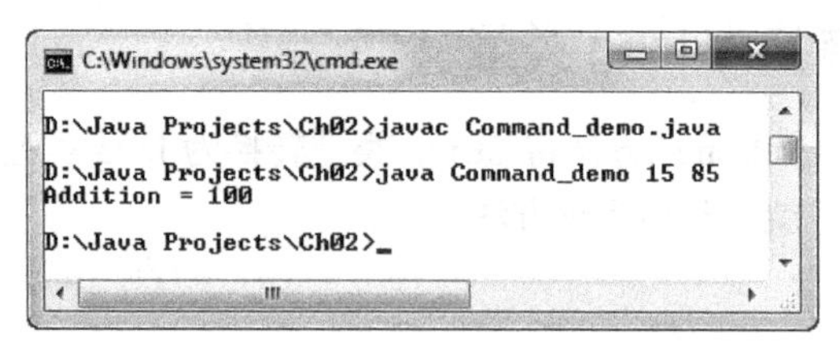

图2-12 示例2-12的输出

2.10 自我评估测试

回答以下问题，然后将其与本章末尾给出的问题答案比对。

1. ______是具名的存储位置，可以在其中保存数据。
2. 在类内部（但是在方法外部）声明的变量称为______变量。
3. ______转换用于将较大的数据类型转换成较小的数据类型。
4. ______运算符可以返回两个数的余数。
5. ______运算符用于将操作数的值加1。
6. 在Java中，所有原始类型的大小都是明确定义的。（对/错）
7. 变量名能够以数字开头。（对/错）
8. 在Java中，+号的作用是拼接。（对/错）
9. 在Java中，类变量是通过static关键字声明的。（对/错）
10. %运算符可以返回两个数的商。（对/错）

2.11 复习题

回答下列问题。

1. 局部变量与实例变量之间的差异。
2. 使用适合的例子解释显式类型转换。
3. 使用适合的例子解释%运算符的作用。
4. 使用适合的例子解释前缀递增运算符的作用。
5. 使用适合的例子解释?:运算符。
6. 解释instanceof运算符。
7. 原始类型与用户自定义类型之间的差异。
8. 找出下列程序语句中的错误：

(a)
```
class Demo
{
    public static main void(String args[])
    {
        System.out.println("Hello Java");
    }
}
```

(b)
```
class Variable_demo
{
    public static void main(String args[])
    {
        int a =10, b=19;
        c=a+b;
        System.out.println(c);
    }
}
```

(c)
```
class Type_convert
{
    public static void main(String args[])
    {
        byte a;
        int b = 200;
        a = b;
        ----------;
        ----------;
    }
}
```

(d)
```
Class Syntax
{
    public static void main(String args[])
    {
        System.out.println("Error");
    }
}
```

(e)
```
class Ternary
{
    public static void main(String args[])
    {
        int x= 10, y=10, c;
        c= x==y ? x : y;
        ----------;
        ----------;
    }
}
```

2.12 练习

练习 1

编写程序，使用右移运算符>>将数值 200 向右移动两位。

练习 2

编写程序，计算圆的面积，其中半径由用户来输入。

自我评估测试答案

1．variable 2．instance 3．explicit 4．% 5．++ 6．对 7．错 8．对 9．对 10．错

第3章

控制语句与数组

学习目标

阅读本章，我们将学习如下内容。

- if 语句
- if-else 语句
- if-else-if 语句
- 嵌套 if 语句
- switch 语句
- while 循环
- do-while 循环
- for 循环
- 跳转语句
- 数组的概念
- foreach 循环

3.1 概述

在之前的章节中，程序语句都是按顺序执行的。但是在某些情况下，我们需要跳过某些语句或根据某种条件执行某些语句。控制语句用于改变程序的执行流程。在本章中，我们将学习控制语句及其用法。另外，我们还将熟悉流程图的概念以及数组、关系运算符、逻辑运算符。

在学习控制语句之前，先来了解流程图。

3.2 流程图

流程图是程序执行步骤的图像化描述，它展示了程序中控制的转移。绘制流程图要用到椭圆形等一些特殊符号。

1. 椭圆形

椭圆形（见图 3-1）代表程序的开始和结束。

2. 矩形

矩形（见图 3-2）代表某种处理过程，例如执行计算。

3. 菱形

菱形（见图 3-3）代表判定框（decision box），在其中要检查特定条件并根据检查结果在多条执行路径中选择一条。

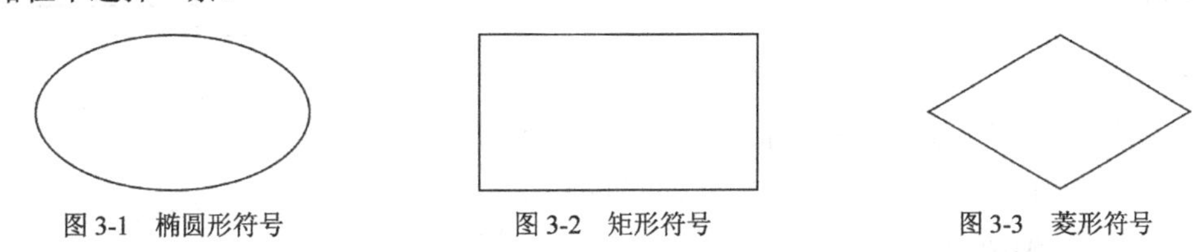

图 3-1 椭圆形符号　　图 3-2 矩形符号　　图 3-3 菱形符号

4. 箭头

箭头（见图 3-4）代表路径，控制通过它从一个符号转移到另一个符号。在流程图中，控制从左到右或从上到下转移。

5. 平行四边形

平行四边形符号（见图 3-5）代表输入或输出框。

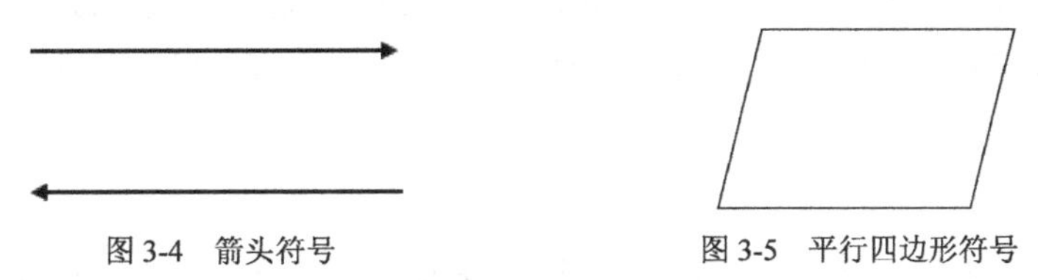

图 3-4 箭头符号　　图 3-5 平行四边形符号

3.3 控制语句

控制语句可以根据特定条件更改程序执行流程。Java 中的控制语句可划分为 3 类。

- 选择语句。
- 迭代语句。
- 跳转语句。

3.3.1 选择语句

选择语句包含一个或多个条件表达式，根据其结果执行或跳过与条件关联的语句块。选择语句也称为决策语句（decision making statement）。如果条件表达式为 true，则执行紧跟其后的语句块；否则，将其跳过，执行之后的语句。注意，在选择语句中，与条件关联的语句只执行一次。Java 支持各种选择语句。

- if 语句。
- if-else 语句。
- if-else-if 语句。
- 嵌套 if 语句。
- switch 语句。

1. **if 语句**

if 语句是单一路径语句（single path statement），这意味着仅当其条件为 true 时，才会执行某条语句或语句块。if 语句也称为条件分支语句，其语法如下：

```
if(conditional expression)
statement1;
```

在该语法中，if 是关键字。conditional expression 代表可返回 boolean 类型值（true 或 false）的条件。如果 conditional expression 返回 true，则执行 statement1；否则，控制转移到 if 语句块之后的下一条语句。整个流程如图 3-6 所示。

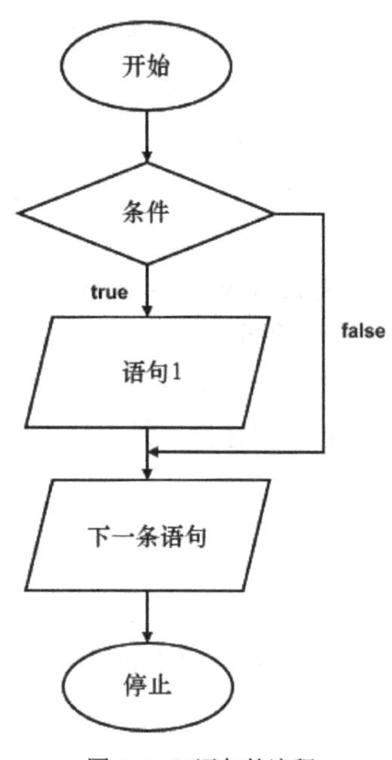

图 3-6 if 语句的流程

例如：

```
if(a>b)
System.out.println("a is greater");
System.out.println("Bye");
```

在这个例子中，要检查条件 a<b。如果该条件返回 true，则接下来的两条语句都会执行；如果该条件返回 false，那么 System.out.println("a is greater")会被跳过，控制转移到下一条语句，执行 System.out.println("Bye")。

提示

如果与 if 语句关联的有多条语句，应该将这些语句放进大括号{}之中，形成语句块。

示例 3-1

下面的程序演示了 if 语句的用法。该程序将评估销售主管的表现，在其当前薪水中加入奖金来计算出总薪水，然后在屏幕上显示当前薪水。

```
//编写程序，评估销售主管的表现并计算其薪水
1   class if_demo
2   {
3      public static void main(String arg[])
4      {
5         double salary = 25000;
6         double incentives = 1000;
7         int sales = 10000;
8         int target = 15000;
9         if(sales>=target)
10        {
11          System.out.println("You have achieved the target");
12          salary = salary+incentives;
13        }
14        System.out.println("Salary = " +salary);
15     }
16  }
```

讲解

第 9 行

if(sales>=target)

在该行中，先检查条件表达式，判断 sales 变量的值（10 000）是否大于或等于 target 变量的值（15 000）。这里，该条件返回 false。控制被转移到紧随 if 语句块的下一条语句（第 14 行）。但如果条件表达式返回 true，则控制转移到 if 语句块内部，执行相关的所有语句（第 11 行和第 12 行）。

第 10 行

{

该行表示 if 语句块的开始。

第 11 行

System.out.println("You have achieved the target");

该行会在屏幕上显示下列内容：

```
You have achieved the target
```

第 12 行

salary = salary+incentives;

在该行中，salary 变量的值（25 000）与 incentive 变量的值（1 000）相加，结果（26 000）再被赋给 salary 变量。

第 13 行

}

该行表示 if 语句块的结束。

第 14 行

System.out.println("Salary = " +salary);

该行会在屏幕上显示下列内容：

```
Salary = 25000.0
```

示例 3-1 的输出如图 3-7 所示。

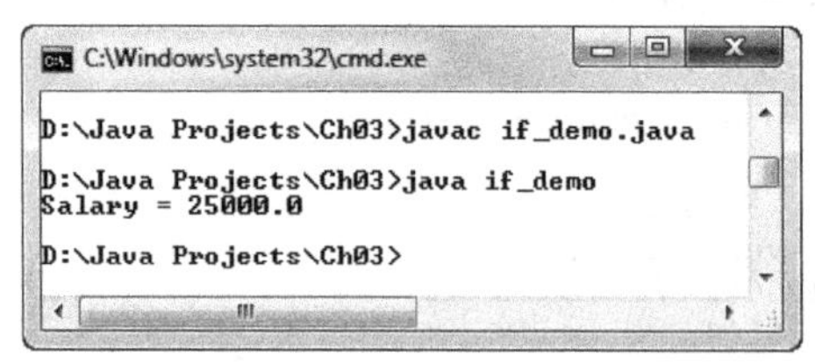

图 3-7 示例 3-1 的输出

2. if-else 语句

if-else 语句是双路径语句（dual path statement），它在两条不同的路径中选定执行流程。路径选择基于特定条件的结果。if-else 语句的工作方式是：如果其中给出的条件为 true，则执行与 if 关联的语句块；否则，跳过 if 语句块，并执行 else 语句块。if-else 语句的语法如下：

```
if(conditional_expression)
{
    statement 1;
    statement 2;
}
else
{
    statement 3;
    statement 4;
}
```

在该语法中，如果 conditional_expression 为 true，则执行与 if 语句块关联的 statement 1 和 statement 2，跳过 else 语句块；否则，跳过 if 语句块，执行与 else 语句块关联的 statement 3 和 statement 4。if-else 语句的流程如图 3-8 所示。

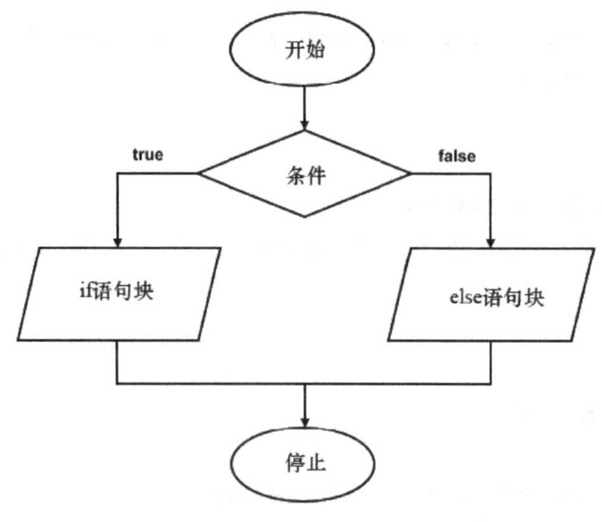

图 3-8 if-else 语句的流程

例如：

```
if (a>b)
{
    System.out.println("a is greater");
    System.out.println("b is smaller");
}
else
{
    System.out.println("b is greater");
    System.out.println("a is smaller");
}
```

在这个例子中，如果变量 a 的值大于变量 b 的值，执行 if 语句块中的 System.out.println("a is greater");和 System.out.println("b is smaller");；否则，跳过 if 语句块，执行 else 语句块中的 System.out.println("b is greater");和 System.out.println("a is smaller");。

示例 3-2

下面的示例演示了 if-else 语句的用法。该程序将评估销售主管的表现，在其当前薪水中加入奖金来计算出总薪水，然后在屏幕上显示当前薪水。

```
//编写程序，评估销售主管的表现并计算其薪水
1   class if_else_demo
2   {
3      public static void main(String arg[])
4      {
5          double salary = 25000;
6          double incentives = 1000;
7          int sales = 20000;
8          int target = 15000;
9          if( sales>=target)
10         {
11            System.out.println("You have achieved the target");
12            salary = salary+incentives;
13            System.out.println("Salary = " +salary);
14         }
15         else
16         {
17            System.out.println("You did not achieve the target");
18            incentives =0;
19            System.out.println("Salary = " +salary);
20         }
21     }
22  }
```

讲解

第 9 行

`if(sales>=target)`

在该行中，先检查条件表达式，判断变量 sales 的值是否大于或等于变量 target 的值。这里，该条件返回 true。控制转移到 if 语句块内部，执行相关的语句（第 10 行～第 14 行）。

第 11 行

`System.out.println("You have achieved the target");`

该行会在屏幕上显示下列内容：

```
You have achieved the target
```

第12行

salary = salary+incentives;

在该行中，salary 变量的值（25000）与 incentive 变量的值（1000）相加，结果（26000）再被赋给 salary 变量。

第13行

System.out.println("Salary = " +salary);

该行会在屏幕上显示下列内容：

```
Salary = 26000.0
```

第15行

else

如果 if 语句中的条件为 false，控制会转移到该行。这时，执行与 else 语句块关联的语句（第16行～第20行）。

第17行

System.out.println("You did not achieve the target");

该行会在屏幕上显示下列内容：

```
You did not achieve the target
```

第18行

incentives = 0;

在该行中，将 0 赋给变量 incentives。

第19行

System.out.println("Salary = " +salary);

该行会在屏幕上显示下列内容：

```
Salary = 25000.0
```

示例 3-2 的输出如图 3-9 所示。

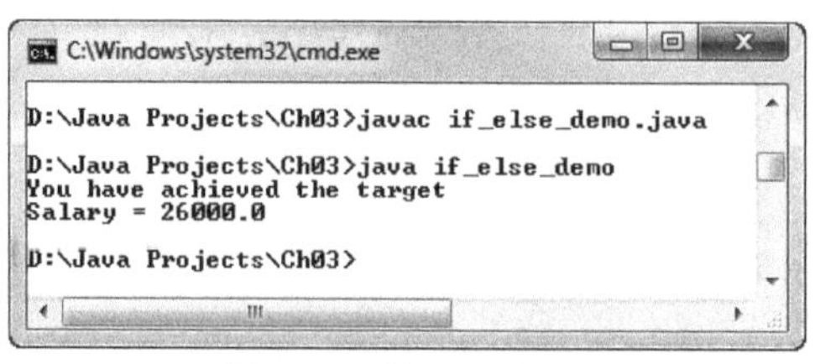

图 3-9 示例 3-2 的输出

3. if-else-if 语句

if-else-if 也是条件语句，用于核实多个条件。语法如下：

```
if(conditional_expression1)
{
```

```
    statements;
}
else if(conditional_expression2)
{
    statements;
}
else if(conditional_expression3)
{
    statements;
}
else
{
    statements;
}
```

if-else-if 语句的工作方式是评估 conditional_expression1。如果返回 true，就执行与 if 语句关联的语句；否则，控制将转移到下一条 else-if 语句并评估 conditional_expression2。同样，如果它返回 true，则执行与 else-if 语句关联的语句；否则，控制将转移到下一条 if 语句。该过程一直持续下去，直到某个条件表达式返回 true。如果所有条件表达式都返回 false，则执行 else 语句块（如果有）；否则，控制将转移到紧随 if-else-if 语句的下一条语句。if-else-if 语句的流程如图 3-10 所示。

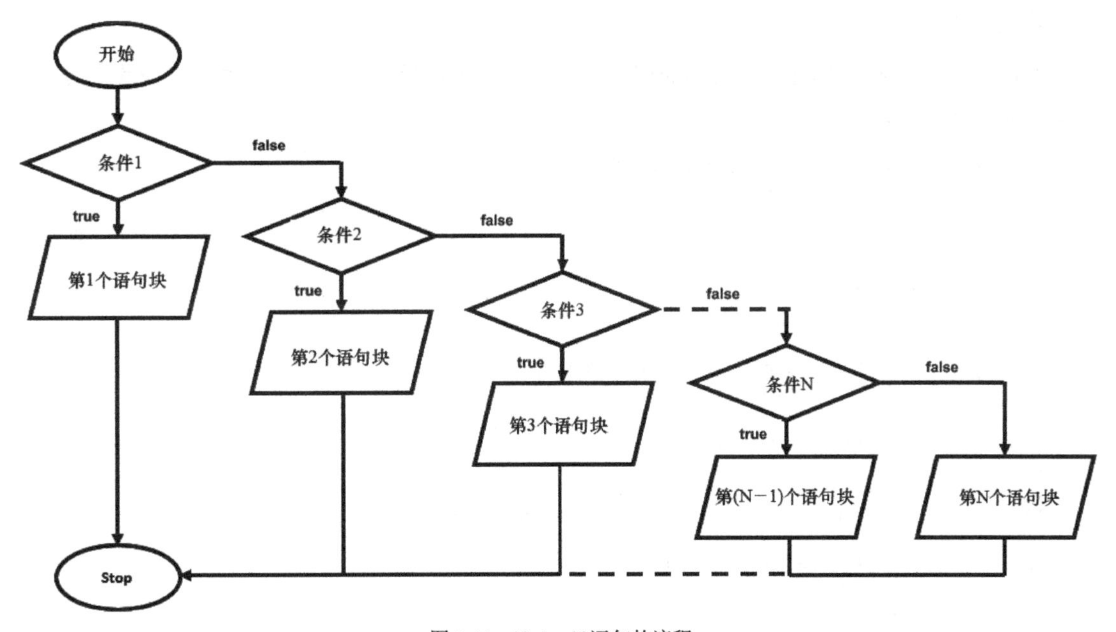

图 3-10 if-else-if 语句的流程

例如：

```
if(sales>target)
{
        System.out.println("Excellent Performance");
        ----------;
        ----------;
}
else if(sales==target)
{
```

```
        System.out.println("Good Performance");
        ----------;
        ----------;
}
else if(sales<target)
{
        System.out.println("Bad Performance");
        ----------;
        ----------;
}
else
{
        System.out.println("Terminated");
        ----------;
        ----------;
}
```

在这个例子中，如果条件表达式 sales>target 返回 true，则执行与 if 语句关联的语句；否则，评估下一个条件表达式 sales==target。如果该条件为 true，执行与 else-if 语句关联的语句；否则，控制转移到下一条 else-if 语句并评估条件表达式 sales<target。如果也不为 true，控制转移到 else 语句，执行与其关键的语句。

示例 3-3

下面的例子演示了 if-else-if 语句的用法。该程序将根据学生在考试中的得分来计算评级，然后在屏幕上显示结果。

```
// 编写程序，根据学生在考试中的得分来计算评级
1   class if_else_if_demo
2   {
3      public static void main(String arg[])
4      {
5         int total_points = 75;
6         if(total_points>=90)
7         {
8            System.out.println("Grade A");
9            System.out.println("Excellent Performance");
10        }
11        else if(total_points>=80)
12        {
13           System.out.println("Grade B");
14           System.out.println("Good Performance");
15        }
16        else if(total_points>=70)
17        {
18           System.out.println("Grade C");
19           System.out.println("Average Performance");
20        }
21        else
22        {
23           System.out.println("Bad Performance");
24        }
25     }
26  }
```

讲解

第 5 行

```
int total_points = 75;
```

在该行中，total_point 被声明为整数类型变量并被初始化为 75。

第 6 行

```
if(total_points>=90)
```

在该行中，先评估条件表达式 total_points>=90。因为 75 小于 90，所以该条件返回 false。这时，跳过 if 语句块（第 7 行～第 10 行），控制转移到 else-if 语句（第 11 行）。

第 11 行

```
else if(total_points>=80)
```

在该行中，先评估条件表达式 total_points>=80。因为 75 小于 80，所以该条件返回 false。这时，跳过 else-if 语句块（第 12 行～第 15 行），控制转移到下一条 else-if 语句（第 16 行）。

第 16 行

```
else if(total_points>=70)
```

在该行中，评估条件表达式 total_points>=70。因为 75 大于 70，所以该条件返回 true。这时，执行与 eles-if 语句块关联的语句。

第 18 行

```
System.out.println("Grade C");
```

该行会在屏幕上显示下列内容：

```
Grade C
```

第 19 行

```
System.out.println("Average Performance");
```

该行会在屏幕上显示下列内容：

```
Average Performance
```

第 21 行

```
else
```

如果所有条件表达式都返回 false，则控制转移到该语句。

示例 3-3 的输出如图 3-11 所示。

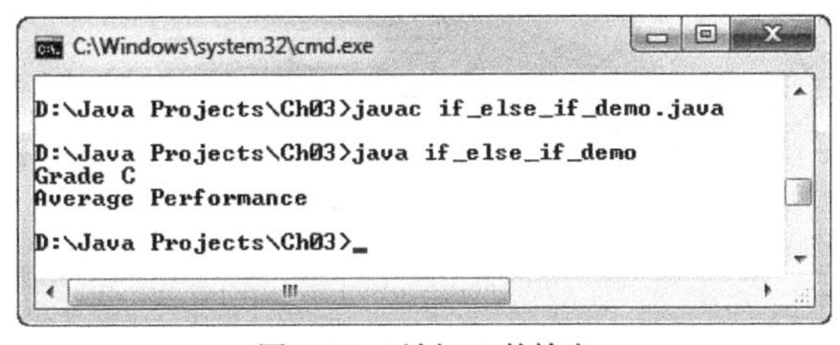

图 3-11 示例 3-3 的输出

4. 嵌套 if 语句

如果一条 if 语句出现在另一条 if 语句内，就形成了嵌套 if 语句。在这种结构中，最后的 else 语句始终与前一个 if 语句块关联。嵌套 if 语句的语法如下：

```
if(conditional_expression1)
{
   if(conditional_expression2)
   {
          statement1;
   }
   else
   {
          statement2;
   }
}
```

嵌套 if 语句的工作方式是评估 conditional_expression1。如果 conditional_expression1 返回 true，控制器转移到接下来的 if 语句，检查其中的 conditional_expression2。如果 conditional_expression2 返回 true，控制则转移到对应的语句块（statement1）；如果返回 false，控制转移到 else 语句块（statement2）。如果 conditioanl_expression1 返回 false，跳过与 conditional_expression2 关联的语句块，转到 else 语句（如果有）之后的语句。嵌套 if 语句的流程如图 3-12 所示。

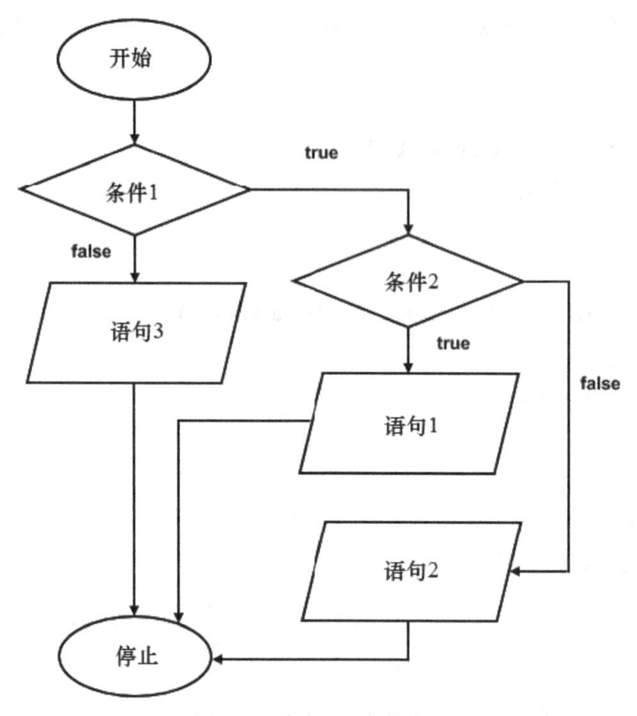

图 3-12　嵌套 if 语句的流程

例如：

```
if(a>b)      //外部
{
   if(a>c)  //内部
   {
      System.out.println("a is greater than b and c");
   }
   else     //内部
```

```
    {
       System.out.println("c is greater than a and b");
    }
}
else          //外部
{
    if(c>b)
    {
       System.out.println("c is greater than a and b");
    }
    else
    {
       System.out.println("b is greater than a and c");
    }
}
```

在这个例子中，先检查条件表达式 a>b（a 大于 b）。如果该条件返回 true，控制转移到接下来的 if 语句；否则，跳过 if 语句块，进入 else 语句块。这时，执行对应的 System.out.println("b is greater than a and c!");语句。内部 if 语句的工作方式与外部 if 语句一样。

示例 3-4

下面的例子演示了嵌套 if 语句的用法。该程序使用嵌套 if 语句，根据人员在技术轮和 HR 面试轮得到的成绩挑选候选人，然后在屏幕上显示结果。

```
// 编写程序，使用嵌套 if 语句，根据人员在技术轮和 HR 面试轮得到的成绩挑选候选人
1   class nested_if_demo
2   {
3      public static void main(String arg[])
4      {
5          int tech_score = 8;
6          int hr_score = 5;
7          if(tech_score>=10)
8          {
9             System.out.println("You are eligible for the HR round");
10            if(hr_score>=6)
11            {
12               System.out.println("You are selected");
13            }
14            else
15            {
16               System.out.println("You are not selected");
17            }
18         }
19         else
20         {
21            System.out.println("You are not eligible");
22         }
23     }
24  }
```

讲解

第 7 行

`if(tech_score>=10)`

在该行中，检查变量 tech_score 的值是否大于或等于 10。如果条件表达式 tech_score>=10，返回

true，控制转移到 if 语句块中的下一条语句（第 9 行）；否则，控制转移到 else 语句块（第 19 行）。

第 9 行

```
System.out.println("You are eligible for the HR round");
```

该行会在屏幕上显示下列内容：

```
You are eligible for the HR round
```

第 10 行

```
if(hr_score>=6)
```

在该行中，检查变量 hr_score 的值是否大于或等于 6。如果条件表达式 hr_score>=6，返回 true，控制转移到 if 语句块中的下一句（第 12 行）；否则，控制转移到 else 语句块（第 14 行）。

第 12 行

```
System.out.println("You are selected");
```

该行会在屏幕上显示下列内容：

```
You are selected
```

第 14 行

```
else
```

该 else 语句块与第 10 行的 if 语句关联。如果这个 if 语句（第 10 行）中的条件表达式 hr_score>=6，返回 false，控制转移到与其关联的 else 语句块；否则，跳过此 else 语句块（第 14 行～第 17 行）。

第 16 行

```
System.out.println("You are not selected");
```

该行会在屏幕上显示下列内容：

```
You are not selected
```

第 19 行

```
else
```

该 else 语句块与第 8 行的 if 语句关联。如果这个 if 语句（第 8 行）中的条件表达式 hr_score>=10，返回 false，控制转移到与其关联的 else 语句块；否则，跳过此 else 语句块。

第 21 行

```
System.out.println("You are not eligible");
```

该行会在屏幕上显示下列内容：

```
You are not eligible
```

示例 3-4 的输出如图 3-13 所示。

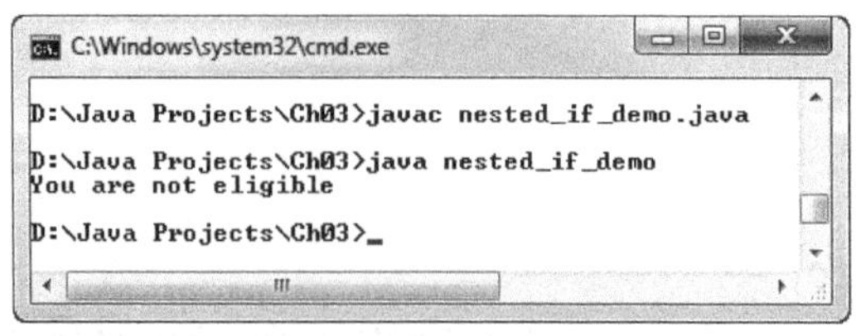

图 3-13 示例 3-4 的输出

5. switch 语句

switch 语句是一种多路选择或条件控制语句。switch 语句使编译器可以根据变量或表达式的值，将控制转移到 switch 主体内的不同语句。在 switch 语句中，执行流程由变量或表达式的值控制。该变量或表达式称为控制变量。switch 语句的语法如下：

```
switch(value or expression)
{
   case 1:
          statement1;
          break;
   case 2:
          statement2;
          break;
   ----------;
   ----------;
   case N:
          statement3;
          break;
   default:
          statement;
}
```

在该语法中，switch 语句中给出的值或表达式代表控制变量。这个变量的类型应为 byte、short、int 或 char，并且 case 常量值的类型应与控制变量的类型兼容。switch 语句的工作方式是将控制变量的值与 case 常量语句中的所有值逐一匹配。如果找到匹配，则将执行与该 case 语句关联的语句；如果未找到匹配，则将执行与 default 关联的语句（如果有的话）。在 switch 主体内出现的 break 语句是一个跳转语句（jump statement）。遇到 break 语句时，控制会转移到紧随 switch 主体之后的语句。switch 语句的流程如图 3-14 所示。有关跳转语句的更多信息将在本章随后部分讲到。

例如：

```
int mon=12;
switch(mon)
{
       case 1:
       System.out.println("January");
       break;
       case 2:
       System.out.println("February");
       break;
       ----------;
       ----------;
       case 12:
       System.out.println("December");
       break;
       default:
       System.out.println("Invalid choice");
}
```

在这个例子中，变量 mon 为控制变量，初始值为 12。首先，将其与第一个 case 语句中的字面值 1 相比较。在这里，两者并不匹配。然后，控制转移到下一条 case 语句，再与其中的字面值比较。该过程一直持续到找不到匹配或遇到 default 语句。在重复此过程时，找到了一处匹配并执行相应的 System.out.println(“December”);。然后，执行 break 语句，控制转移到紧随 switch

主体之后的语句。

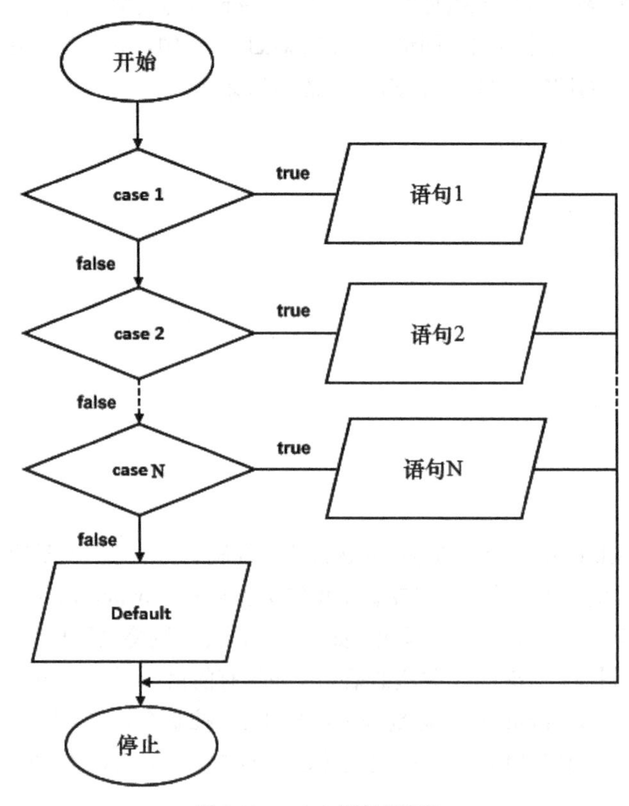

图 3-14 switch 语句的流程

示例 3-5

下面的例子演示了 switch 语句的用法。该程序根据给定的值显示对应的星期几。

```
//编写程序，显示星期几
1   class Switch_demo
2   {
3      public static void main(String arg[])
4      {
5          int day = 5;
6          switch (day)
7          {
8             case 1:
9                 System.out.println("Monday");
10                break;
11            case 2:
12                System.out.println("Tuesday");
13                break;
14            case 3:
15                System.out.println("Wednesday");
16                break;
17            case 4:
18                System.out.println("Thursday");
```

```
19                break;
20            case 5:
21                System.out.println("Friday");
22                break;
23            case 6:
24                System.out.println("Saturday");
25                break;
26            case 7:
27                System.out.println("Sunday");
28                break;
29            default:
30                System.out.println("Invalid choice");
31        }
32    }
33 }
```

讲解

第 5 行

int day = 5;

在该行中，day 被声明为整数类型变量并被初始化为 5。

第 6 行

switch(day)

在该行中，括号中的变量 day 的值传递给关键字 switch。这里，变量 day 被作为控制变量，它的值会与所有的 case 字面值进行比较。

第 8 行

case 1:

在该行中，先将变量 day 的值与 case 字面值 1 进行比较。如果匹配，控制转移到下一行（第 9 行）。但在本例中，两者并不匹配，控制因此转向下一条 case 语句（第 11 行）。

第 9 行

System.out.println("Monday");

该行会在屏幕上显示下列内容：

```
Monday
```

第 10 行

break;

break 是一条跳转语句，可以将控制转移到 switch 主体之外。如果 switch 主体中没有用到该语句，则从匹配处开始的所有 case 语句（包括 defalut 在内）都将被执行。

第 11 行～第 19 行的工作方式与第 8 行～第 10 行相同。

第 20 行

case 5:

在该行中，控制变量 day 的值与 case 字面量 5 进行比较。在本例中，两者匹配，控制因此转移到下一行（第 21 行）。

第 21 行

System.out.println("Friday");

该行会在屏幕上显示下列内容：

```
Friday
```

第29行和30行

```
default:
System.out.println("Invalid choice");
```

这两行包含了 default 语句。只有在没有找到任何匹配的 case 语句时才会执行该语句。

示例3-5的输出如图3-15所示。

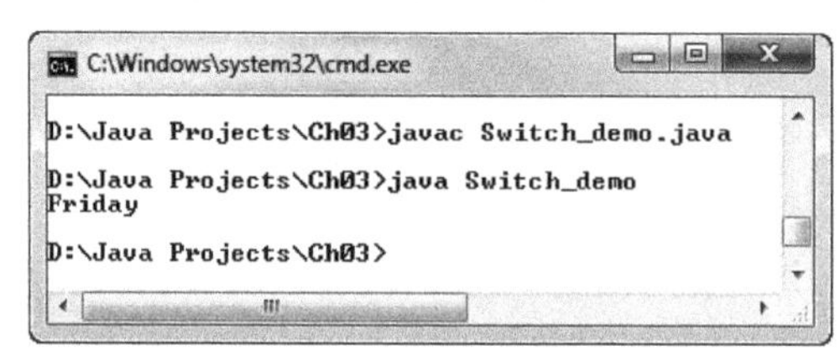

图3-15 示例3-5的输出

3.3.2 迭代语句

迭代意味着重复某件事情若干次。在 Java 中，迭代语句用于重复特定一组语句，直到达到终止条件。这种语句也称为循环语句。迭代语句由初始化表达式、条件表达式、增量/减量表达式 3 个表达式组成。下面我们逐一进行讨论。

（1）初始化表达式

初始化表达式只在循环开始时执行一次，用于设置循环控制变量的初始值，例如 int x=1。

（2）条件表达式

条件表达式在每次执行循环体之前评估。是否执行循环体取决于条件表达式返回的是 true 还是 false。如果为 true，执行循环体；否则，将其跳过，控制转移到循环之后的下一条语句。

（3）增量或减量表达式

增量或减量表达式更新条件控制变量，用于将其加 1 或减 1。该表达式始终在循环体执行完毕之后执行。

Java 提供了 3 种迭代（循环）语句。

- while 循环。
- do-while 循环。
- for 循环。

1. while 循环

while 循环是一个入口控制循环，在循环开始时评估条件，在条件返回 false 之前不断执行循环体中的语句。语法如下：

```
initialization;
while(condition)
{
   statements;
```

```
    increment/decrement;
}
```

在该语法中，先执行循环的 initialization（初始化）部分。它设置循环控制变量的值，后者作为控制循环的计数器。接下来，while 是一个关键字，其中给出的条件会被评估，评估结果为 true 或 false。如果为 true，会重复执行 while 循环体中的 statements（语句）；如果为 false，则结束循环。执行过 statements 之后，控制会转移到 increment/decrement（增量/减量）部分。该部分会对控制变量加 1 或减 1。然后，再次评估条件表达式。该过程一直重复到条件表达式返回 false 为止，如图 3-16 所示。

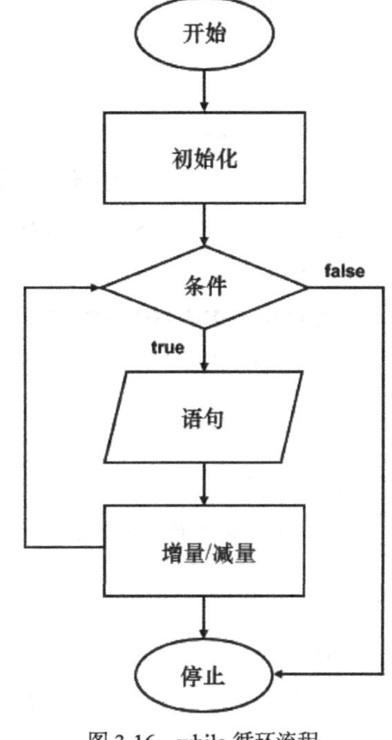

图 3-16　while 循环流程

例如：

```
int count =1;
while (count <=5)
{
    ----------; //这些行

    ----------; //代表
    ----------; //循环体
    count++;
}
```

在这个例子中，变量 count 作为循环控制变量并被初始化为 1。该变量作为计数器之用，控制着整个循环。接下来，评估条件表达式 count<=5。如果返回 true，执行循环体；否则，跳过循环体。执行完 while 循环体中的语句之后，控制转移到增量部分 count++，该部分将控制变量值加 1。然后，再次评估条件。该过程重复进行，直到变量 count 的值小于或等于 5 为止。

示例 3-6

下面的例子演示了 while 语句的用法。该程序比较两个变量并不断显示两者的值，直到它们相等为止。

```
//编写程序，使用 while 循环比较两个变量
1   class while_demo
2   {
3       public static void main(String arg[])
4       {
5           int a = 5, b=1;
6           while(a>b)
7           {
8               System.out.println("a = " +a+ ", b = " +b);
9               b++;
10          }
11          System.out.println("a and b are equal");
12      }
13  }
```

讲解

第 5 行

`int a = 5, b=1;`

在该行中，a 和 b 被声明为整数类型变量并分别被初始化为 5 和 1。

第 6 行

`while(a<b)`

在该行中，重复评估条件表达式 a>b，直到其返回 false。当条件表达式评估为 true 时，执行循环体（第 8 行和第 9 行）；否则，控制转移到紧随循环体之后的下一条语句（第 11 行）。

第 8 行

`System.out.println("a = " +a+ ", b = " +b);`

该行会在屏幕上显示下列内容：

```
a = 5, b = 1
```

提示

在第 8 行中，在重复执行循环体的同时，变量 b 的值一直在改变。

第 9 行

`b++;`

在该行中，用到了++（后缀递增）运算符。该运算符在重复执行循环体的同时增加变量 b 的值。每次循环之后，变量 b 的值就递增 1。

第 11 行

`System.out.println("a and b are equal");`

当 while 语句中给出的条件表达式返回 false 时，控制便转移到该行并在屏幕上显示下列内容：

```
a and b are equal
```

示例 3-6 的输出如图 3-17 所示。

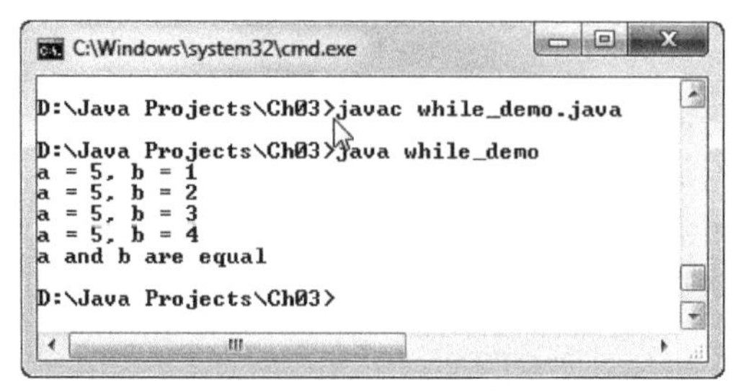

图 3-17 示例 3-6 的输出

2. do-while 循环

在 while 循环中，先评估条件表达式。如果为 true，执行循环体；否则，跳过循环体。但有时候，要求循环体必须至少执行一次，然后再评估条件表达式。为此，Java 提供了 do-while 循环。在 do-while 循环中，循环体至少执行一次后才评估条件表达式。do-while 循环也称为退出控制循环（exit control loop），语法如下：

```
initialization;
do
{
    statements;
    increment/decrement;
}
while (condition);
```

在该语法中，先执行循环的 initialization 部分。它设置循环控制变量的值，后者作为控制循环的计数器。do 是一个关键字，其语句块中的 statements 至少执行一次。然后，控制会转移到 increment/decrement 部分。该部分会对控制变量加 1 或减 1。接下来的 while 也是一个关键字，会评估其中的 condition。如果为 true，再次执行 do 语句块；否则，终止循环，控制转移到紧随 do-while 循环之后的下一条语句。do-while 循环流程如图 3-18 所示。

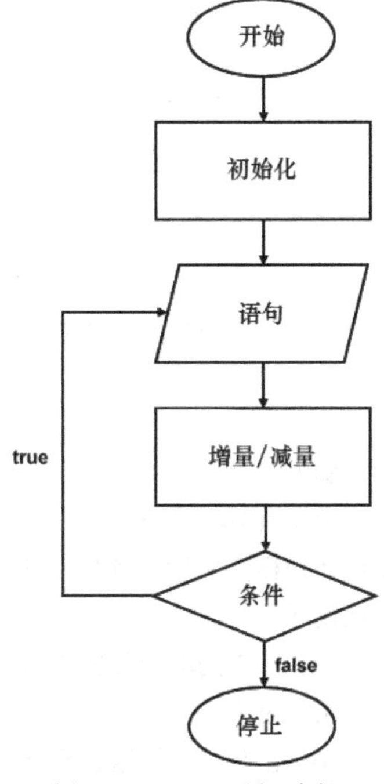

图 3-18 do-while 循环流程

提示

在 do-while 循环中，while 语句应该以分号（;）作结。

例如：

```
int count =1;
do
{
       ----------;    //这些行代表
       ----------;    //循环体
       count++;
}
while (count <=5);
```

在这个例子中，变量 count 作为循环控制变量并被初始化为 1。该变量作为计数器之用，控制着整个循环。do 语句块中的语句至少执行一次。然后，控制转移到增量部分 count++，该部分将控制变量值加 1。接下来，评估 while 语句中的条件表达式 count<=5。如果为 true，再次执行循环体；否则，跳过循环体。该过程重复进行，直到变量 count 的值小于或等于 5 为止。

示例 3-7

下面的例子演示了 do-while 循环的用法。该程序比较两个变量并不断显示两者的值，直到它们相等为止。

```
//编写程序，使用do-while循环比较两个变量
1   class dowhile_demo
2   {
3      public static void main(String arg[])
4      {
5         int a=5, b=1;
6         do
7         {
8            System.out.println("a = " +a+ ", b = " +b);
9            b++;
10        }
11        while(a>b);
12        System.out.println("a and b are equal");
13     }
14  }
```

讲解

除循环体（第8行和第9行）必须至少执行一次外，该程序的工作方式与示例3-6中的程序没什么两样。然后，评估while语句中的条件表达式a>b。如果为true，再次执行循环体；否则，终止循环。

示例3-7的输出如图3-19所示。

3. for循环

for循环是一种迭代语句，用于执行特定的语句块若干次。它多用于循环次数已知的情况下。for循环很容易理解，因为所有的控制元素（初始化、条件、增量或减量）都被放置在了一起。

for循环的语法如下：

```
for(initialization; condition; increment or decrement)
```

在该语法中，for是一个关键字，initialization、condition、increment or decrement是控制表达式。initialization是for循环括号中的第一条语句。在该部分，计数器变量被赋予初始值，作为循环的控制变量使用。接着是第二个表达式condition（条件）。其评估结果为true或false。如果为true，重复执行for循环；如果为false，终止for循环并跳转到紧随循环体之后的第一条语句。第三个表达式是increment or decrement。它在每次for循环迭代之后执行，用于将控制变量的值加1或减1。for循环流程如图3-20所示。这3个表达式之间必须以分号（;）分隔。例如：

```
for(i=0; i<5; i++)
{
    body of the loop;
}
```

在这个例子中，变量i被作为循环控制变量并被初始化为0。它起到计数器的作用，控制着整个循环。初始化部分只执行一次。然后，评估条件表达式i<5。如果结果为true，执行循环体；否则，跳过循环体。执行完循环体之后，控制转移到增量部分i++，该部分将控制变量的值加1。接着，再次评估条件表达式。该过程重复进行，直到变量i的值小于5为止。最终共循环5次。

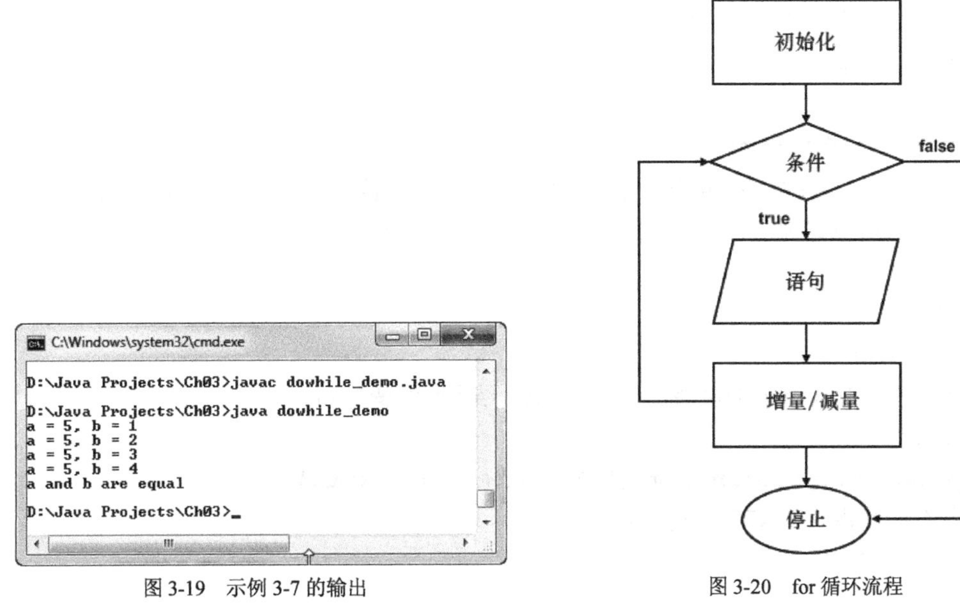

图 3-19　示例 3-7 的输出

图 3-20　for 循环流程

示例 3-8

下面的例子演示了 for 循环的用法。该程序计算指定数字的乘积并将其显示在屏幕上。

```
//编写程序，显示指定数字的乘积
1   class for_demo
2   {
3      public static void main(String arg[])
4      {
5         int num = 7;
6         int mul;
7         System.out.println("The multiples of " +num+ ":");
8         for(int i=1; i<=10; i++)
9         {
10           mul = num*i;
11           System.out.println(num+ " * "  +i+ "  = " +mul);
12        }
13     }
14  }
```

讲解

第 5 行

int num = 7;

在该行中，num 被声明为整数类型变量并被初始化为 7。

第 6 行

int mul;

在该行中，mul 被声明为整数类型变量。

第 7 行

```
System.out.println("The multiples of " +num+ ":");
```

该行会在屏幕上显示下列内容：

```
The multiples of 7:
```

第 8 行

```
for(int i=1; i<=10; i++)
```

该行中包含了 for 循环。其中，变量 i（循环控制变量）被初始化为 1，检查条件表达式 i<=10。如果条件为 true，执行循环体，控制转移到第 11 行。该过程一直重复到条件变为 false，这时，终止循环。

第 10 行

```
mul = num*i;
```

在该行中，变量 num 的值乘以变量 i 的值，结果赋给变量 mul。

第 11 行

```
System.out.println(num+ " * " +i+ " = " +mul);
```

该行会在屏幕上显示下列内容：

```
7 * 1 = 7
```

提示

在第 11 行，变量 i 的值每次迭代都会加 1。

示例 3-8 的输出如图 3-21 所示。

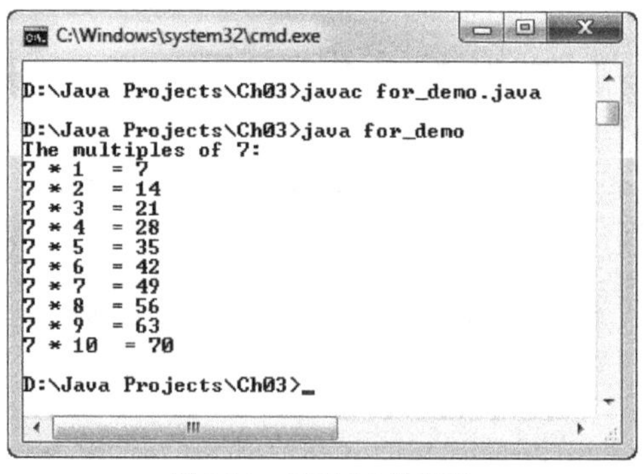

图 3-21 示例 3-8 的输出

我们也可以使用逗号分隔符在初始化和增量/减量部分中包含多条语句，但只能包含一个循环条件。

例如：

```
for(a=50, b=1; a>b; a--, b++)
{
```

```
    body of the loop;
}
```

在初始化部分，变量 a 和 b 分别被初始化为 50 和 1。在增量/减量部分，变量 a 减 1，变量 b 加 1。但在这个例子中，只出现了一个条件表达式 a>b。因此，循环体会重复执行，直到给定的条件变成 false。

嵌套 for 循环

如果在 for 循环中使用了另一个 for 循环，这种情况叫作嵌套 for 循环。在这种循环内，外围的 for 循环控制着内部的 for 循环，语法如下：

```
for(initialization; condition; increment/decrement)     //外层循环
{
    for(initialization; condition; increment/decrement) //内层循环
    {
        body of the loop;
    }
}
```

在嵌套循环中，开始执行时，编译器会先遇到外层循环。如果外层循环中的条件为 true，控制转向内层循环。当内层循环执行结束后，控制返回到外层循环的增量/减量部分。该过程一直重复到外层循环结束或外层循环条件为 false。注意，每次执行外层 for 循环时，内层的 for 循环也会执行。

示例 3-9

下面的例子演示了嵌套 for 循环的用法。该程序在屏幕上显示一个数字直角三角形。

```
//编写程序，显示一个数字直角三角形
1   class nestedfor_demo
2   {
3      public static void main(String arg[])
4      {
5         int i, j;
6         for(i=0; i<5; i++)        //外层循环
7         {
8            for(j=0; j<=i; j++) //内层循环
9            {
10              System.out.print((j+1) + " ");
11           }
12           System.out.println("");
13        }
14     }
15  }
```

讲解

第 6 行

for(i=0; i<5; i++)

外层 for 循环从该行开始。在这一行中，变量 i 被初始化为 0。然后，评估条件表达式 i<5。如果条件为 true，控制转移到内层循环（第 8 行）。执行完内层循环之后，控制返回到外层循环的增量/减量部分。该过程重复到满足给定条件为止。如果条件为 false，则跳过外层循环体，终止循环。

第 8 行

for(j=0; j<=i; j++)

内层 for 循环从该行开始。此循环由外层循环控制。只有外层循环的条件表达式为 true 时，控制才会转移到内层循环。否则，跳过该循环。如果内层循环的条件为 true，执行内层循环体，控制直接转移到第 10 行；否则，跳过内层循环体，控制返回到外层循环的增量/减量部分。

示例 3-9 的输出如图 3-22 所示。

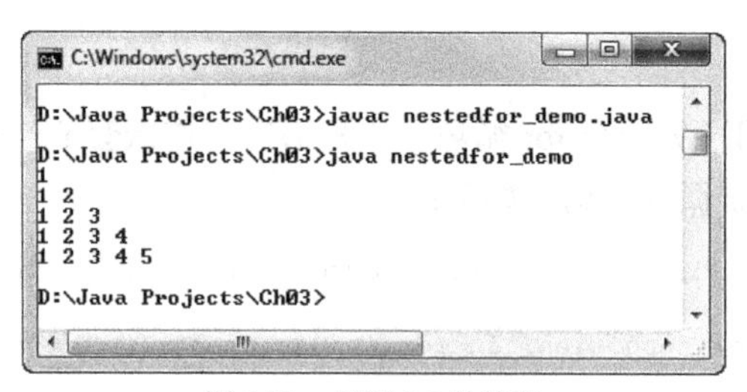

图 3-22 示例 3-9 的输出

3.3.3 跳转语句

跳转语句用于跳过循环的某部分并在某些条件下转移控制。当在语句块中遇到跳转语句时，它将控制转移到现有语句块之外。Java 支持下列 3 种跳转语句。

- break 语句。
- continue 语句。
- return 语句。

（1）break 语句

break 语句用于跳过最近的闭合语句（如 switch 语句）或循环语句（如 for、while、do-while 语句）。只要在循环体中遇到跳转语句，循环就会终止，控制转移到紧随循环之后的下一条语句。

示例 3-10

下面的例子演示了 break 语句的用法。该程序将创建斐波那契序列并将其显示在屏幕上。

```
//编写程序，创建斐波那契序列
1   class break_demo
2   {
3      public static void main(String args[])
4      {
5          int a=0, b=1, c=0, i=0;
6          while(c<=200)
7          {
8             System.out.println(c);
9             c=a+b;
10            a=b;
11            b=c;
12            i++;
13            if(i==10)
14            break;
15         }
16         System.out.println("Exit from the loop");
17     }
18  }
```

讲解

第 5 行

```
int a=0, b=1, c=0, i=0;
```

在该行中，a、b、c 被声明为整数类型变量并分别被初始化为 0、1、0、0。

第 6 行

```
while(c<=200)
```

该行包含了 while 语句。在这一行中，先评估条件表达式 c<=200。如果为 true，执行与 while 循环关联的语句（第 8 行～第 14 行）；否则，终止循环，控制转移到紧随 while 循环之后的第 16 行。

第 8 行

```
System.out.println(c);
```

该行会在屏幕上显示变量 c 的值。

第 9 行

```
c=a+b;
```

在该行中，变量 a 的值与变量 b 的值相加，然后将结果赋给变量 c。

第 10 行

```
a=b;
```

在流行中，将变量 b 的值赋给变量 a。

第 11 行

```
b=c;
```

在该行中，将变量 c 的值赋给变量 b。

第 12 行

```
i++;
```

变量 i 被作为计数器变量，每执行一次循环体就加 1。在该行中，将变量 i 的值加 1。

第 13 行

```
if(i==10)
```

在该行中，评估条件表达式 i==10。如果为 true，控制转移到第 14 行；否则，跳过第 14 行。

第 14 行

```
break;
```

如果第 13 行中的条件表达式为 true，则执行该行。在执行该语句时，会将控制转移到 while 循环之外，也就是第 16 行。

示例 3-10 的输出如图 3-23 所示。

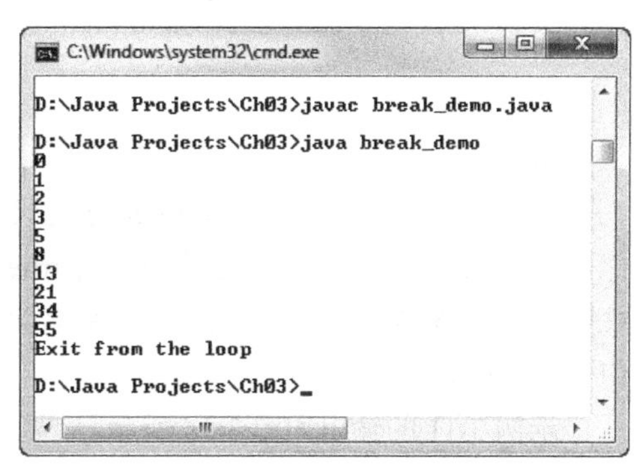

图 3-23 示例 3-10 的输出

在前面，我们知道了 break 语句可用于跳出到循环外部或退出循环。我们也可以采用另一种叫作标签式 break 语句的形式，该语句的语法如下：

```
break label;
```

其中，lable是一个有效的标识符，代表指向特定语句块的名称。当执行该语句时，控制会转移到外部的特定语句块。要给某个语句块命名，把标签以及冒号放在语句块之前即可。

例如：

```
greater:
{
    ----------;
    ----------;
    if(conditional expression)
          break greater;
    ----------;
    ----------;
}
```

在这个例子中，greater 代表标签。大括号{}代表具名语句块的起止。在该语句块中，如果给定的条件表达式为true，控制则转移到下一条语句，也就是标签式break语句。

示例 3-11

下面的例子演示了标签式break语句的用法。

```
//编写程序，来说明带标签的break语句的工作原理
1    class labeled_break_demo
2    {
3       public static void main(String args[])
4       {
5          outer:
6          for(int i=0; i<3; i++)
7          {
8             inner:
9             for(int j=0; j<4; j++)
10            {
11               System.out.println("Value of i is: " +i);
12               System.out.println("Value of j is: " +j);
13               if(j<i)
14                  break inner;
15            }
16            System.out.println("Outside the inner block");
17         }
18      }
19   }
```

讲解

在这个程序中，outer和inner分别代表标签。本例中的for循环工作方式与先前描述的一样。如果if语句的条件表达式j<i为true（第13行），执行标签式break语句。此处的break关键字的标签是inner。因此，控制从名为inner的语句块中退出，转移到紧随其后的下一条语句（第16行）。

示例3-11的输出如图3-24所示。

（2）continue语句

continue语句与break语句差不多，但是continue并不是退出循环，而是将控制返回到循环顶部，执行下一次迭代。如果我们希望提前进行迭代，则continue能派上用场。当在语句块内遇到

该语句时，会跳过剩余的部分（紧跟在 continue 之后的语句）。该语句的语法如下：

```
continue;
```

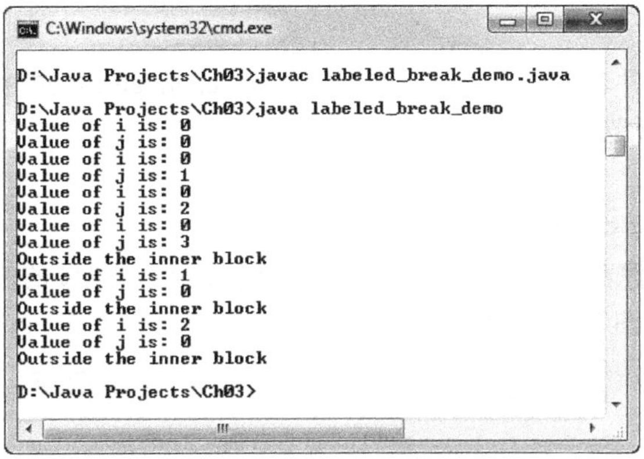

```
C:\Windows\system32\cmd.exe

D:\Java Projects\Ch03>javac labeled_break_demo.java

D:\Java Projects\Ch03>java labeled_break_demo
Value of i is: 0
Value of j is: 0
Value of i is: 0
Value of j is: 1
Value of i is: 0
Value of j is: 2
Value of i is: 0
Value of j is: 3
Outside the inner block
Value of i is: 1
Value of j is: 0
Outside the inner block
Value of i is: 2
Value of j is: 0
Outside the inner block

D:\Java Projects\Ch03>
```

图 3-24 示例 3-11 的输出

例如：

```
for(i=0;i<=10;i++)
{
   statement 1;
   if(i==5)
          continue;
   statement 2;
}
```

在这个例子中，如果变量 i 的值等于 5，则执行 continue 语句，然后控制转移到 for 循环的增量部分（i++），跳过剩余的语句（statement 2）。

示例 3-12

下面的例子演示了 continue 语句的用法。该程序将显示出 1～20 所有的奇数。

```
//编写程序，找出 1～20 的所有奇数。
1   class continue_demo
2   {
3      public static void main(String args[])
4      {
5          System.out.println("Odd numbers from 1 to 20:");
6          for(int i=1; i<=20; i++)
7          {
8             if(i%2==0)
9             continue;
10            System.out.println(i);
11         }
12     }
13  }
```

讲解

第 8 行

`if(i%2==0)`

在该行中，%（求模）运算符返回变量 i 的值与 2 的余数。如果余数等于 0，控制转移到下一行（第 9 行）；否则，控制转移到第 10 行。

第 9 行

continue;

如果 if 语句中的条件表达式为 true，执行该行。当 continue 语句执行时，控制会转移到循环的增量部分，继续下一次迭代。

第 10 行

System.out.println(i);

如果 if 语句中的条件表达式为 false，该行会在屏幕上显示变量 i 的值。

示例 3-12 的输出如图 3-25 所示。

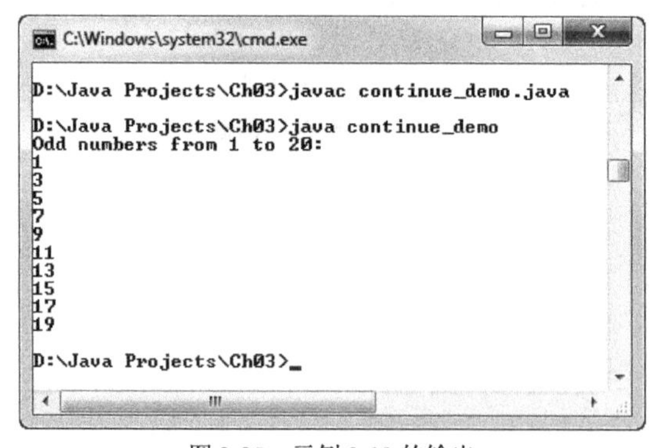

图 3-25 示例 3-12 的输出

（3）return 语句

return 语句是另一种类型的跳转语句，用于终止方法的执行，返回指定表达式的值。该语句的语法如下：

```
return expression;
```

在该语句中，expression 代表由 return 返回的值。

我们将在后续章节中讲解有关 return 语句的更多知识。

3.4 数组

数组是相同类型的数据元素的集合。这些元素由共同的名称引用，被保存在连续的内存位置上。我们可以使用索引值引用特定的元素。索引从最低的 0 开始，到最高的 n−1 结束（这里，n 代表元素的总数量）。下面我们来讨论各种类型的数组。

3.4.1 一维数组

一维数组只包含单个下标，其中的元素以列表形式保存。声明一维数组的语法如下：

```
datatype arr_name[];
```

在该语法中，datatype 指定了保存在名为 arr_name 数组中元素的数据类型。

例如，我们可以像下面一样声明一个整数类型的数组 even_numbers：

```
int even_numbers[];
```

Java 不会为新声明的数组分配内存。因此，在这个例子中，数组 even_nmumbers 并不会获得内存，其值被设置为 null。要为数组分配内存，必须使用 new 运算符定义数组。这是一个特殊的运算符，可用于分配内存，语法如下：

```
arr_name = new datatype[size];
```

在该语法中，arr_name 指定了数组名称，new 运算符用于分配所需的内存空间，datatype 指定了数组中元素的数据类型，中括号内的 size 指定了数组能够容纳元素的最大数量。

例如：

```
even_numbers = new int[5];
```

在这个例子中，new 运算符为 5 个整数类型元素提供了共计 20 字节的连续内存空间。在默认情况下，这些整数类型元素被初始化为 0。

为数组分配好内存之后，就可以使用索引访问数组元素。语法如下：

```
arr_name[index value];
```

在该语法中，arr_name 指定了数组名称，index value 指定了索引值，取值范围从 0 到 n−1（这里，n 代表数组元素的总数量）。

例如：

```
even_numbers[4];
```

在这个例子中，编译器可以访问到索引为 4 的位置上所保存的值。

示例 3-13

下面的例子演示了一维数组的用法。该程序创建了一个一维数组，初始化各个元素，访问索引为 3 的元素，在屏幕上显示元素的值。

```
//编写程序，创建一维数组
1   class one_dim_demo
2   {
3      public static void main(String arg[])
4      {
5         int odd_num[];
6         odd_num = new int[5];
7         odd_num[0] = 1;
8         odd_num[1] = 3;
9         odd_num[2] = 5;
10        odd_num[3] = 7;
11        odd_num[4] = 9;
```

```
12        System.out.println("Value at index 3 : " +odd_num[3]);
13    }
14  }
```

讲解

第5行

int odd_num[];

在该行中，声明了整数类型数组odd_num。

第6行

odd_num = new int[5];

在该行中，new运算符用于为5个整数类型元素分配共计20字节的连续内存空间。这5个元素默认被初始化为0。

第7行

odd_num[0] = 1;

在该行中，索引为0的整数类型元素被初始化为1。

第8行～第11行的工作方式与第7行相同。

第12行

System.out.println("Value at index 3 : " +odd_num[3]);

该行会在屏幕上显示下列内容：

```
Value at index 3 : 7
```

示例3-13的输出如图3-26所示。

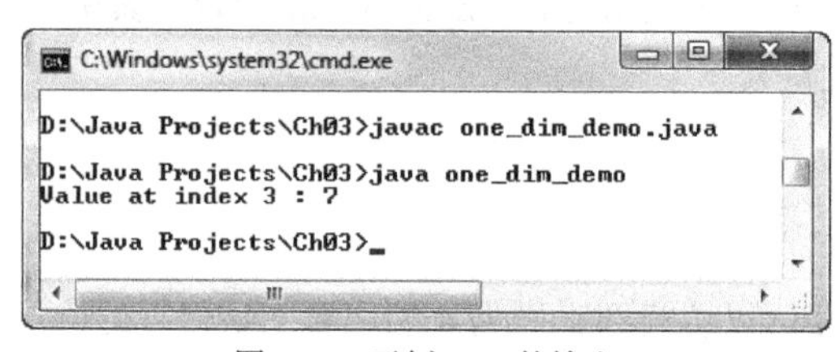

图3-26 示例3-13的输出

在之前的程序中，所有的元素是在new运算符分配完内存之后初始化的。在有些程序中，我们也可以不使用new运算符完成数组初始化。其中，不需要new运算符，也不需要定义数组大小。此外，数组的最大大小由数组初始化器中指定的元素数量确定：

```
int odd_numbers[ ] = {1, 3, 5, 7, 9, 11, 13, 15, 17, 19};
```

当Java编译器执行这行代码时，数组odd_numbers的最大大小被设置为10。数组初始化时指定的值会被依次分配给所有的数组元素，例如，1分配给第0个元素，3分配给第1个元素，等等。

示例3-14

下面的例子演示了不使用new运算符的一维数组的用法。该程序计算3个数字的平均数并将结果显示在屏幕上。

```
//编写程序，计算 3 个数字的平均数
1   class one_dim_array
2   {
3      public static void main(String arg[])
4      {
5          int numbers[ ] = {52, 56, 82};
6          int avrg = 0;
7          for (int i=0; i<3; i++)
8          avrg= avrg + numbers[i];
9          avrg = avrg/3;
10         System.out.println("Average is: " +avrg);
11     }
12  }
```

讲解

第 5 行

int numbers[ ] = {52, 56, 82};

在该行中，声明了整数类型数组 numbers 并向数组初始化器传入 52、56、82。这些值会分配给对应的数组元素：52 分配给第 0 个元素，56 分配给第 1 个元素，82 分配给第 2 个元素。

第 6 行

int avrg = 0;

在该行中，avrg 被声明为整数类型变量并被初始化为 0。

第 7 行

for(int i=0; i<3; i++)

该行中包含了 for 循环。在这个循环中，变量 i 作为循环控制变量。循环的工作方式为：循环控制变量 i 被声明为整数类型并被初始化为 0。然后，评估条件表达式 i<3。如果结果为 true，控制转移到下一行（第 8 行）；否则，控制转移到紧随 for 循环之后的下一行（第 9 行）。

第 8 行

avrg = avrg + numbers[i];

在该行中，变量 avrg 的值与 numbers 数组中索引为 i 的元素值相加，然后将结果赋给变量 avrg。

第 9 行

avrg = avrg/3;

在该行中，变量 avrg 的值除以整数 3，然后将结果赋给变量 avrg。

第 10 行

System.out.println("Average is: " +avrg);

该行会在屏幕上显示下列内容：

```
Average is: 63
```

示例 3-14 的输出如图 3-27 所示。

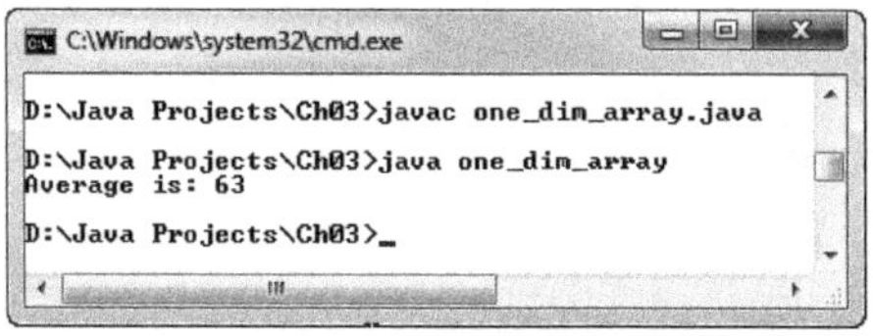

C:\Windows\system32\cmd.exe
D:\Java Projects\Ch03>javac one_dim_array.java
D:\Java Projects\Ch03>java one_dim_array
Average is: 63
D:\Java Projects\Ch03>_

图 3-27 示例 3-14 的输出

3.4.2 多维数组

多维数组也称为数组的数组。多维数组可以具有多个维度，例如二维、三维、四维、*n* 维。二维数组是比较简单的多维数组类型。声明二位数组的语法如下：

```
data_type arr_name [ ][ ] = new data_type[size][size];
```

该语法中包含了两个中括号，代表这是一个二维数组。第一个中括号内的 size 指定了数组的行数，第二个中括号内的 size 指定了数组的列数。

例如，要创建一个 4 行 3 列的整数类型的二维数组，代码如下：

```
int matrix[ ][ ] = new int [4][3];
```

二维数组占用的字节数可以按照下面的方法计算：

总字节数 = 行数 × 列数 × 数据类型大小

例如，二维数组 matrix 占用了 48 字节（4×4×4）。

在二维数组中，索引由两个值组成。一个值指定了行数，另一个值指定了特定行中的列数。例如，要访问保存在数组 matrix[][]中第 1 行第 2 列的元素，可以像下面一样指定索引：

```
matrix[1][2];
```

图 3-28 描述了一个包含 4 行 3 列的二维数组。

行号
列号
0
1
2
0
1
2
3
[0][0]
[0][1]
[0][2]
[1][0]
[1][1]
[1][2]
[2][0]
[2][1]
[2][2]
[3][0]
[3][1]
[3][2]

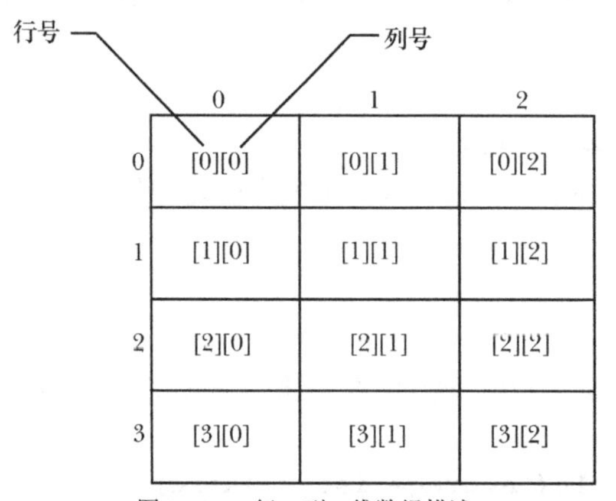

图 3-28 4 行 3 列二维数组描述

示例 3-15

下面的程序演示了二维数组的用法。该程序创建了一个二维数组，初始化所有的数组元素并在屏幕上显示数组。

```
//编写程序，创建二维数组
1   class two_dim_demo
2   {
3      public static void main(String arg[])
4      {
5          int matrix[ ][ ]= new int[4][3];
6          int i, j, count =20;
7          for(i=0;i<4; i++)         //循环处理行
8          {
9             for(j=0;j<3;j++)     //循环处理列
10            {
11                matrix[i][j] = count++;
12            }
13         }
14         for(i=0;i<4;i++)          //循环处理行
15         {
16            for(j=0;j<3;j++)     //循环处理列
17            {
18                System.out.print(matrix[i][j] + " ");
19            }
20            System.out.println();
21         }
22     }
23  }
```

讲解

第 5 行

int matrix[ ][ ]= new int[4][3];

在该行中，matrix 被声明为 4 行 3 列的整数类型二维数组。

第 7 行

for(i=0;i<4; i++)

在该行中，for 循环用于迭代数组 matrix[][]的各行，循环的迭代次数等于数组的行数。这里，数组共有 4 行。因此，也就是执行 4 次迭代。在每次迭代中，都会初始化每行的元素。第 1 次迭代初始化第 0 行，第 2 次迭代初始化第 1 行，第 3 次迭代初始化第 2 行，第 4 次迭代初始化最后一行。

第 9 行

for(j=0;j<3;j++)

如果第 7 行中的条件表达式为 true，控制将转移到该行。这个循环用于处理列，共重复 3 次，因为数组有 3 列。在每次迭代中，都会初始化每列的一个元素。

第 11 行

matrix[i][j] = count++;

如果第 9 行中的条件表达式为 true，控制将转移到该行。在这行中，变量 count 的值被赋给数组 matrix[i][j]。因此，count 的值会加 1。例如，在循环的第 1 次迭代中（第 9 行），它使用 20 初始化数组元素 a[0][0]；在第 2 次迭代中，使用 21 初始化数组元素 a[0][1]；依此类推。

第 14 行和第 16 行出现的 for 循环用于显示保存在数组中不同位置上的值。

示例3-15的输出如图3-29所示。

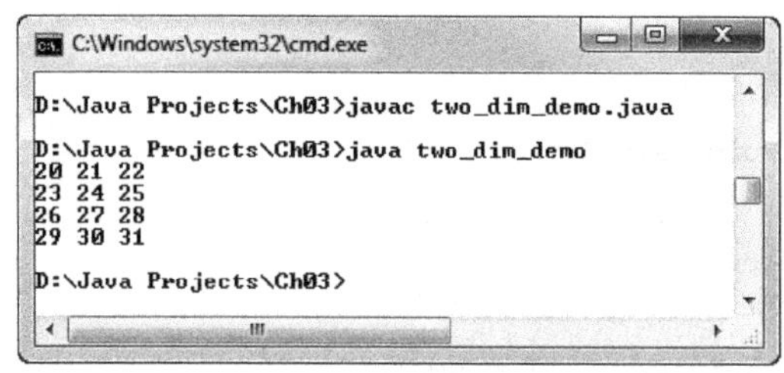

图3-29　示例3-15的输出

3.5　foreach循环

foreach是一种以特殊形式定义的基本for循环，用于迭代数组等对象集合（如数组等）。它也称为高级for循环或增强for循环，语法如下：

```
for(datatype var_name : collection)
```

在该语法中，datatype指定了数据类型，var_name代表用于从头到尾逐个接收集合或数组元素的变量，collection代表数组等对象集合。foreach的工作方式为：在每次迭代时，从集合处接收一个元素并将其保存在迭代变量var_name中。这个过程持续重复，直到接收完集合的所有元素。

例如：

```
int numbers[ ] = {10, 20, 30};
mul = 1;
for(int itr_var: numbers)
    mul*=itr_var;
   ----------;
   ----------;
```

在这个例子中，当执行foreach语句时，数组numbers[]的第1个元素的值（10）被赋给迭代变量itr_var。该变量的值与变量mul的值相乘，将结果再赋给变量mul。在下一步中，第2个元素的值（20）被赋给迭代变量itr_var。这个过程持续重复，直到接收完数组numbers[]的所有3个元素。

上例中foreach的工作方式与下面给出的for循环一样：

```
for(int itr_var =0; itr_var<3; itr_var++)
    mul*=numbers[i];
    ----------;
    ----------;
```

我们已经知道了foreach语句在一维数组中的用法。另外还将学到如何在二维数组中使用该语句。二维数组也称为数组的数组，因此，foreach对二维数组进行迭代时，迭代标量中得到的是一个完整的数组，而非单个值。

例如：

```
int numbers[ ][ ] = new int[4][5];
for(int i=0; i<4; i++)
```

```
{
    for(j=0; j<5;j++)
    {
        ----------;
    }
}
```

这些 for 语句可以使用下面的 foreach 语句替换：

```
for(int a[ ]: numbers)  //外层 foreach 语句
{
    for(int b: a)       //内层 foreach 语句
    {
        ----------;
        ----------;
    }
}
```

在该语句中，先执行外层 foreach 语句，从二维数组 numbers[][]中得到一个一维数组。将这个一维数组赋给迭代数组 a[]。然后，控制权转移到内层 foreach 语句。其工作方式与处理一维数组一样。

示例 3-16

下面的程序演示了 foreach 循环的用法。该程序计算二维数组所有元素之和并在屏幕上显示结果。

```
//编写程序，计算二维数组所有元素之和
1   class ForEach_demo
2   {
3      public static void main(String args[])
4      {
5          int sum=0;
6          int arr[][]={{10,20},{30,40}};
7          for(int i[]:arr)
8          {
9              for(int j:i)
10             {
11                 System.out.print(j +" ");
12                 sum+=j;
13             }
14             System.out.println();
15         }
16         System.out.println("Sum of array elements : " +sum);
17     }
18  }
```

讲解

第 6 行

`int arr[][]={{10,20},{30,40}};`

在该行中，arr 被声明为整数类型的二维数组并将 10、20、30、40 传给数组初始化器，其中每个子集代表一行。子集{10,20}和{30,40}对应了两行。这些值赋给数组中的 4 个元素：10 赋给元素 arr[0][0]，20 赋给元素 arr[0][1]……

第 7 行

`for(int i[]:arr)`

该行作为外层 foreach 循环。执行此循环时，从整数类型的二维数组 arr[][]中得到整数类型的一维数组 i。

第 9 行

```
for(int j:i)
```

该行作为内层 foreach 循环。执行此循环时，数组 i[]第一个元素的值（10）被赋给迭代变量 j。这个过程持续重复，直到接收到数组 i[]的所有元素为止。

示例 3-16 的输出如图 3-30 所示。

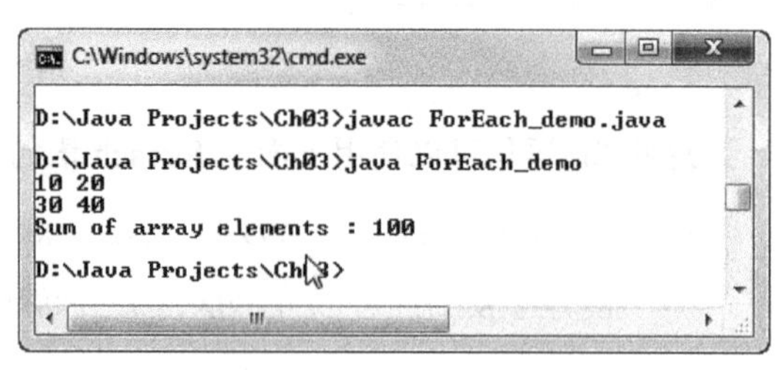

图 3-30　示例 3-16 的输出

3.6　自我评估测试

回答以下问题，然后将其与本章末尾给出的问题答案比对。

1. ________是程序执行步骤的图形化描述。
2. ________语句是单一路径语句。
3. ________语句能够在两个不同方向之间选择路径。
4. ________语句可用于核实多个条件。
5. 可用于多路选择的语句称为________语句。
6. 当循环体执行次数已知时，可以使用 for 循环。（对/错）
7. 可以跳过 for 循环的部分或全部。（对/错）
8. 在嵌套 for 循环中，外层 for 循环控制着内层 for 循环。（对/错）
9. break 语句将控制转移回循环开始部分。（对/错）
10. continue 语句用于终止循环。（对/错）

3.7　复习题

回答下列问题。

1. 控制语句的定义。
2. 选择语句和迭代语句之间的差别。
3. 使用适合的例子解释嵌套 if 语句的工作方式。
4. 使用适合的例子解释 for 循环的工作方式。
5. break 语句和 continue 语句之间的差别。
6. 找出下列源代码中的错误。

(a)
```
class if_demo
{
    public static main void(String args[])
    {
```

```
        int i=10, j=20;
        if(i<=j);
        {
           System.out.println("Value of i is: " +i);
           System.out.println("Value of j is: " +j);
        }
    }
}
```

(b)
```
class switch_demo
{
    public static void main(String args[ ])
    {
        int a=10,b=20,result;
        Switch(i)
        {
           case 1:
                result=a+b;
                System.out.println("Addition: " +result);
                break;
           Case 2:
                result=b-a;
                System.out.println("Subtraction: " +result);
                break
           case 3:
                result=a*b;
                System.out.println("Multiplication: " +result);
                Break;
           case 4:
                result=b/a;
                System.out.println("Division: " +result);
                break;
           default:
                System.out.println("invalid Choice");
        }
    }
}
```

(c)
```
class do_while_demo
{
    public static main void(String args[])
    {
        int i=1;
        do
        {
            System.out.println("Value of i is: " +i);
            i++;
        }
        while(i<=10)
    }
}
```

(d)
```
class for_demo
{
    public static void main(String args[ ])
    {
        for(int i=0, i<=10, i++)
        System.out.println("Value of i is: " +i);
    }
}
```

(e)
```
class labeled_break_demo
{
    public static void main(String args[ ])
```

```
        {
            label1;
            for(int i=0; i<=10; i++)
            {
                if(i==5);
                break label1;
            }
        }
    }
```

3.8 练习

练习 1

编写程序，检查一个字符是辅音还是元音。

练习 2

编写程序，使用 do-while 循环计算前 10 个奇数的平方。

练习 3

编写程序，生成下列输出。

```
* * * *
* * *
* *
*
```

练习 4

编写程序，创建一个 5 行 4 列的二维数组，并将下列数值赋给该数组的所有元素。另外，将这些值在屏幕上显示出来。

0 1 2 3

4 5 6 7

8 9 10 11

12 13 14 15

16 17 18 19

自我评估测试答案

1. 流程图 2. if 3. if-else 4. if-else-if 5. switch 6. 对 7. 对 8. 对 9. 错 10. 错

第 4 章

类与对象

学习目标

阅读本章，我们将学习如下内容。

- 类的概念
- 对象的概念
- 方法的概念
- 向方法传递参数的概念
- 向方法传递对象的概念
- 向方法传递数组的概念
- 重载的概念
- 构造函数的概念
- 构造函数重载的概念
- 垃圾回收的概念
- finalize()方法的概念
- this 关键字的概念
- 静态数据成员和方法的概念
- 递归的概念

4.1 概述

Java 是一种纯面向对象编程语言。面向对象编程（object-oriented programming，OOP）的出现是为了克服面向过程编程语言的局限，是用于程序开发的增强技术。在 OOP 中，数据被视为最重要的元素，主要关注的是数据而非过程。在这种技术中，数据与作用在其上的函数组合在一起。问题被划分成称为对象的实体。每个对象都维护自己的数据和函数副本。程序的其他对象无法直接访问数据，只能通过适合的接口访问，例如函数。在本章中，我们将学习到有关类、对象、方法、构造函数、垃圾回收等的更多内容。

4.2 类

类是一种用户自定义的数据类型，可用于创建特定数据类型的对象。由此创建的对象称为类的实例。类是数据和方法的集合，被作为创建对象时的蓝图或原型。数据指定了类的性质，而方法用于操作类中的数据。数据和方法共同称为类的成员。使用类的动机是将数据和方法封装到单个单元中，使得只能通过定义良好的接口访问数据成员。这个过程称为数据隐藏。

定义类

通过使用带有类名的 class 关键字来定义类。类名应该是有效的标识符。 类定义由数据成员和方法组成，语法如下：

```
class class_name
{
   datatype variable1;
   datatype variable2;
   datatype method_name1(List of arguments)
   {
      body of the method;
   }
   datatype method_name2(List of arguments)
   {
      body of the method;
   }
}
```

在该语法中，声明以 class 关键字起始，然后是 class_name，后者是由程序员指定的标识符，用作类名。在类内部定义的变量 variable1 和 variable2 称为实例变量。在大多数情况下，这些实例变量只能由相同类的方法访问。方法主体中包含了用于操作数据的语句。

例如：

```
class Rectangle
{
   double length;
   double breadth;
}
```

这个例子定义了 Rectangle 类。在该类的定义中，出现了 length 和 breadth 两个实例变量。另外，还定义了新的数据类型 Rectangle。现在，就可以用 Rectangle 声明该类型的对象了。

4.3 对象

对象被定义为类的实例或物理实体，也称为程序中的活跃实体（live entity）。在创建类的对象时，对象会维护类中所定义的实例变量的自有副本。类提供了某些属性，每个对象可以拥有这些属性的不同值。因此，类的每个对象都能够唯一标识。

4.3.1 创建对象

只要定义了一个新类，就创建了一种新的数据类型。我们可以使用该数据类型创建相应类型的对象。创建类的对象分为两步。

第一步，声明类型为该类的变量。这个变量将作为引用，指向特定类的对象。

第二步，创建该对象的物理副本，将其赋给在第一步中使用 new 运算符声明的变量。new 运算符会在运行时为对象分配内存，并返回对象的内存地址。现在，将该地址赋给变量作为引用。

例如，我们可以像下面一样创建 Rectangle 类的对象：

```
Rectangle obj1;            //第一步
obj1= new Rectangle();     //第二步
```

在第一步中，obj1 被声明为 Rectangle 类型对象的引用。执行该行时，变量 obj1 的初始值为 NULL。现在，变量 obj1 中包含的值就是 NULL，不引用任何实际的对象。在第二步中，在 new 运算符的帮助下，分配了所需的内存（16 字节）。然后，new 运算符返回内存空间的引用，赋给变量 obj1。这时候，变量 obj1 中包含的是真正的 Rectangle 对象的内存地址，如图 4-1 所示。

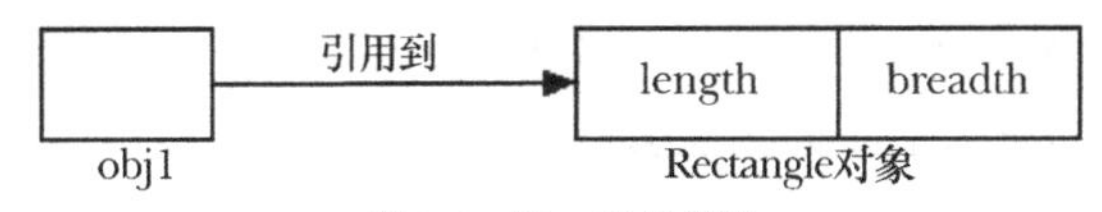

图 4-1　第二步的描述

提示

在上面的例子中，Rectangle()是一个构造函数，用于初始化 Rectangle 类的对象。在本章后续部分，我们将学到有关构造函数更多的内容。

我们也可以通过下列语句创建 Rectangle 类的对象 obj1：

```
Rectangle obj1 = new Rectangle();
```

该语句组合了之前讨论过的两条语句。

4.3.2 初始化实例变量

只要创建了类的对象，该对象就会维护类中所定义实例变量的自有副本。例如，如果我们创建了 Rectangle 类的 10 个对象，每个对象都会有自己的实例变量（length 和 breadth）副本。我们可以使用点号（.）运算符来初始化类的实例变量，语法如下：

```
obj_name.var_name = value or expression;
```

在该语法中，obj_name 代表一个对象，var_name 代表类的实例变量，value or expression 代表初始值。

4.3.3 访问实例变量

前面已经讲过，每个对象都维护着自己的实例变量副本，可以使用点号（.）运算符对其进行访问。访问的语法如下：

```
obj_name.var_name;
```

在该语法中，obj_name 代表一个对象，var_name 代表类的实例变量。

例如，要访问 obj1 对象的实例变量 breadth，可以使用下列语句：

```
obj1.breadth;
```

示例 4-1

下面的例子演示了类及其对象的概念。该程序计算指定尺寸的矩形区域面积并在屏幕上显示结果。

```
//编写程序，计算矩形区域面积
1   class Rectangle
2   {
3      double length;
4      double breadth;
5   }
6   class Rectangle_demo
7   {
8      public static void main(String arg[ ])
9      {
10        Rectangle obj1 = new Rectangle();
11        double area;
12        obj1.length = 85;
13        obj1.breadth = 73;
14        area= obj1.length * obj1.breadth;
15        System.out.println("Area is: " +area);
16     }
17  }
```

讲解

第 1 行～第 5 行

```
class Rectangle
{
        double length;
        double breadth;
}
```

这些行定义了 Rectangle 类。大括号{}表示 Rectangle 类的起止。在类定义中，length 和 breadth 被声明为双精度类型变量。这些变量称为实例变量。

第 6 行

```
class Rectangle_demo
```

在该行中，定义了 Rectangle_demo 类。

第 10 行

```
Rectangle obj1 = new Rectangle();
```

执行完该行后，obj1 就成为了 Rectangle 类的实例。

第 11 行

在该行中，area 被声明为双精度类型变量。

第 12 行

```
obj1.length = 85;
```

在该行中，obj1 对象的实例变量 length 被初始化为 85。

第 13 行

```
obj1.breadth = 73;
```

在该行中，obj1 对象的实例变量 breadth 被初始化为 73。

第 14 行

```
area= obj1.length * obj1.breadth;
```

在该行中，obj1 对象的实例变量 length（85）与 breadth（72）相乘，然后将结果 6205.0 赋给变量 area。

第 15 行

```
System.out.println("Area is: " +area);
```

该行会在屏幕上显示下列内容：

```
Area is: 6205.0
```

示例 4-1 的输出如图 4-2 所示。

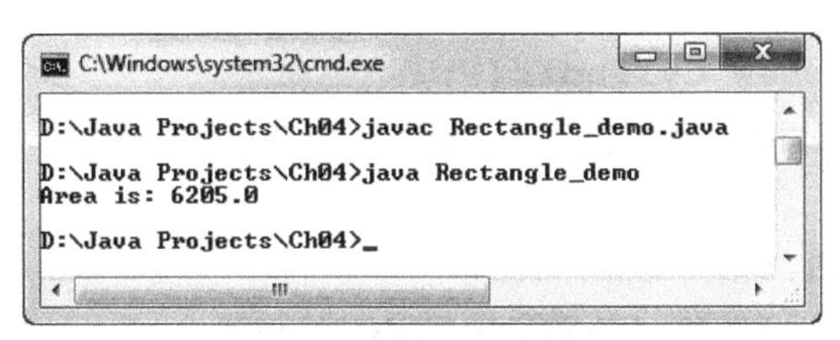

图 4-2 示例 4-1 的输出

提示

我们需要使用名称 Rectangle_demo.java 来保存示例 4-1，因为 main()方法位于 Rectangle_demo 类中，而非 Rectangle 类中。

在示例 4-1 中，我们已经看到只创建了一个对象，该对象维护着所有实例变量的副本。但如果创建了多个对象，则需要理解这些对象与其实例变量副本的联系。此外，我们还得知道，如果一个对象修改了其实例变量，是否会影响其他对象。我们将在示例 4-2 中理解这些概念。

示例 4-2

下面的例子演示了类及其多个对象的概念。该程序按照指定尺寸计算圆柱的体积并在屏幕上显示结果。

```
//编写程序，计算圆柱体的体积
1    class Cylinder
2    {
3       double radius;
4       double height;
5    }
6    class Cylinder_demo
7    {
8       public static void main(String arg[ ])
9       {
10          double pi = 3.14;
11          double volume;
12          Cylinder obj1 = new Cylinder();
13          Cylinder obj2 = new Cylinder();
14          obj1.radius = 13.5;
15          obj1.height = 30;
16          obj2.radius = 15.5;
17          obj2.height = 40;
18          volume = pi * (obj1.radius*obj1.radius) * obj1.height;
19          System.out.println("Volume is: " +volume);
20          volume = pi * (obj2.radius*obj2.radius) * obj2.height;
21          System.out.println("Volume is: " +volume);
22       }
23   }
```

讲解

第 12 行

Cylinder obj1 = new Cylinder();

在该行中，obj1 是 Cylinder 类型的对象。

第 13 行

Cylinder obj2 = new Cylinder();

在该行中，obj2 是 Cylinder 类型的另一个对象。

第 14 行

obj1.radius = 13.5;

在该行中，obj1 对象的实例变量 radius 被初始化为 13.5。

第 15 行

obj1.height = 30;

在该行中，obj1 对象的实例变量 height 被初始化为 30。

第 16 行

obj2.radius = 15.5;

在该行中，obj2 对象的实例变量 radius 被初始化为 15.5。

第 17 行

obj2.height = 40;

在该行中，obj2 对象的实例变量 height 被初始化为 40。

第 18 行

volume = pi * (obj1.radius*obj1.radius) * obj1.height;

在该行中，先计算出现在括号中的表达式 obj1.radius*obj1.radius，然后将结果 182.25 与变量 pi 的值（3.14）和 obj1.height（30）相乘，接下来将结果 17167.95 赋给变量 volume。

第 19 行

System.out.println("Volume is: " +volume);

该行会在屏幕上显示下列内容：

Volume is: 17167.95

第 20 行和第 21 行的工作方式与第 18 行和第 19 行相同。

示例 4-2 的输出如图 4-3 所示。

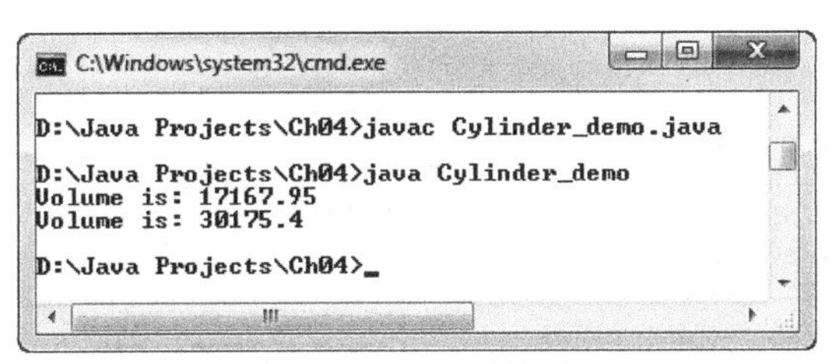

图 4-3　示例 4-2 的输出

4.3.4　为对象引用变量赋值

在示例 4-2 中，创建了 Cylinder 类的两个对象，两者各自维护自己的实例变量。而且，如果改动了对象的实例变量副本，并不会影响到其他对象。如果我们希望两个对象共享相同的实例变量副本，可以将对象引用变量（object reference variable）赋给另一个变量。语法如下：

```
class_name var_name = obj_ref_var;
```

在该语法中，class_name 代表类。obj_ref_var 代表对象引用变量，它已经包含了 class_name 类的对象的引用。obj_ref_var 通过赋值（=）运算符将该引用赋给 var_name 所代表的变量。

例如：

```
Rectangle obj1 = new Rectangle();
Rectangle obj2 = obj1;
```

在这个例子中，Rectangle 类的对象 obj1 和 obj2 共享相同的实例变量 length 和 breadth 副本，如图 4-4 所示。

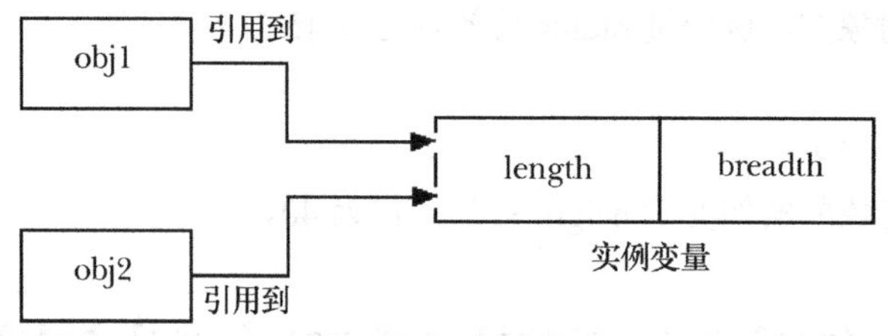

图 4-4 对象引用变量描述

示例 4-3

下面的例子演示了对象引用变量赋值的概念。该程序按照指定尺寸计算圆柱的体积并在屏幕上显示结果。

```
//编写程序，计算圆柱体的体积
1   class Cylinder_Vol
2   {
3      double radius;
4      double height;
5   }
6   class Cylinder_Vol_demo
7   {
8      public static void main(String arg[ ])
9      {
10         double pi = 3.14;
11         double volume;
12         Cylinder_Vol obj1 = new Cylinder_Vol();
13         obj1.radius = 13.5;
14         obj1.height = 30;
15         Cylinder_Vol obj2 = obj1;
16         volume = pi * (obj1.radius*obj1.radius) * obj1.height;
17         System.out.println("Volume is: " +volume);
18         volume = pi * (obj2.radius*obj2.radius) * obj2.height;
19         System.out.println("Volume is: " +volume);
20         obj2.radius = 15;
21         obj2.height = 32.5;
22         volume = pi * (obj1.radius*obj1.radius) * obj1.height;
23         System.out.println("Volume is: " +volume);
24         volume = pi * (obj2.radius*obj2.radius) * obj2.height;
25         System.out.println("Volume is: " +volume);
26     }
27  }
```

讲解

第 13 行

obj1.radius = 13.5;

在该行中，obj1 对象的实例变量 radius 被初始化为 13.5。

第 14 行

obj1.height = 30;

在该行中，obj1 对象的实例变量 height 被初始化为 30。

第 15 行

Cylinder_Vol obj2 = obj1;

在该行中，将对象引用变量 obj1 赋给 obj2，这意味着 obj1 和 obj2 都引用了同一个对象。另外，也共享实例变量的相同副本。

第 16 行～第 19 行的工作方式与示例 4-2 中的相同。

第 20 行

obj2.radius = 15;

在该行中，obj2 的实例变量 radius 被初始化为 15。因此，先前 obj1 的实例变量 radius 的值（13.5）就被 obj2 覆盖。如此一来，obj1 和 obj2 相互影响到了对方。

第 21 行

obj2.height = 32.5;

在该行中，obj2 的实例变量 height 被初始化为 32.5。因此，先前 obj1 的实例变量 height 的值（30）就被 obj2 覆盖。

第 22 行和第 25 行的工作方式与示例 4-2 中的相同。

示例 4-3 的输出如图 4-5 所示。

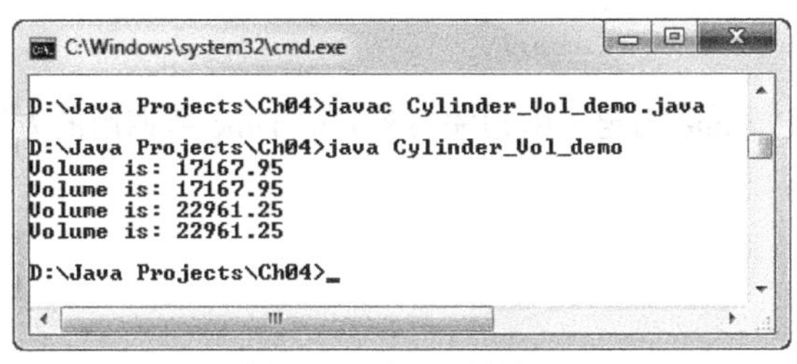

图 4-5 示例 4-3 的输出

4.4 方法

我们已经知道类定义中包含实例变量和方法。在本节中，我们将学习到有关方法的更多内容。方法是用于指定特定任务的一组语句。方法的操作对象是数据，它定义了类的行为。

4.4.1 定义方法

定义方法的语法如下：

```
access_specifier return_type method_name(list of arguments)
{
   body of the method;
   return value;
}
```

在该语法中，access_specifier 代表访问限定符，可以是 public、private 或 protected。return_type 指定了方法返回的数据类型。如果方法不返回任何值，return_type 应该写为 void。method_name 指定了方法的名称。方法名应该是一个有效的标识符。括号内的 list of arguments 代表一系列标识符及其类型，彼此之间以逗号分隔。如果调用方法时需要传入值，就要用到这些参数。大括号{}

代表 body of the method 的起止，其中包含了调用该方法时要执行的各种语句。注意，不管什么时候调用方法，都会执行相同的操作。接下来是 return 语句。value 代表方法返回的值。这条语句仅用于有返回类型的方法内。对于返回类型为 void 的方法，不需要使用 return 语句。

例如：

```
public void cylinder_volume()
{
   double volume = pi * (obj1.radius*obj1.radius) * obj1.height;
   System.out.println("Volume is: " +volume);
}
```

在这个例子中，cylinder_volume()方法的返回类型为 void，这意味着调用该方法不会返回任何值。因为调用该方法时不传入任何值，所以括号内为空。

4.4.2 调用方法

调用方法的语法如下：

```
obj_name.method_name(list of values);
```

在该语法中，method_name 指定了由相关对象 obj_name 所调用的方法名称，list of values 代表传给方法参数的值。

例如：

```
obj1.cylinder_volume();
```

在这个例子中，obj1 对象调用了 cylinder_volume()方法。

示例 4-4

下面的例子演示了方法的定义和调用。该程序按照指定尺寸计算圆柱的体积并在屏幕上显示结果。

```
//编写程序，计算圆柱体的体积
1   class Cylinder1
2   {
3      double radius;
4      double height;
5      public void cylinder_volume()
6      {
7          double volume, pi = 3.14;
8          volume = pi * (radius*radius) * height;
9          System.out.println("Volume is: " +volume);
10     }
11  }
12  class Cylinder1_demo
13  {
14     public static void main(String arg[ ])
15     {
16         Cylinder1 obj1 = new Cylinder1();
17         Cylinder1 obj2 = new Cylinder1();
18         obj1.radius = 13.5;
```

```
19          obj1.height = 30;
20          obj1.cylinder_volume();
21          obj2.radius = 15.5;
22          obj2.height = 10.5;
23          obj2.cylinder_volume();
24      }
25  }
```

讲解

第 5 行

public void cylinder_volume()

在该行中，void 是返回类型，意味着该方法不返回任何值。cylinder_volume()是方法的名称。

第 7 行

double volume, pi = 3.14;

在该行中，volume 和 pi 被声明为双精度类型变量，pi 被初始化为 3.14。

第 8 行

volume = pi * (radius*radius) * height;

在该行中，变量 radius 和 height 将使用调用 cylinder_volume()方法的对象的实例变量值。

第 20 行

obj1.cylinder_volume();

在该行中，使用 obj1 对象调用 cylinder_volume()方法。这时候，控制转移到该方法的定义并执行其中的语句。

第 23 行

obj2.cylinder_volume();

在该行中，使用 obj2 对象调用 cylinder_volume()方法。这时候，控制转移到该方法的定义并执行其中的语句。

示例 4-4 的输出如图 4-6 所示。

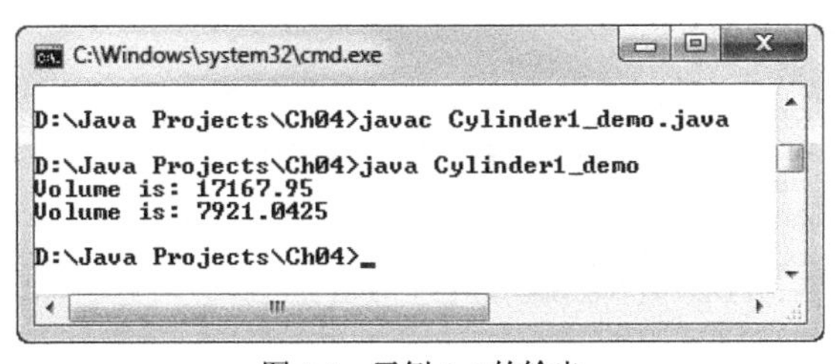

图 4-6 示例 4-4 的输出

4.4.3 带有返回值的方法

在示例 4-4 中，所有的操作都是在 cylinder_volume()方法内部完成的，没有向调用者返回任何值。在这种情况下，我们可以使用另一种方法来调用方法。其中，由 cylinder_volume()方法计算体积，然后将结果返回给调用者。

例如：

```
public double cylinder_volume()
{
   return pi * (radius*radius) * height;
}
```

在这个例子中，先在方法内部计算体积，然后通过 return 语句将结果返回给调用者。

提示

在这类方法中，方法的返回类型应该与方法返回的数据类型兼容。此外，接收方法返回的值的变量类型应与为方法指定的返回类型兼容。

示例 4-5

下面的例子演示了带有返回值方法的工作方式。该程序按照指定尺寸计算圆柱的体积并在屏幕上显示结果。

```
//编写程序，计算圆柱体的体积
1   class Cylinder2
2   {
3      double radius;
4      double height;
5      double pi =3.14;
6      public double cylinder_volume()
7      {
8          return pi * (radius*radius) * height;
9      }
10  }
11  class Cylinder2_demo
12  {
13     public static void main(String arg[ ])
14     {
15         Cylinder2 obj1 = new Cylinder2();
16         Cylinder2 obj2 = new Cylinder2();
17         double volume;
18         obj1.radius = 13.5;
19         obj1.height = 30;
20         volume = obj1.cylinder_volume();
21         System.out.println("Volume is: " +volume);
22         obj2.radius = 15.5;
23         obj2.height = 10.5;
24         volume = obj2.cylinder_volume();
25         System.out.println("Volume is: " +volume);
26     }
27  }
```

讲解

第6行～第9行

```
public double cylinder_volume()
{
```

```
        return pi * (radius*radius) * height;
}
```

该几行包含了 cylinder_volume()方法的定义。其中，方法的返回类型是 double，意味着返回值是 double 类型。在方法定义中，先计算圆柱体的体积，然后向调用者返回结果。

第 20 行

```
volume = obj1.cylinder_volume();
```

在该行中，使用 obj1 对象调用 cylinder_volume()方法，然后控制转移到方法定义中（第 6 行～第 9 行）。在内部，使用 obj1 的相关值（13.5 和 30）计算体积。通过 return 语句返回结果（17167.95）。接下来，将其赋给双精度类型变量 volume。

第 24 行的工作方式与第 20 行一样，使用 obj1 对象调用 cylinder_volume()方法。

示例 4-5 的输出如图 4-7 所示。

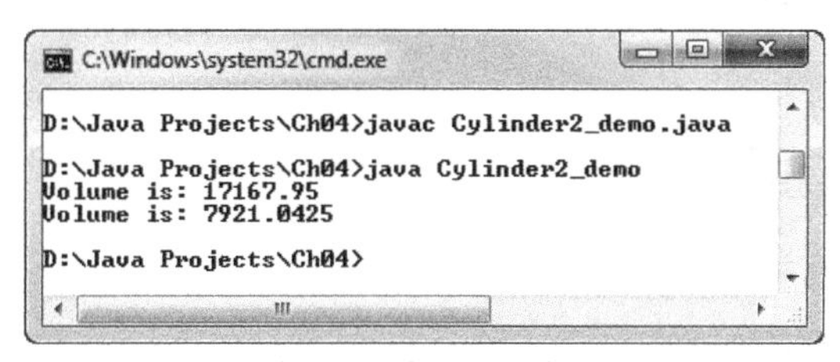

图 4-7 示例 4-5 的输出

4.4.4 向方法传递参数

在调用方法时，我们也可以向其传入一些值。为此，要在定义方法时指定参数列表。语法如下：

```
access_specifer ret_type method_name( type par_name1, type par_name2,...)
{
   body of the method;
}
```

在该语法中，在括号内指定了以逗号分隔的参数列表。其中，type 指定了参数类型，par_name1、par_name2 代表变量。

例如：

```
int sum(int a, int b)
{
   int c = a+b;
   ----------;
   ----------;
}
```

在这个例子中，在括号内指定了 a 和 b 两个整数类型参数。当调用对象的 sum()方法时，这些参数将从中获得值：

```
obj1.sum(10,20);
```

该语句调用了 obj1 对象的 sum()方法，并传入了两个整数值（10 和 20）。这些值分别赋给 int a 和 int b 两个参数。

示例 4-6

下面的程序演示了向方法传递参数的概念。该程序使用不同的方法对给定的值执行加、减、乘、除运算，然后在屏幕上显示结果。

```
// 编写程序，对给定的值执行加、减、乘、除运算
1   class Calculator
2   {
3      int sum(int i, int j)
4      {
5          int result = i+j;
6          return result;
7      }
8      int subtract(int i, int j)
9      {
10         int result = i-j;
11         return result;
12     }
13     int multi(int i, int j)
14     {
15         int result = i*j;
16         return result;
17     }
18     double div(int i, int j)
19     {
20         double result = i/j;
21         return result;
22     }
23  }
24  class Calculator_demo
25  {
26     public static void main(String arg[])
27     {
28         Calculator obj1 = new Calculator();
29         int add = obj1.sum(210,15);
30         System.out.println("Sum is: " +add);
31         int sub = obj1.subtract(210,15);
32         System.out.println("Subtraction is: "  +sub);
33         int mul = obj1.multi(210,15);
34         System.out.println("Multiplication is: " +mul);
35         double div = obj1.div(210,15);
36         System.out.println("Division is: " +div);
37     }
38  }
```

讲解

第 28 行

Calculator obj1 = new Calculator();

在该行中，obj1 被声明为 Calculator 类的实例。

第 29 行

int add = obj1.sum(210,15);

在该行中，先调用 sum()方法并传入两个整数值（210 和 15）作为参数。这时候，控制转移到 sum()方法的定义内（第 3 行～第 7 行），210 和 15 被分别赋给两个整数类型变量 i 和 j。然后，在方

法内部执行加法运算并返回结果（225）。现在，控制返回到第 29 行，将结果赋给整数类型变量 add。

第 30 行

System.out.println("Sum is: " +add);

该行会在屏幕上显示下列内容：

```
Sum is: 225
```

第 31 行

int sub = obj1.subtract(210,15);

在该行中，先调用 subtract()方法并传入两个整数值（210 和 15）作为参数。这时候，控制转移到 subtract()方法的定义内（第 8 行～第 12 行），210 和 15 被分别赋给两个整数类型变量 i 和 j。然后，在方法内部执行减法运算并返回结果（195）。现在，控制返回到第 31 行，将结果赋给整数类型变量 sub。

第 32 行

System.out.println("Subtraction is: " +sub);

该行会在屏幕上显示下列内容：

```
Subtraction is: 195
```

第 33 行～第 36 行的工作方式与第 29 行～第 32 行一样。

示例 4-6 的输出如图 4-8 所示。

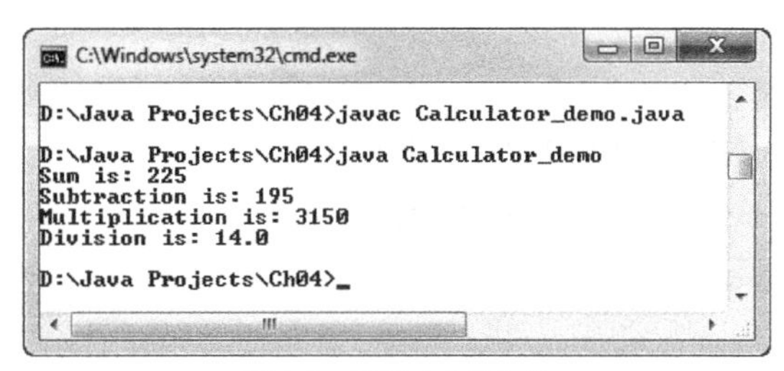

图 4-8 示例 4-6 的输出

4.4.5 向方法传递对象

在本章的先前部分中，我们已经知道如何向方法传递参数，当传递的是简单数据时，Java 只传递该数据的副本，而非原始数据。此过程称为按值传递（pass by value）。对于按值传递，我们只能更改数据副本，不会影响到原始数据。类似地，我们也可以将对象传递给方法，但此过程与传递参数不同。Java 是按照引用来传递对象的。当对象作为参数传递给方法时，实际上传递的是该对象的引用。因此，如果对传递的对象作出改动，则会影响到原始对象。

例如：

```
class Demo
{
   ----------;
   int area(Rect obj1, Rect obj2)
   {
      ----------;
```

```
        ----------;
    }
}
```

在这个例子中，Demo 类的 area()方法包含两个参数 obj1 和 obj2，两者代表 Rect 类的对象。因此，只要调用了 area()方法，Rect 类的两个对象就会作为参数传入。

示例 4-7

下面的例子演示了向方法传递对象的做法。该程序通过传递对象来计算矩形的面积，然后在屏幕上显示结果。

```
//编写程序，计算矩形的面积
1   class Rectangle
2   {
3      double length, width;
4      void getvalues(double l, double w)
5      {
6         length = l;
7         width = w;
8      }
9      void area(Rectangle obj)
10     {
11        double result;
12        result = obj.length * obj.width;
13        System.out.println("Area is: " +result);
14     }
15  }
16  class PassingObj
17  {
18     public static void main(String arg[])
19     {
20        Rectangle obj1 = new Rectangle();
21        obj1.getvalues(14.2, 12.5);
22        obj1.area(obj1);
23     }
24  }
```

讲解

第 20 行

`Rectangle obj1 = new Rectangle();`

在该行中，obj1 被声明为 Rectangle 类的对象。

第 21 行

`obj1.getvalues(14.2, 12.5);`

在该行中，调用了 Rectangle 类的 getvalues()方法，并将两个值（14.2 和 12.5）作为参数传入。这些值被赋给在方法内部定义的参数 l 和 w，然后将变量 l 和 w 的值分别赋给 obj1 对象的实例变量 length 和 width。

第 22 行

`obj1.area(obj1);`

在该行中，调用了 obj1 对象的 area()方法，并将 obj1 对象作为参数传入。这时，obj1 对象的引用被赋给在该方法中定义的 obj 对象，然后执行方法内部的所有语句。

示例 4-7 的输出如图 4-9 所示。

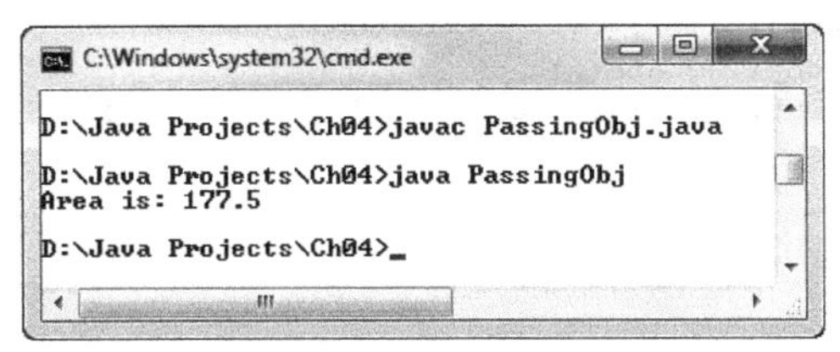

图 4-9 示例 4-7 的输出

4.4.6 从方法返回对象

在示例 4-7 中，我们已经看到了方法返回的变量只能是 int、double 等简单数据类型。在本节，我们将学习如何利用 return 语句，使方法能够返回某个类的对象。

例如：

```
Demo sum()
{
   Demo obj = new Demo();
   return obj;
}
```

在这个例子中，sum()方法的返回类型是 Demo 类。只要调用 sum()方法，就可以返回 Dmeo 类的 obj 对象：

```
obj2 = obj1.sum();
```

执行该语句时，sum()方法返回 obj1 对象的引用，然后将其赋给 Dmeo 类的另一个对象 obj2。

示例 4-8

下面的例子演示了从方法返回对象的概念。该程序计算前 10 个自然数的平方并在屏幕上显示结果。

```
//编写程序，计算前 10 个自然数的平方
1   class Test
2   {
3      int x;
4      void getvalue(int j)
5      {
6          x = j;
7      }
8      Test square()
9      {
10         Test temp = new Test();
11         temp.x = x * x;
12         return temp;
13     }
14  }
15  class ReturnObj
16  {
17     public static void main(String arg[])
18     {
```

```
19          Test obj1 = new Test();
20          Test obj2;
21          for(int i=1; i<=10; i++)
22          {
23              obj1.getvalue(i);
24              obj2 = obj1.square();
25              System.out.println("Square of " +obj1.x+ " is: " +obj2.x);
26          }
27      }
28  }
```

讲解

第19行

Test obj1 = new Test();

在该行中，创建了Test类的对象obj1。

第20行

Test obj2;

在该行中，obj2被声明为Test类的对象。不过此时尚未对其初始化。

第21行

for(int i=1; i<=10; i++)

在该行中，用到了for循环。在循环内，先初始化循环控制变量i，然后评估条件表达式i<=10。如果为true，控制转移到for循环体内部。执行完其中的语句之后，控制返回到循环的增量部分i++。

第23行

obj1.getvalue(i);

在该行中，调用了Test类的getvalue()方法，并将变量i作为参数传入。这时，该值被赋给第4行的变量j，然后将变量j的值赋给obj1对象的实例变量x。

第24行

obj2 = obj1.square();

在该行中，调用了obj1对象的square()方法。这时，控制转移到第8行（方法的定义）。在其中，先创建Test类的对象temp。然后，计算自然数的平方，将结果赋给temp对象的实例变量x。接下来，square()方法返回temp对象的引用，并将其赋给obj2对象。

示例4-8的输出如图4-10所示。

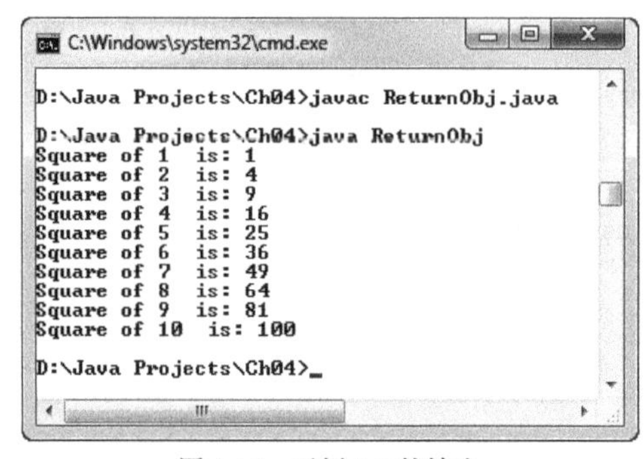

图4-10 示例4-8的输出

4.4.7 向方法传递数组

与变量和对象一样，我们也可以将数组作为参数传递给方法。在这种情况下，仅传递数组的引用。如果在方法内部对传入的数组进行了改动，原始数组也会受到影响。传递数组时，只用把数组名写进方法的括号内即可。

例如：

```
int arr[ ] = {10, 20, 30, 40};
Demo obj1 = new Demo();
obj1.sum(arr);
```

在这个例子中，通过在 sum()方法的括号内写上整数类型数组 arr[]的名称，就将其作为参数传递给了该方法。

示例 4-9

下面的例子演示了向方法传递数组的概念。该程序计算前 5 个奇数的平方并在屏幕上显示结果。

```
//编写程序，计算前 5 个奇数的平方
1   class Square
2   {
3      int result;
4      void sqr(int a[])
5      {
6         for(int i=0; i<a.length; i++)
7         {
8             result = a[i]*a[i];
9             System.out.println("Square of " +a[i]+ " is: "+result);
10        }
11     }
12  }
13  class PassArray
14  {
15     public static void main(String arg[])
16     {
17        int i;
18        int numbers[ ] = {1, 3, 5, 7, 9};
19        Square obj1 = new Square();
20        obj1.sqr(numbers);
21     }
22  }
```

讲解

第 6 行

for(int i=0; i<a.length; i++)

在该行中，用到了 for 循环。在循环内，先将循环控制变量 i 初始化为 0，然后评估条件表达式 i<a.length。直到变量 i 小于数组 a 的长度时，该条件才为 true。这时，控制转移到循环内部语句。当条件表达式被评估为 false 时，循环终止。

第 8 行

result = a[i]*a[i];

在该行中，数组 a 第 i 个索引上的值乘以自身并将结果赋给变量 result。

第 18 行

int numbers[ ] = {1, 3, 5, 7, 9};

在该行中，numbers 被声明为整数类型数组，并将其元素分别初始化为 1、3、5、7、9。

第 19 行

Square obj1 = new Square();

在该行中，obj1 被声明为 Square 类的对象。

第 20 行

obj1.sqr(numbers);

在该行中，调用了 sqr()方法并将整数类型数组 numbers 作为参数传入方法。这时，控制转移到第 4 行。在此处，数组 numbers 的引用被赋给整数类型数组 a，执行 sqr()方法中的语句。

示例 4-9 的输出如图 4-11 所示。

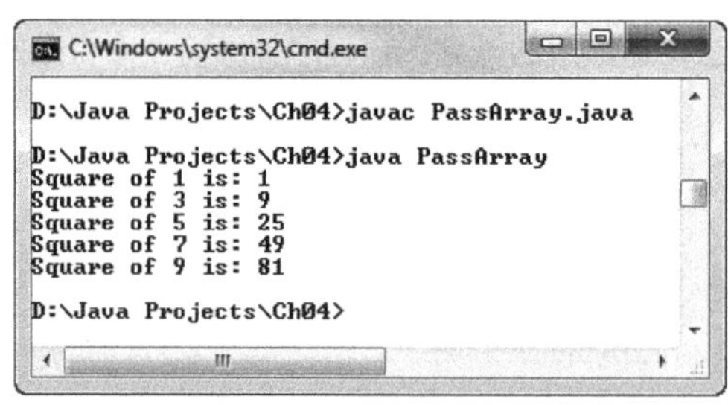

图 4-11 示例 4-9 的输出

4.4.8 方法重载

在类中，如果我们定义了两个或以上同名但不同参数的方法，那么就产生了方法重载。方法重载是 Java 中实现多态的一种方式。不管什么时候，只要调用了重载的方法，编译器就会从返回类型和/或参数数量上区分特定的方法。如果找到了严格的匹配，编译器就执行该方法。

例如：

```
class Demo
{
   int i, j;
   void setvalues()
   {
      i=0;
      j=0;
   }
   void setvalues(int x, int y)
   {
      i =x;
      j =y;
   }
   ----------;
   ----------;
}
```

在这个例子中，Demo 类中定义了两个相同名称的方法 setvalues。但是，这两个方法包含的参数列表却不相同。第一个方法 void setvalues()没有参数，另一个方法 void setvalues(int x, int y)包含两个参数。现在，只要调用重载的方法 setvalue，编译器就会根据参数数量和/或类型在两者之间做出区分：

```
obj1.setvalues();
obj2.setvalues(10, 20);
```

执行这些语句时，编译器先执行不包含参数的方法，然后执行包含两个整数类型参数的方法。

示例 4-10

下面的例子演示了方法重载的概念。该程序计算给定值的平方并在屏幕上显示结果。

```
//编写程序，计算给定值的平方
1   class Overload
2   {
3      void square()
4      {
5          System.out.println("No parameters");
6      }
7      void square(int x)
8      {
9          int result;
10         result = x*x;
11         System.out.println("Square of " +x+ " is: "   +result);
12     }
13     void square(double x)
14     {
15         double result;
16         result = x*x;
17         System.out.println("Square of " +x+ " is: "   +result);
18     }
19  }
20  class Overload_demo
21  {
22     public static void main(String arg[])
23     {
24         Overload obj1 = new Overload();
25         Overload obj2 = new Overload();
26         Overload obj3 = new Overload();
27         obj1.square();
28         obj2.square(10);
29         obj3.square(14.5);
30     }
31  }
```

讲解

第 24 行～第 26 行

Overload obj1 = new Overload();

Overload obj2 = new Overload();

Overload obj3 = new Overload();

在这几行中，创建了 Overload 类的对象 obj1、obj2、obj3。

第 27 行

obj1.square( );

在该行中，调用了重载的 square()方法，同时不传入任何参数。接下来，编译器比较所有重载方法的返回类型、参数数量和/或类型。在第 3 行处找到了匹配，然后执行该方法。

第 28 行

obj2.square(10);

在该行中，调用了重载的 square()方法，同时传入整数类型值 10 作为参数。接下来，编译器再次在第 7 行找到了匹配并执行该方法。

第 29 行

obj3.square(14.5);

与第 27 行和第 28 行类似，编译器在第 13 行找到了匹配并执行该方法。

示例 4-10 的输出如图 4-12 所示。

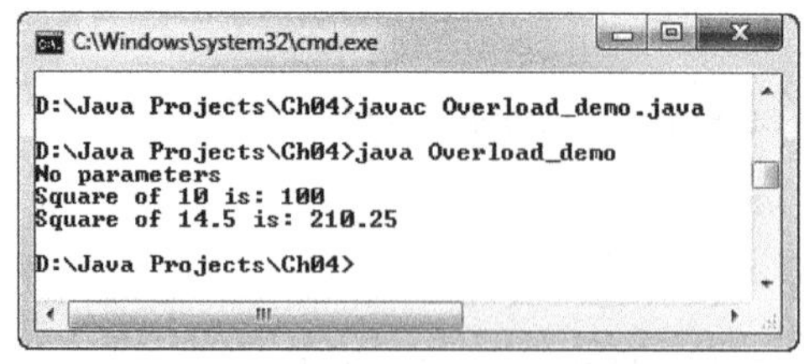

图 4-12 示例 4-10 的输出

4.5 构造函数

构造函数是类的一种特殊方法，用于在创建对象时对其初始化。它的特殊之处在于与类同名。只要创建了类的对象，就会调用该类的构造函数。构造函数的主要属性是不包含任何返回类型，甚至连 void 都没有。语法如下：

```
class_name (list of parameters)
{
   body of the constructor;
}
```

在该语法中，class_name 是构造函数的名称，它可以包含一系列参数。

在 Java 中，有 3 种类型的构造函数。

- 默认构造函数。
- 带参数的构造函数。
- 复制构造函数。

4.5.1 默认构造函数

不带参数的构造函数称为默认构造函数。它用于为变量提供默认值，例如 0、null 等，具体取决于变量的数据类型。默认构造函数也称为无参数构造函数。

例如：

```
class Demo
{
   int i, j;
   Demo()
   {
      i = 0;
      j = 0;
   }
   ----------;
   ----------;
}
```

在这个例子中，类和构造函数拥有相同的名称 Demo。参数列表为空。只要创建 Demo 类的对象，就会调用构造函数 Demo()：

```
Demo obj1 = new Demo();
```

在该语句中，obj1 被声明为 Demo 类的对象。这里，调用了构造函数 Demo()，obj1 对象的实例变量 i 和 j 被初始化为 0。

提示

如果没有在类中定义构造函数，编译器会自动创建默认构造函数。

示例 4-11

下面的例子演示了构造函数的用法。该程序对给定的值执行加、减、乘、除运算，然后在屏幕上显示结果。

```
// 编写程序，对给定的值执行加、减、乘、除运算
1  class Construct
2  {
3     int x, y;
4     Construct()      //构造函数
5     {
6         x=210;
7         y=15;
8     }
9     int sum()
10    {
11        int result = x+y;
12        return result;
13    }
14    int subtract()
15    {
16        int result = x-y;
17        return result;
18    }
19    int multi()
20    {
21        int result = x*y;
22        return result;
```

```
23      }
24      double div()
25      {
26          double result = x/y;
27          return result;
28      }
29  }
30  class Construct_demo
31  {
32      public static void main(String arg[])
33      {
34          Construct obj1 = new Construct();
35          int add = obj1.sum();
36          System.out.println("Sum is: " +add);
37          int sub = obj1.subtract();
38          System.out.println("Subtraction is: " +sub);
39          int mul = obj1.multi();
40          System.out.println("Multiplication is: " +mul);
41          double div = obj1.div();
42          System.out.println("Division is: " +div);
43      }
44  }
```

讲解

第3行

```
int x,y;
```

在该行中，x和y被声明为Construct类的成员变量。

第4行～第8行

```
Construct()  //构造函数
{
        x=210;
        y=15;
}
```

这几行包含了Construct类的构造函数的定义。只要创建Construct类的对象，就会执行该构造函数。在其中，实例变量x和y分别被初始化为210和15。

第34行

```
Construct obj1 = new Construct();
```

在该行中，创建了Construct类的对象obj1。这里，调用了构造函数Construct()，由其为obj1对象的实例变量（x和y）分别赋初值（210和15）。

第35行

```
int add = obj1.sum();
```

在该行中，调用了Construct类的obj1对象的sum()方法。这时，控制转移到sum()方法的定义中（第9行～第13行）。接下来，在其中执行加法运算并返回结果值225，该值被赋给整型变量add。

第36行

```
System.out.println("Sum is: " +add);
```

该行会在屏幕上显示下列内容：

Sum is: 225

第 37 行～第 42 行的工作方式与第 35 行和第 36 行一样。

示例 4-11 的输出如图 4-13 所示。

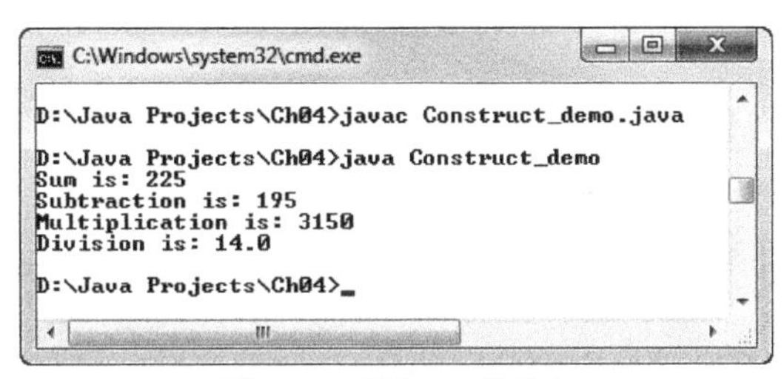

图 4-13　示例 4-11 的输出

4.5.2　带参数的构造函数

在示例 4-11 中，当创建 obj1 对象时，构造函数 Construct()会将实例变量 x 和 y 分别初始化为 210 和 15。与此类似，只要创建了 Construct 类的其他对象，这些对象的实例变量就会被初始化为 210 和 15。但在实践中，我们可能需要使用不同的值来初始化不同对象的实例变量。为此，我们可以使用带有参数的构造函数。对于这种构造函数，能够在创建对象时传入参数。

例如：

```
class Demo
{
   int i, j;
   Demo(int x, int y)    //带参数的构造函数
   {
      i = x;
      j = y;
   }
   ----------;
   ----------;
}
```

在这个例子中，Demo(int x, int y)就是带参数的构造函数。无论何时创建 Demo 类的对象，都需要传入两个整数类型值作为参数：

```
Demo obj1 = new Demo(10,20);
```

在该语句中，两个整数类型值 10 和 20 作为参数传入构造参数 Demo()。这些值被赋给该构造函数定义内的整数类型变量 x 和 y。

示例 4-12

下面的例子演示了带参数的构造函数的用法。该程序使用不同的尺寸计算矩形的面积并在屏幕上显示结果。

```
//编写程序，计算矩形的面积
1   class Rect
2   {
3      double length, width;
4      Rect(double l, double w)
5      {
6          length = l;
7          width = w;
8      }
9      double area()
10     {
11         return length * width;
12     }
13  }
14  class Rect_demo
15  {
16     public static void main(String arg[])
17     {
18         double result;
19         Rect obj1 = new Rect(12.6, 14.8);
20         Rect obj2 = new Rect(13.6, 12.7);
21         result = obj1.area();
22         System.out.println("Area is: " +result);
23         result = obj2.area();
24         System.out.println("Area is: " +result);
25     }
26  }
```

讲解

第 19 行

Rect obj1 = new Rect(12.6, 14.8);

在该行中，创建了 Rect 类的对象 obj1。这里，调用构造函数 Rect()并传入两个双精度类型值 12.6 和 14.8。这些值分别被赋给在构造函数 Rect()内定义（第 4 行）的两个双精度类型变量 l 和 w。接下来，l 和 w 的值（12.6 和 14.8）被赋给 obj1 的实例变量副本 length 和 width。

第 20 行

Rect obj2 = new Rect(13.6, 12.7);

在该行中，创建了 Rect 类的对象 obj2。这里，调用构造函数 Rect()并传入两个双精度类型值 13.6 和 12.7。这些值分别被赋给在构造函数 Rect()内定义（第 4 行）的两个双精度类型变量 l 和 w。接下来，l 和 w 的值（13.6 和 12.7）被赋给 obj2 的实例变量副本 length 和 width。

第 21 行

result = obj1.area();

在该行中，调用了 obj1 对象的 area()方法。这时，控制转移到该方法内部（第 9 行～第 12 行）。在其中，根据 obj1 对象的实例变量 length 和 width 的值（12.6，14.8）计算面积。然后，由 return 语句返回结果值 186.48 并将其赋给变量 result。

第 22 行

System.out.println("Area is: " +result);

该行会在屏幕上显示下列内容：

```
Area is: 186.48
```

第 23 行和第 24 行的工作方式与第 21 行和第 22 行一样。

示例 4-12 的输出如图 4-14 所示。

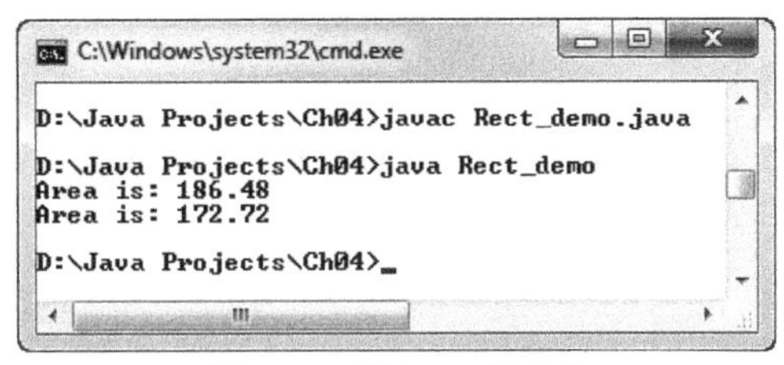

图 4-14 示例 4-12 的输出

4.5.3 复制构造函数

把一个对象的值复制到另一个对象时，称为复制构造函数。它只接受一个参数，参数类型与实现该复制构造函数的类相同。其广泛用于创建对象副本（也称为克隆对象）。副本对象是指那些与原始对象拥有相同特征的对象。

例如：

```
class Demo
{
   int i, j;
   Demo(Demo ob)    //复制构造函数
   {
       i = ob.i;
       j = ob.j;
   }
}
```

在这个例子中，Demo(Demo ob)就是复制构造函数。无论什么时候创建 Demo 类的对象，都需要将一个源对象作为参数：

```
Demo obj2 = new Demo(obj1);
```

在该语句中，obj1 对象作为参数传入了构造函数 Demo()。在构造函数内部，obj1 的值被赋给了 obj2。

示例 4-13

下面的例子演示了赋值构造函数的用法。该程序向构造函数传入对象，计算矩形的面积，然后在屏幕上显示结果。

```
//编写程序，计算矩形面积
1   class Rectangle
2   {
3      int x, y;
4      Rectangle (int i, int j)
5      {
6          x=i;
```

```
7           y=j;
8       }
9       Rectangle(Rectangle r)
10      {
11          x = r.x;
12          y = r.y;
13      }
14      void Area()
15      {
16          int area=x*y;
17          System.out.println("Area of rectangle : " +area);
18      }
19  }
20  class Copy_demo
21  {
22      public static void main(String args[])
23      {
24          Rectangle r1 = new Rectangle(15,30);
25          Rectangle r2 = new Rectangle(r1);
26          r1.Area();
27          r2.Area();
28      }
29  }
```

讲解

第 24 行

Rectangle r1 = new Rectangle(15, 30);

在该行中，创建了 Rectangle 类的对象 r1。这里，调用构造函数 Rectangle()并传入两个整数类型值 15 和 30。这些值被分别赋给在构造函数 Rectangle()（第 4 行）内定义的两个整数类型变量 i 和 j。接下来，i 和 j 的值（15 和 30）被赋给 r1 的实例变量副本 x 和 y。

第 25 行

Rectangle r2 = new Rectangle(r1);

在该行中，创建了 Rectangle 类的对象 r2。这里，调用构造函数 Rectangle()并传入另一个对象 r1。r1 的值被赋给在构造函数 Rectangle()（第 9 行）内定义的实例对象 r2 的副本。接下来，r1 对象的值（15 和 30）被赋给 r2 对象的 x 和 y。

第 26 行

r1.Area();

在该行中，调用了 r1 对象的 Area()方法。这时，控制转移到该方法内部（第 14 行～第 19 行）。在其中，根据 r1 对象的实例变量 x 和 y 的值（15，30）计算面积。然后，将结果值 450 赋给整数类型变量 area。

第 27 行

r2.Area();

在该行中，调用了 r2 对象的 Area()方法。这时，控制转移到该方法内部（第 14 行～第 19 行）。在其中，根据 r1 对象的实例变量 x 和 y 的值（15，30）计算面积。然后，将结果值 450 赋给整数类型变量 area。

示例 4-13 的输出如图 4-15 所示。

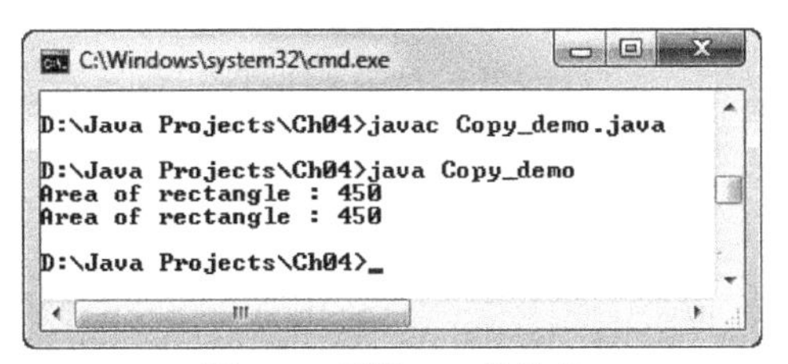

图 4-15 示例 4-13 的输出

4.5.4 构造函数重载

构造函数重载意味着在相同的类中定义多个构造函数。这些构造函数通过参数的数量和/或类型来区分。重载的构造函数的工作方式与重载的方法一样。其作用在于使用不同的值初始化实例变量。

例如：

```
class Demo
{
   int i, j;
   Demo()
   {
      i = 0;
      j = 0;
   }
   Demo(int x)
   {
      i = j =x;
   }
   Demo(int x, int y)
   {
      i = x;
      j = y;
   }
   ----------;
   ----------;
}
```

在这个例子中，构造函数 Demo()被重载了 3 次。这 3 个构造函数根据参数数量来区分。第一个构造函数没有参数，第二个构造函数只包含一个参数，最后一个构造函数包含两个参数。编译器根据创建对象时传入的参数数量来执行相应的构造函数：

```
Demo obj1 = new Demo(10);
```

在这条语句中，只传入了一个整数类型参数。所以，编译器执行第二个构造函数。

示例 4-14

下面的例子演示了构造函数重载的用法。该程序将两个数字相加并在屏幕上显示结果。

```
//编写程序，计算两个数之和
1   class Sum
2   {
```

```
3      int val1, val2;
4      Sum( )
5      {
6          val1 = 0;
7          val2 = 0;
8      }
9      Sum(int x)
10     {
11         val1 = val2 = x;
12     }
13     Sum(int x, int y)
14     {
15         val1 = x;
16         val2 = y;
17     }
18     int add()
19     {
20         return val1+val2;
21     }
22  }
23  class OverloadConst
24  {
25     public static void main(String arg[])
26     {
27         int result;
28         Sum obj1 = new Sum();
29         Sum obj2 = new Sum(10);
30         Sum obj3 = new Sum(10,20);
31         result = obj1.add();
32         System.out.println("Result with no parameter : " +result);
33         result = obj2.add();
34         System.out.println("Result with 1 parameter : " +result);
35         result = obj3.add();
36         System.out.println("Result with 2 parameters : " +result);
37     }
38  }
```

讲解

第28行

Sum obj1 = new Sum();

在该行中，创建了Sum类的对象obj1。在这里，调用构造函数Sum()，同时不传入任何参数。编译器自动执行第一个构造函数（第4行～第8行），将obj1对象的实例变量val1和val2的值设置为0。

第29行

Sum obj2 = new Sum(10);

在该行中，创建了Sum类的对象obj2。在这里，调用构造函数Sum()并传入单个值10。编译器自动执行第二个构造函数（第9行～第12行），将obj2对象的实例变量val1和val2的值设置为10。

第30行

Sum obj3 = new Sum(10,20);

在该行中，创建了Sum类的对象obj3。在这里，调用构造函数Sum()并传入10和20两个值。编译器自动执行第三个构造函数（第13行～第17行），将obj3对象的实例变量val1和val2的值分别设置为10和20。

第 31 行

result = obj1.add();

在该行中，调用了 obj1 的 add()方法。这时，控制转移到该方法定义处（第 18 行）。在定义内部，执行加法运算并将结果返回给调用者（第 31 行）。然后，再将结果值（0）赋给整数类型变量 result。

第 32 行

System.out.println("Result with no parameter : " +result);

该行会在屏幕上显示下列内容：

```
Result with no parameter : 0
```

第 33 行～第 36 行的工作方式与第 31 行～第 32 行一样。

示例 4-14 的输出如图 4-16 所示。

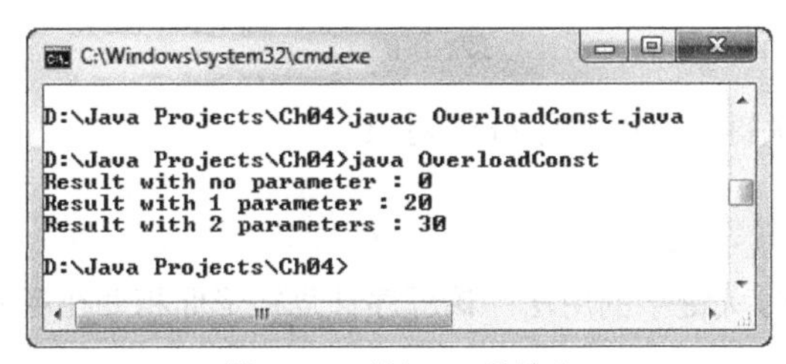

图 4-16　示例 4-14 的输出

4.6　垃圾回收

在有些面向对象编程语言（如 C++）中，我们需要回收用不着的内存。这可以通过 delete 等运算符手动完成。但是，Java 提供了一套内存自动回收机制，称为垃圾回收。该机制由 Java 的运行时环境来实现。在垃圾回收过程中，在确定不再需要某个对象后，垃圾回收器就会收回其所占用的内存空间。当不存在对特定对象的引用时，该对象就具备了被回收的资格。在程序执行期间，Java 运行时环境以固定的间隔自动运行垃圾回收器。我们也可以通过 System 类的 gc()方法手动使用该机制。

4.7　finalize()方法

在第 4.6 节中我们讨论过，不再使用的对象会被销毁。但有时候，我们希望在销毁对象之前执行某些操作。为此，Java 提供了一个叫作 finalize()的方法。在该方法中，我们需要指定销毁对象前要执行的操作。finalize()的主要目的在于提前释放对象用到的一些非 Java 资源。它也称为清理方法（clean method），语法如下：

```
protected void finalize()
{
   //finalization code
}
```

在该语法中，protected 关键字是访问限定符，void 关键字表示方法不返回任何值，finalization code 部分代表销毁对象前要执行的操作。

4.8 this 关键字

在 Java 中，this 关键字用于指代类的当前对象。当方法或构造函数需要引用调用其的对象时，this 关键字就能派上用场。我们也可以使用这个关键字在方法或构造函数内引用当前对象的任何实例变量。

例如：

```
Rectangle(double l, double w)
{
   this.length = l;
   this.width = w;
}

Rectangle obj1 = new Rectangle(10.2, 12.5);
```

在这个例子中，this 关键字引用的是 obj1 对象。

示例 4-15

下面的程序演示了 this 关键字的用法。该程序计算矩形面积并在屏幕上显示结果。

```
//编写程序，计算矩形面积
1   class Rectangle
2   {
3      double length, width;
4      Rectangle(double l, double w)
5      {
6          this.length = l;
7          this.width = w;
8      }
9      double area()
10     {
11         return this.length * this.width;
12     }
13  }
14  class this_demo
15  {
16     public static void main(String arg[ ])
17     {
18         double result;
19         Rectangle obj1 = new Rectangle(10.5, 12.2);
20         Rectangle obj2 = new Rectangle(12.5, 15.2);
21         result = obj1.area();
22         System.out.println("Area is: " +result);
23         result = obj2.area();
24         System.out.println("Area is: " +result);
25     }
26  }
```

讲解

该例与示例 4-12 的工作方式相同，唯一的差别在于这个示例中使用了 this。在创建 obj1 对象时，

this 关键字引用的就是该对象。与此类似，在创建 obj2 对象时，this 关键字引用的就是该对象。在第 21 行中，调用了 obj1 对象的 area()方法，this.length 和 this.width 引用的就是 obj1 的实例变量 length 和 width。这个例子表明了 this 关键字只能引用类的当前对象。

示例 4-15 的输出如图 4-17 所示。

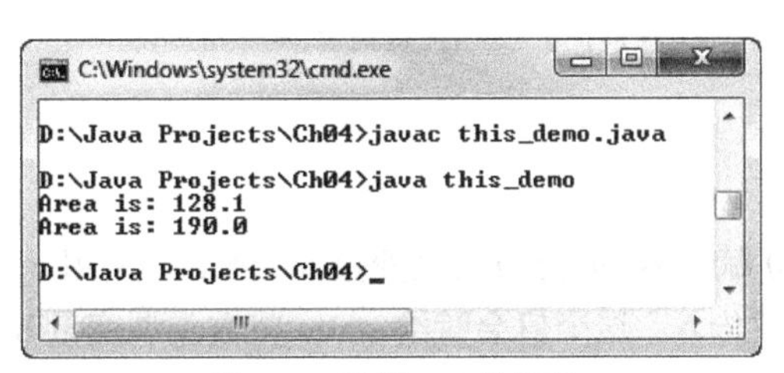

图 4-17　示例 4-15 的输出

4.9　静态数据成员与方法

在所有先前的例子中，类的每个对象都维护着自己的实例变量副本。但有时候，我们需要定义一个变量，其副本能够在类的所有对象之间共享。为此，Java 提供了 static 数据成员。static 变量在类中只存在一个副本，由所有对象共享。声明 static 数据成员的语法如下：

```
static data_type var_name;
```

在该语法中，static 关键字指示编译器，var_name 指定的变量在类中只存在一个副本。

例如：

```
static int a;
```

在这个例子中，a 被声明为整数类型的 static 变量。

static 变量的主要属性是无须创建类的对象就可以使用。在 Java 中，这种变量相当于其他面向对象语言中全局变量。

与 static 变量一样，我们也可以创建 static 方法。类的普通方法与 static 方法之间的主要区别在于，后者只能访问 static 数据成员和 static 方法。但是 this 关键字不能在 static 方法中使用。无须创建类的对象就可以使用这种方法。static 方法常见的例子就是 main()方法。在先前的所有例子中，main()方法都被声明为 static 方法。

示例 4-16

下面的例子演示了 static 数据成员和方法的用法。该程序将两个数字相加并在屏幕上显示结果。

```
//编写程序，计算两个数之和
1   class static_demo
2   {
3      static int a = 110, b, c;
4      static int sum(int var)
```

```
5       {
6           b = var;
7           c = a+b;
8           return c;
9       }
10      public static void main(String arg[ ])
11      {
12          int result = sum(102);
13          System.out.println("The result is: " +result);
14      }
15  }
```

讲解

在该程序中，先将110赋给static整数类型变量a。然后，调用main()方法。在其内部，调用sum()方法，将102作为参数传入。这个值会赋给static整数类型变量b。接着，执行加法运算并将结果赋给整数类型变量result。

示例4-16的输出如图4-18所示。

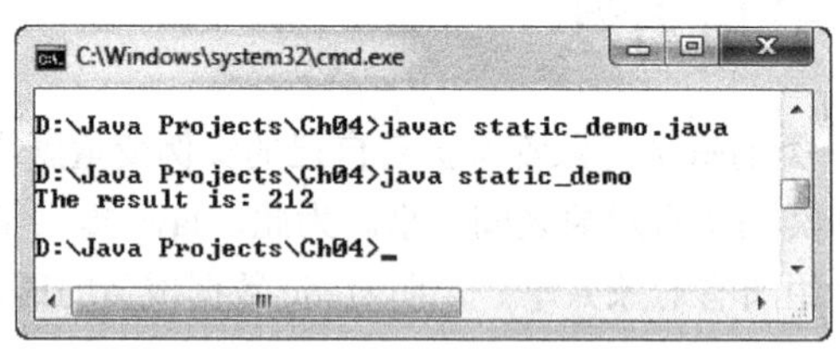

图4-18 示例4-16的输出

4.10 递归

递归是一种过程。在其中，一个方法通过不断地调用自身来执行连续的操作步骤，在每一步中都要用到上一步的输出。

例如：

```
long fib(long n)
{
   if(n==0||n==1)
   {
      return n;
   }
   else
   {
      return fib(n-1) + fib(n-2);
   }
}
```

在这个例子中，fib()方法就采用了递归形式，因为它不断地调用自身，在else语句块中返回最终的结果。

示例4-17

下面的例子演示了递归的用法。该程序计算数字的阶乘并在屏幕上显示结果。

```
//编写程序，计算给定数字的阶乘
1   class Factorial
2   {
3      int fact(int n)
4      {
5          if(n==1)
6          {
7             return n;
8          }
9          else
10         {
11            return n* fact(n-1);
12         }
13     }
14  }
15  class Recursion_demo
16  {
17     public static void main(String arg[])
18     {
19         int result;
20         Factorial obj1 = new Factorial();
21         result = obj1.fact(5);
22         System.out.println("Factorial of 5 is: " +result);
23         result = obj1.fact(6);
24         System.out.println("Factorial of 6 is: " +result);
25         result = obj1.fact(7);
26         System.out.println("Factorial of 7 is: " +result);
27     }
28  }
```

讲解

第 20 行

Factorial obj1 = new Factorial();

在该行中，obj1 被声明为 Factorial 类的对象。

第 21 行

result = obj1.fact(5);

在该行中，先调用了 fact()方法并将 5 作为参数传入。然后，控制转到该方法的定义处（第 3 行），5 被赋给整数类型变量 n。接着，评估 if 语句中的条件表达式。在这里，条件 n==1 的结果为 false，因为变量 n 的值为 5。控制于是转移到 else 语句块。在其中，计算给定数字的阶乘，这会导致使用参数 4 第二次调用 fact()方法。第二次调用又会导致第三次调用 fact 方法（参数为 3）。这个过程一直持续到变量 n 的值等于 1。这时，fact()方法会返回 1。用该值再乘以 2（倒数第二次调用中变量 n 的值）。然后，结果乘以 3，用得到的结果 6 乘以 4，再将得到的结果 24 乘以 5，最后将结果 120 返回调用者。该语句的工作方式如下：

```
5 * fact(4)     //第 1 步
4 * fact(3)     //第 2 步
3 * fact(2)     //第 3 步
2* fact(1)      //第 4 步返回 2
```

于是得到：

```
5*4*3*2*1 = 120
```

第22行

System.out.println("Factorial of 5 is: " +result);

该行会在屏幕上显示下列内容：

```
Factorial of 5 is: 120
```

第23行～第26行的工作方式与第20行和第21行一样。

示例4-17的输出如图4-19所示。

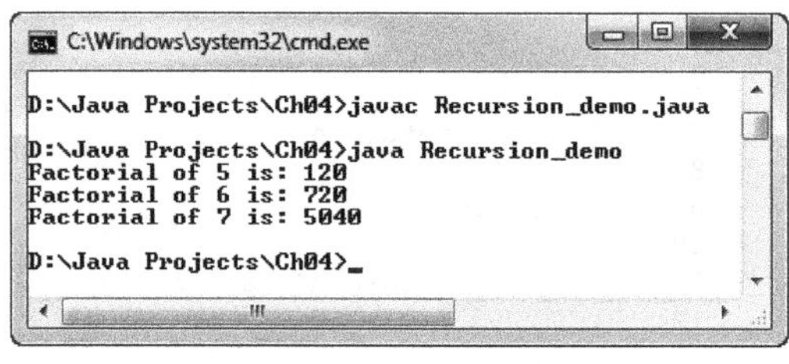

图4-19 示例4-17的输出

4.11 自我评估测试

回答以下问题，然后将其与本章末尾给出的问题答案比对。

1. ________是一种用户自定义数据类型。
2. 在类中定义的变量称为______变量。
3. 对象是类的________。
4. 用于在运行时为对象分配内存的运算符是______。
5. ______是用于执行特定任务的一组语句。
6. 通过______技术，可以定义名称相同但参数列表不同的多个方法。
7. 用于在创建对象时对其初始化的特殊方法叫作________。
8. 用于自动回收内存的机制叫作________。
9. ______关键字可以引用类的当前对象。
10. 如果一个方法通过不断地调用自身来执行连续的操作步骤，在每一步中都要用到上一步的输出，则叫作_____。

4.12 复习题

回答下列问题。

1. 定义一个类。
2. 定义一个对象。使用适合的例子解释创建对象的步骤。
3. 定义术语“重载”，使用适合的例子解释方法重载。
4. 使用适合的例子定义构造函数。
5. 使用适合的例子解释static数据成员和方法。
6. 什么是递归？使用适合的例子解释。
7. 找出下列源代码中的错误。

(a)
```
class Rectangle
{
    double length;
    double breadth;
    Rectangle(double l, double w)
```

```
    {
        length = l;
        width = w;
    }
}
class Rectangle_demo
{
    public static void main(String arg[ ])
    {
        Rectangle obj1 = new Rectangle();
    }
}
```

(b)
```
class static_demo
{
    static int a = 110, b;
    int c;
    static int sum(int var)
    {
        b = var;
        c = a+b;
        return c;
    }
    public static void main(String arg[ ])
    {
        int result = sum(102);
        System.out.println("The result is: " +result);
    }
}
```

(c)
```
class Rectangle
{
    double length, width;
    void getvalues(double l, double w)
    {
       length = l;
       width = w;
    }
    void area(Rectangle obj)
    {
       double result;
       result = obj.length * obj.width;
       System.out.println("Area is: " +result);
    }
}
class PassingObj
{
    public static void main(String arg[])
    {
       Rectangle obj1 = new Rectangle();
       Rectangle obj2 = new Rectangle();
       obj1.getvalues()
       obj2.area(14.2, 12.5);
    }
}
```

(d)
```
class Cylinder1
{
    double radius;
    double height;
}
class Cylinder1_demo
{
```

```
        public static void main(String arg[ ])
    {
            double pi = 3.14;
            int volume;
            Cylinder1 obj1 = new Cylinder1();
            volume = pi * (obj1.radius*obj1.radius) * obj1.height;
        }
    }
```

（e）

```
    class Cylinder2
    {
        double radius;
        double height;
        public void cylinder_volume()
        {
            double volume, pi = 3.14;
            volume = pi * (radius*radius) * height;
            System.out.println("Volume is: " +volume);
        }
    }
    class Cylinder2_d
    {
        public static void main(String arg[ ])
        {
            Cylinder2 obj1 = new Cylinder2();
            Cylinder2 obj2 = new Cylinder2();
            obj1.radius = 13.5;
            obj1.height = 30;
            obj1.cylinder_volume();
            obj2.radius = 15.5;
            obj2.height = 10.5;
            obj2.cylinder_volume();
        }
    }
```

4.13 练习

练习 1

编写程序，利用构造函数重载计算不同尺寸的立方体体积。

练习 2

编写程序，利用递归计算斐波那契数列。

自我评估测试答案

1. 类 2. 实例 3. 物理实体 4. new 5. 方法 6. 方法重载
7. 构造函数 8. 垃圾回收 9. this 10. 递归

第 5 章

继承

学习目标

阅读本章，我们将学习如下内容。

- 继承的基础
- 访问限定符的概念
- super 关键字的概念
- overriding 方法的概念
- 动态方法分派的概念
- 抽象类的概念
- final 关键字的概念

5.1 概述

在第 4 章中，我们已经学习了面向对象编程的一些特性，例如类、对象等。在本章，我们将学习到面向对象编程的另一个重要特性——继承。该特性允许利用已有类的部分或全部属性（实例变量和方法）创建新类。

5.2 继承基础

使用已有类的属性创建新类的过程称为继承。继承其他类属性的类称为子类，被继承属性的类称为父类。使用继承的主要优势在于代码的可重用性，它允许我们使用某个类预先定义好的方法和/或实例变量创建一个新类。这样，我们就不用重复编写相同的代码。而且，当创建好子类之后，可以在已继承的属性基础上添加自己的功能。因此，该子类又可以作为后续子类的父类。常见的继承例子是父子关系。子类从父类处继承大多数属性，同时添加一些自己的属性。

在继承中，父类作为一般类，只包含通用属性。但是，从特定父类派生而来的类被定义为具体类，因为这些子类除继承父类的属性之外，还添加了自己的属性。

可以借助类的层次结构很好地定义继承。在 Java 中，所有类都继承自一个名为 Object 的类（Object 类来自默认包 java.lang）。因此，在类的层次结构中，Object 类位于顶端。父类可以是直接父类或间接父类。如果子类显式继承自某个类，则该类为直接父类；如果子类并非显式继承自某个类，两个类在层次结构中相隔两层或更多，则该类为间接父类。直接父类和间接父类的层次化描述如图 5-1 所示。

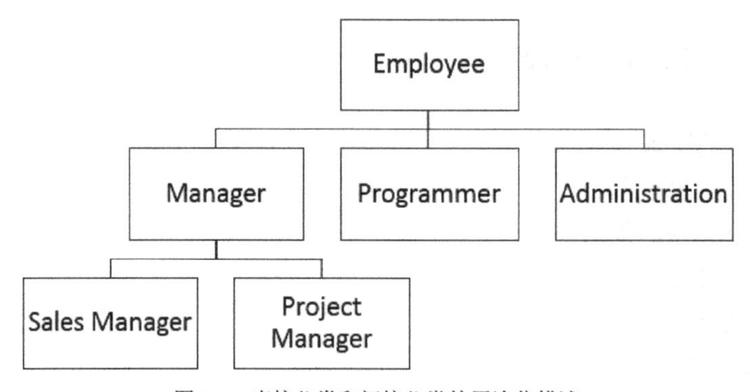

图 5-1 直接父类和间接父类的层次化描述

在图 5-1 中，Manager、Programmer、Administration 这 3 个类显式继承自 Employee 类，因此 Employee 类是这 3 个子类的直接父类。同时，Manager 子类是 Sales Manager 和 Project Manager 类的父类。因此，对于 Sales Manager 和 Project Manager 而言，Manager 类是直接父类，Employee 类是间接父类。

在 Java 中，新类可以使用 extends 关键字继承父类的部分或全部属性。继承可划分为 5 类。

- 单一继承（Single Inheritance）。

- 多级继承（Multilevel Inheritance）。
- 层次继承（Hierarchical Inheritance）。
- 多重继承（Multiple Inheritance）。
- 混合继承（Hybrid Inheritance）。

5.2.1 单一继承

如果类继承自单一基类，称为单一继承。

例如：

```
class A
{
   int a, b;
   int sum()
   {
       ----------;
       ----------;
   }
}
class B extends A
{
   ----------;
   ----------;
}
```

在这个例子中，A 类继承自 B 类。现在，B 类可以使用 A 类的属性（实例变量 a 和 b，示例方法 sum()），也可以添加自己的属性。

示例 5-1

下面的例子演示了继承的概念。该程序使用给定的尺寸计算盒子的体积并在屏幕上显示结果。

```
//编写程序，计算盒子的体积
1   class Box
2   {
3      double length, width, height;
4      void display()
5      {
6          System.out.println("Length is: " +length);
7          System.out.println("Width is: " +width);
8          System.out.println("Height is: " +height);
9      }
10  }
11  class Volume extends Box
12  {
13     double result;
14     void volume()
15     {
16         result = length*width*height;
17         System.out.println("Volume is: " +result);
18     }
19     public static void main(String arg[])
20     {
21         Volume obj1= new  Volume();
```

```
22        obj1.length=10.5;
23        obj1.width=12;
24        obj1.height=26.7;
25        obj1.display();
26        obj1.volume();
27    }
28 }
```

讲解

第1行

class Box

在该行中，Box被定义为类，同时未使用访问限定符（private，public，protected）。因此，Box得到的是默认的访问限定符（无限定符）。在继承的过程中，Box类的实例变量和方法会被子类继承。

第3行

double length, width, height;

在该行中，length、width、height被声明为double类型变量。这些变量被作为Box类的实例变量。

第4行～第9行

```
void display()
{
        System.out.println("Length is: " +length);
        System.out.println("Width is: " +width);
        System.out.println("Height is: " +height);
}
```

这几行包含了display()方法的定义。该方法是Box类的成员，用于显示盒子的尺寸。

第11行

class Volume extends Box

该行中用到了extends关键字。extends关键字指定Volume类继承Box类的属性。

第13行

double result;

在该行中，result被声明为double类型变量。

第14行～第18行

```
void volume()
{
        result = length*width*height;
        System.out.println("Volume is: " +result);
}
```

这几行包含了volume()方法的定义。该方法是Volume类的成员。变量length、width、height继承自Box类，各自的值彼此相乘，结果被赋给变量result并在屏幕上显示。

第21行

Volume obj1= new Volume();

在该行中，obj1 被声明为 Volume 类的对象。

第 22 行～第 24 行

obj1.length=10.5;

obj1.width=12;

obj1.height=26.7;

在这几行中，Volume 类的 obj1 对象访问了 Box 类的实例变量 length、width、height，将其分别初始化为 10.5、12、26.7。

第 25 行

obj1.display();

在该行中，Volume 类的 obj1 对象继承了 Box 类的 display()方法。这时，控制转移到该方法的定义处（第 5 行）。

第 26 行

obj1.volume();

在该行中，使用 obj1 对象调用了 Volume 类的 volume()方法。这时，控制转移到该方法的定义处（第 14 行）。

示例 5-1 的输出如图 5-2 所示。

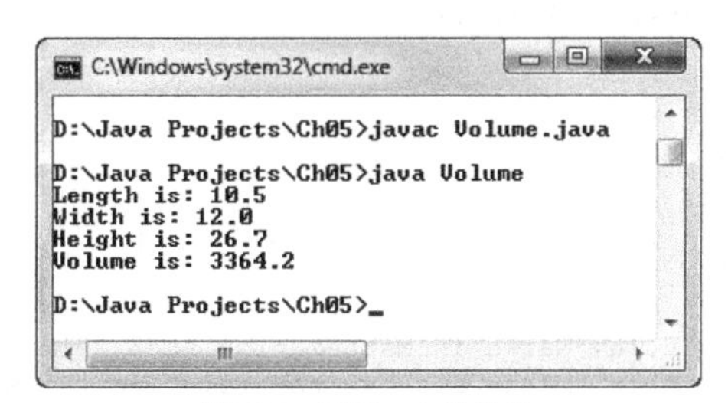

图 5-2　示例 5-1 的输出

5.2.2　多级继承

本章到目前为止所有例子中的类层次结构都是简单地由父类和子类组成的。在本节中，我们将学习到多级继承层次结构，即多级继承。对于多级继承，子类可以作为其他类的父类。

例如：

```
class A
{
   ----------;
   ----------;
}
class B extends A
{
   ----------;
   ----------;
}
class C extends B
{
   ----------;
```

```
    ----------;
}
```

在这个例子中，B 类作为 A 类的子类，C 类作为 B 类的子类。作为子类的 B 类是 C 类的父类。因此，B 类继承了父类 A 的所有或部分属性，C 类继承了 A 类和 B 类的所有或部分属性。

示例 5-2

下面的例子演示了多级继承的用法。该程序计算学生所有科目的成绩并在屏幕上显示结果。

```
//编写程序，计算学生的成绩
1   class Rollnumber
2   {
3      int roll_num;
4      void get_rollnum(int x)
5      {
6          roll_num = x;
7      }
8      void show_rollnum()
9      {
10         System.out.println("Roll Number is: "+roll_num);
11     }
12  }
13  class Marks extends Rollnumber
14  {
15     double math, physics, chemistry;
16     void get_marks(int a, int b, int c)
17     {
18         math = a;
19         physics = b;
20         chemistry = c;
21     }
22     void show_marks()
23     {
24         System.out.println("Marks in Mathematics are: " +math);
25         System.out.println("Marks in Physics are: " +physics);
26         System.out.println("Marks in Chemistry are: " +chemistry);
27     }
28  }
29  class Result extends Marks
30  {
31     double res;
32     void calculate_result()
33     {
34         res = ((math+physics+chemistry)*100)/300;
35     }
36     void show_result()
37     {
38         System.out.println("Total is: " +res+ "%");
39     }
40     public static void main(String[] args)
41     {
42         Result obj1 = new Result();
43         obj1.get_rollnum(101);
44         obj1.get_marks(74, 90, 91);
45         obj1.calculate_result();
46         obj1.show_rollnum();
47         obj1.show_marks();
48         obj1.show_result();
```

```
49      }
50  }
```

讲解

在这个例子中，Marks 类继承了父类 Rollnumber 的属性。同时，Marks 子类又作为 Result 类的父类。因此，Result 类继承了 Rollnumber 类和 Marks 类的属性。

示例 5-2 的输出如图 5-3 所示。

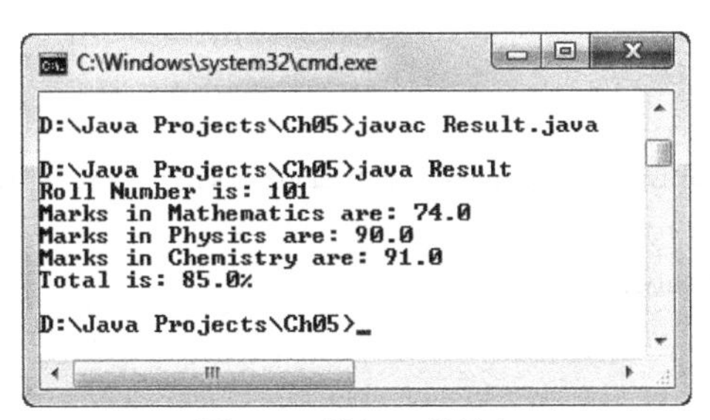

图 5-3　示例 5-2 的输出

5.2.3 层次继承

如果多个子类从一个父类处继承属性，则称为层次继承。在这种类型的继承中，父类只有一个，子类可以有多个。

例如：

```
class A
{
   -------------;
   -------------;
}
class B extends A
{
   ------------;
   ------------;
}
class C extends A
{
   ------------;
   ------------;
}
```

在这个例子中，B 类和 C 类都继承自 A 类。因此，子类 B 和 C 继承了父类 A 的所有或部分属性。

示例 5-3

下面的例子演示了层次继承的用法。该程序计算数字的平方和立方并在屏幕上显示结果。

```
//编写程序，计算数字的平方和立方
1   class Number
2   {
3      int num;
```

```
4      void getNumber(int x)
5      {
6          num = x;
7      }
8      void showNumber()
9      {
10         System.out.println("Number is: " +num);
11     }
12  }
13  class Square extends Number
14  {
15     int sqr;
16     void show_Square()
17     {
18         sqr=num*num;
19         System.out.println(" Square of Number is: " +sqr +"\n");
20     }
21  }
22  class Cube extends Number
23  {
24     int cube;
25     void show_Cube()
26     {
27         cube=num*num*num;
28         System.out.println(" Cube of Number is: " +cube);
29     }
30  }
31  class Hierarchical_demo
32  {
33     public static void main(String arg[])
34     {
35         Square s = new Square();
36         s.getNumber(30);
37         s.showNumber();
38         s.show_Square();
39         Cube c = new Cube();
40         c.getNumber(15);
41         c.showNumber();
42         c.show_Cube();
43     }
44  }
```

讲解

在这个例子中，Number 是父类，Square 和 Cube 都是 Number 的子类。Square 类和 Cube 类继承了父类的属性。

示例 5-3 的输出如图 5-4 所示。

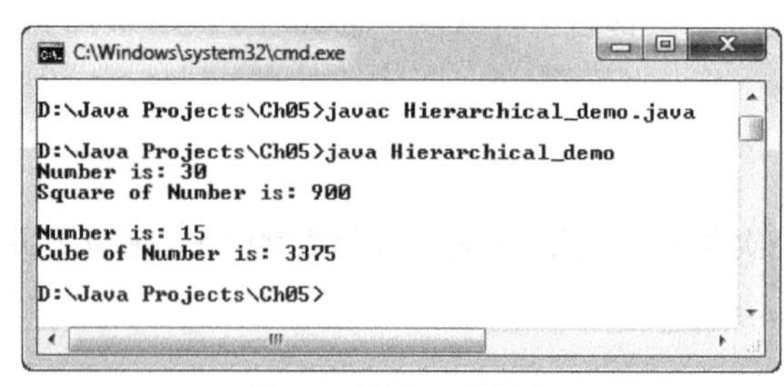

图 5-4 示例 5-3 的输出

5.2.4 多重继承

如果一个类继承了多个父类的属性，称为多重继承。Java 并不支持多重继承。如果要在 Java 中实现多重继承，则需要用到接口。

为什么 Java 不支持多重继承呢？如果在 Java 中使用多种继承，则会导致二义性。如果同名方法存在于多个父类之中，则调用该方法时，编译器无从得知该调用哪个父类中的方法，从而导致错误。

5.2.5 混合继承

如果多种类型的继承结合在一起，则称为混合继承。如果混合继承中涉及多重继承，那么 Java 不支持这种混合继承。

如果我们结合了层次继承和多级继承，则所形成的混合继承是 Java 支持的。但如果将多重继承和其他类型的继承结合起来，则这种混合继承是 Java 所不支持的。

5.3 访问限定符与继承

在之前的例子中，实例变量 length、width、height 和 display()方法并没有明确指定访问限定符。因此，Java 为其分配了默认的访问限定符。对实例变量、方法或类使用访问限定符的主要目的在于，定义其对于类的其他部分以及其他类的可见性。访问限定符的语法如下：

```
access_specifer class class_name
{
   access_specifer datatype var1;
   ----------;
   access_specifer datatype varN;
   access_specifer return_type name(parameters list)
   {
      //方法主体部分
   }
}
```

在该语法中，access_specifer 代表访问限定符，可以是 private、public、protected、default 中的一种。

5.3.1 private

如果类成员（无论是实例变量还是方法）声明为 private，则该成员只能在定义其的类中可见或访问，在外部是无法访问的。如果一个类声明为 private，那么该类就不能作为父类，这意味着不能继承该类的属性。

例如：

```
class Demo
{
   private double age;
```

```
   private double income;
   ----------;
}
```

在这个例子中，age 和 income 被声明为 double 类型的变量。因为其在声明时使用了 private，所以只能用于 Demo 类。Demo 的子类也无法直接访问这些变量。与变量一样，如果 Demo 类中的方法声明为 private，则无法在 Demo 类的外部访问或使用。

5.3.2 public

如果类成员（无论是实例变量还是方法）声明为 private，则该成员在程序任何位置上都是可见或可访问的。我们可以在其声明时所在的类内部或外部访问 public 成员。因此，如果要在程序的任何位置都能看到或访问完整的数据，则可以使用此访问限定符。

例如：

```
class Demo
{
   public double age;
   public double income;
   ----------;
}
```

在这个例子中，age 和 income 被声明为 double 类型的变量。这些变量可以在 Demo 类内外使用或访问，因为其使用了 public 访问限定符。与变量一样，如果方法在 Demo 类中声明为 public，那么也可以在 Demo 类内外使用或访问。

5.3.3 protected

如果类成员（无论是实例变量还是方法）声明为 protected，则可以在其声明时所在的类以及该类的子类中使用该成员。另外，在相同包中的其他类也可以访问到。有关包的更多内容，将在后续章节中讲解。

例如：

```
class Demo
{
   protected double age;
   protected double income;
   ----------;
}
class Sub extends Demo
{
   ----------;
}
```

在这个例子中，Demo 类继承自 Sub 类。这里，Sub 类可以直接访问 Demo 类的 protected 数据成员 age 和 income。

5.3.4 default

如果没有为类成员指定任何访问限定符，则为其分配 default 限定符。大多数包用的是这种访问限定符。

提示

在定义类的时候，建议将所有的实例变量声明为 private，方法声明为 public。

示例 5-4

下面的例子演示了访问限定符的用法。该程序计算学生 3 门课的平均成绩并在屏幕上显示结果。

```
//编写程序，计算学生 3 门课的平均成绩
1  class student
2  {
3     private int roll_num;
4     protected void get_rollnum(int x)
5     {
6         roll_num = x;
7     }
8     void show_rollnum()
9     {
10        System.out.println("Roll Number is: " +roll_num);
11    }
12 }
13 class Points extends student
14 {
15    private double sub1, sub2, sub3;
16    public void get_points(double a, double b, double c)
17    {
18        sub1 = a;
19        sub2 = b;
20        sub3 = c;
21    }
22    public void show_points()
23    {
24        System.out.println("Points scored in Subject1 are: " +sub1);
25        System.out.println("Points scored in Subject2 are: " +sub2);
26        System.out.println("Points scored in Subject3 are: " +sub3);
27    }
28    public double avrg()
29    {
30        return (sub1+sub2+sub3)/3;
31    }
32 }
33 class Average
34 {
35    public static void main(String arg[])
36    {
37        double result;
38        Points obj1 = new Points();
39        obj1.get_rollnum(101);
40        obj1.get_points(66,78.5,89.5);
41        result = obj1.avrg();
42        obj1.show_rollnum();
43        obj1.show_points();
44        System.out.println("Average is: " +result);
45    }
46 }
```

讲解

第 3 行

```
private int roll_num;
```

在该行中，roll_num 被声明为整数类型变量，并指定了 private 访问限定符。因此，只能由 student 类的其他成员访问。

第 4 行～第 7 行

```
protected void get_rollnum(int x)
{
        roll_num = x;
}
```

这几行中包含了 student 类的 get_rollnum()方法的定义。该方法被声明为 protected。因此，student 类的其他成员以及子类都可以访问到。调用时传入的参数会赋给实例变量 roll_num。

第 8 行～第 11 行

```
void show_rollnum()
{
        System.out.println("Roll Number is: " +roll_num);
}
```

这几行中包含了 student 类的 show_rollnum()方法的定义。该方法并没有使用访问限定符。因此，Java 环境自动为其分配了 default 限定符。show_rollnum()方法用于在屏幕上显示变量 roll_num 的值。

第 13 行

```
class Points extends student
```

该行中用到了 extends 关键字，指定 Points 类继承 student 类的属性。因此，student 类就成为了 Points 类的父类。

第 15 行

```
private double sub1, sub2, sub3;
```

在该行中，sub1、sub2、sub3 被声明为 double 类型变量。这些变量也是 Points 类的 private 实例变量。

第 16 行～第 21 行

```
public void get_points(double a, double b, double c)
{
        sub1 = a;
        sub2 = b;
        sub3 = c;
}
```

这几行中包含了 student 类的 get_points()方法的定义。该方法使用了 public 访问限定符。因此，可以在程序的任何位置访问到。在方法内部，调用时传入的 3 个值会被分别赋给实例变量 sub1、sub2、sub3。

第 22 行～第 27 行

```
public void show_points()
{
        System.out.println("Points scored in Subject1 is: " +sub1);
        System.out.println("Points scored in Subject2 is: " +sub2);
        System.out.println("Points scored in Subject3 is: " +sub3);
}
```

第 28 行～第 31 行

```
public double avrg()
{
        return (sub1+sub2+sub3)/3;
}
```

这几行包含了 avrg()方法的定义。在该方法内部，计算 3 门课的平均成绩。然后，将结果返回调用者。

第 37 行

```
double result;
```

在该行中，result 被声明为 double 类型变量。

第 38 行

```
Points obj1 = new Points();
```

在该行中，obj1 被声明为 Points 类的对象。

第 39 行

```
obj1.get_rollnum(101);
```

在该行中，使用 Points 类的 obj1 对象调用了 student 类的 get_rollnum()方法，同时将数值 101 作为参数传入。

第 40 行

```
obj1.get_points(66,78.5,89.5);
```

在该行中，使用 Points 类的 obj1 对象调用了 get_points()方法，同时将数值 66、78.5、89.5 作为参数传入。这时，控制转移到第 16 行，66、78.5、89.5 被分别赋给变量 a、b、c。

第 41 行

```
result = obj1.avrg();
```

在该行中，使用 Points 类的 obj1 对象调用了 avrg()方法。这时，控制转移到第 28 行。在 avrg()方法内部，计算平均成绩并使用 return 语句将结果（78）返回给调用者。然后，再将其赋给 result 变量。

第 42 行

```
obj1.show_rollnum();
```

在该行中，使用 Points 类的 obj1 对象调用了 student 类的 show_rollnum()方法。这时，控制转移到第 8 行，在屏幕上显示出变量 roll_num 的值 101。

第 43 行

obj1.show_points();

在该行中，使用 Points 类的 obj1 对象调用了 show_points()方法。这时，控制转移到第 22 行，在屏幕上显示出变量 sub1、sub2、sub3 的值。

第 44 行

System.out.println("Average is: " +result);

该行会在屏幕上显示下列内容：

```
Average is: 78
```

示例 5-4 的输出如图 5-5 所示。

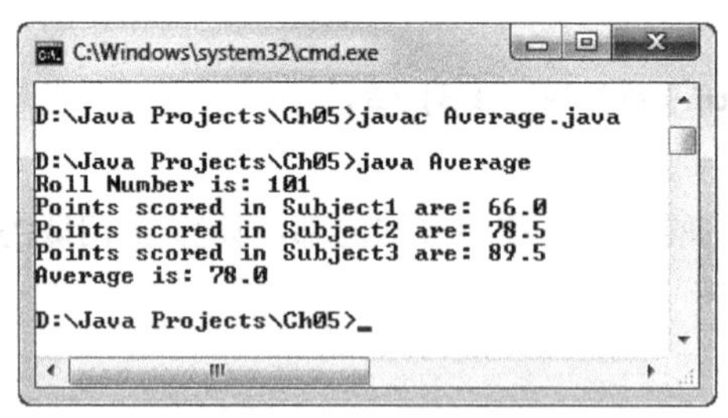

图 5-5 示例 5-4 的输出

5.4 super 关键字

每当派生类从基类继承时，派生类的某些功能可能会与基类的某些功能类似。这种情况会造成 JVM 的歧义，因此需要进行区分。为了区分基类功能和派生类功能，要用到 super 关键字。利用该关键字，子类可以轻松引用其直接父类（immediate superclass）。super 关键字主要用于以下两个目的。

- 调用父类的构造函数。
- 访问父类和子类的相同成员。

提示

只有父类的 public 和 protected 才能通过 super 关键字访问。父类的 private 成员是无法通过该关键字访问的。

5.4.1 调用父类构造函数

子类可以通过 super 关键字调用父类所定义的构造函数：

```
super(arg1, arg2, ........, argN);
```

在该语句中，arg1 和 argN 指定了父类构造函数所需的参数列表。

例如：

```
class A
{
   A(int a, int b)
   {
      ----------;
      ----------;
   }
      ----------;
      ----------;
}
class B extends A
{
   B( int x, int y, int z)
   {
      super(x, y);
      ----------;
      ----------;
   }
      ----------;
      ----------;
}
```

在这个例子中，B 类继承了 A 类的属性。在子类 B 的构造函数内部，使用 super 关键字调用了父类 A 的构造函数，并将两个整数类型变量 x 和 y 的值作为参数传入。这些值然后被赋给父类构造函数列表中的变量 a 和 b。

提示

在子类构造函数中，super()语句应该是要执行的第一条语句，否则会出现编译错误：Constructor call must be the first statement in a constructor。

示例 5-5

下面的例子演示了调用父类构造函数的概念。该程序计算圆柱体的体积并在屏幕上显示结果。

```
//编写程序，计算圆柱体的体积
1   class Cylinder
2   {
3      double radius;
4      Cylinder(double r)
5      {
6          radius = r;
7      }
8   }
9   class Cylinderheight extends Cylinder
10  {
11     double height;
12     double pi = 3.14;
13     Cylinderheight(double rad, double hgt)
14     {
15         super(rad);
16         height = hgt;
```

```
17      }
18      double volume()
19      {
20          return pi*(radius*radius)*height;
21      }
22  }
23  class Volume
24  {
25      public static void main(String[] args)
26      {
27          double result;
28          Cylinderheight obj1 = new Cylinderheight(10.5,20.2);
29          result = obj1.volume();
30          System.out.println("Volume of first cylinder is: " +result);
31          Cylinderheight obj2 = new Cylinderheight(8.5,12);
32          result = obj2.volume();
33          System.out.println("Volume of second cylinder is: "    +result);
34      }
35  }
```

讲解

第4行～第7行

```
Cylinder(double r)
{
        radius = r;
}
```

这几行包含了 Cylinder 类构造函数的定义。参数列表包含 double 类型变量 r。每当调用该构造函数，都要传入 double 类型的值或变量作为参数。在构造函数内部，使用传入的参数来初始化实例变量 radius。

第9行

```
class Cylinderheight extends Cylinder
```

该行表示 Cylinderheight 类继承了 Cylinder 类的属性。这里，Cylinder 类是 Cylinderheight 类的父类。

第13行～第17行

```
Cylinderheight(double rad, double hgt)
{
        super(rad);
        height = hgt;
}
```

这几行包含了 Cylinderheight 类构造函数的定义。参数列表中有两个 double 类型变量 rad 和 hgt。只要调用该构造函数，两个 double 类型的值或变量就会作为参数传入。在构造函数内部，使用 super 关键字调用了父类 Cylinder 的构造函数，并将 double 类型变量 rad 作为参数传入。这时，控制转移到第4行，变量 rad 的值被赋给变量 r。接下来，变量 hgt 的值被赋给变量 height。

第28行

```
Cylinderheight obj1 = new Cylinderheight(10.5,20.2);
```

在该行中，obj1 被声明为 Cylinderheight 类的对象。这里调用了 Cylinderheight 类的构造函数，并将两个 double 类型的值（10.5 和 20.2）作为参数传入。这时，控制转移到第 13 行，10.5 和 20.2 被分别赋给 double 类型变量 rad 和 hgt。

示例 5-5 的输出如图 5-6 所示。

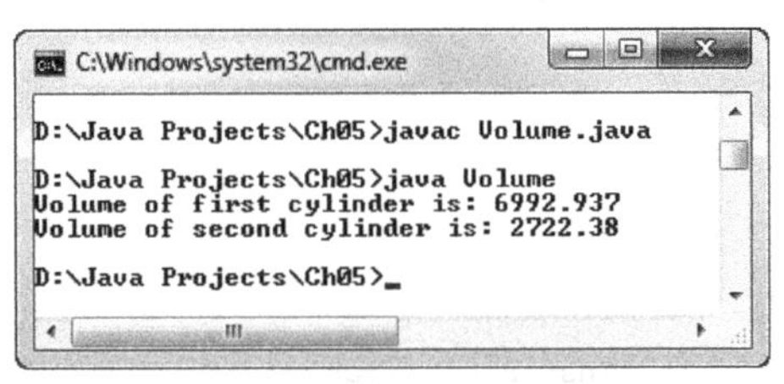

图 5-6 示例 5-5 的输出

5.4.2 使用 super 关键字访问成员

通过在成员名称之前添加 super 关键字，子类可以访问或初始化父类成员。如果没有在成员名称之前使用 super 关键字，那么访问到的则是子类成员。在本节中，我们将学习如何使用 super 关键字来访问父类中那些共同存在于父类和子类的成员。语法如下：

```
super.member_name;
```

在该语法中，memeber_name 代表实例变量或父类的方法。

例如：

```
class A
{
   int x;
   ----------;
   ----------;
}
class B extends A
{
   int x;
   ----------;
   ----------;
   super.x = a;
   x = b;
   ----------;
}
```

在这个例子中，父类 A 和子类 B 中都有实例变量 x。因此，在子类 B 中通过 super 关键字就可以访问到父类 A 的变量 x。

示例 5-6

下面的例子演示了利用 super 关键字访问父类成员的方法。该程序会在屏幕上显示父类和子类的实例变量值。

```
// 编写程序，显示父类和子类的实例变量值
1   class Super
2   {
```

```
3       int v1, v2;
4    }
5    class Sub extends Super
6    {
7       int v1, v2;
8       Sub(int a, int b, int c, int d)
9       {
10          super.v1 = a;
11          super.v2 = b;
12          v1 = c;
13          v2 = d;
14      }
15      void display()
16      {
17          System.out.println("Instance variables of superclass are "
            +super.v1 + " and " + super.v2);
18          System.out.println("Instance variables of subclass are " + v1
            +   " and " + v2);
19      }
20   }
21   class Super_demo
22   {
23      public static void main(String[] args)
24      {
25          Sub obj1 = new Sub(10, 20, 30, 40);
26          obj1.display();
27      }
28   }
```

讲解

第3行

int v1,v2;

在该行中，v1和v2被声明为Super类的实例变量。

第7行

int v1,v2;

在该行中，v1和v2被声明为Sub类的实例变量。这里，Sub类的实例变量隐藏起了（hiding）父类Super的同名实例变量。

第10行～第11行

super.v1 = a;

super.v2 = b;

在这几行中，通过super关键字访问Super类的实例变量v1和v2，并将其分别初始化为a和b。

第25行

Sub obj1 = new Sub(10, 20, 30, 40);

在该行中，obj1被声明为Sub类的对象。调用Sub类的构造函数Sub()，并将10、20、30、40作为参数传入。这时，控制转移到第8行，10、20、30、40被分别赋给变量a、b、c、d。

示例5-6的输出如图5-7所示。

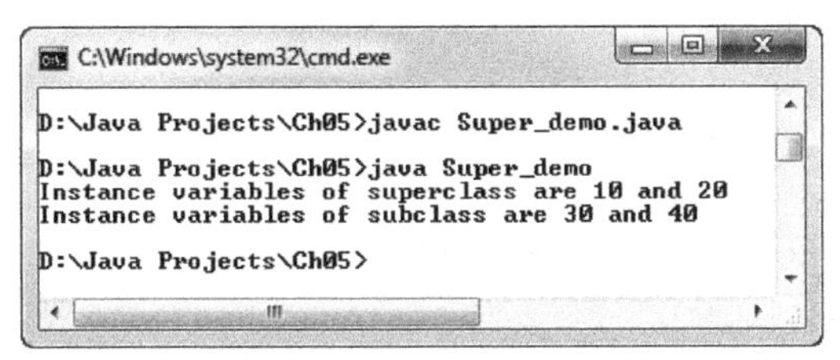

图 5-7 示例 5-6 的输出

5.5 方法重写

在子类中，如果定义的方法与父类方法同名、同类型、同参数数量，那么新的方法定义会隐藏起旧的方法定义。这个过程称为重写（overriding）。在方法重写中，子类和父类包含相同签名的方法。

例如：

```
class A
{
   void show(int x)
   {
      ----------;
   }
}
class B extends A
{
   void show(int y)
   {
      super.show(20);
      //调用父类 A 的 show()方法
      ----------;
   }
}
```

在这个例子中，B 类继承了 A 类的属性。B 类包含了 show()方法，该方法与父类 A 中的 show()方法具有相同的名称、返回类型、参数数量。因此，可以使用 super 关键字调用父类 A 的 show()方法。

示例 5-7

下面的例子演示了方法重写的用法。该程序会计算矩形的面积和长方体的体积，并在屏幕上显示结果。

```
// 编写程序，计算矩形的面积和长方体的体积
1  class Rectangle
2  {
3     double l, w;
4     Rectangle(double length, double width)
5     {
6         l = length;
7         w = width;
8     }
9     double area()
10    {
```

```
11          return l * w;
12      }
13  }
14  class Cuboid extends Rectangle
15  {
16      double h;
17      Cuboid(double a, double b, double c)
18      {
19          super(a, b);
20          h = c;
21      }
22      double area() //方法重写
23      {
24          return 2*((l*w) + (w*h) + (h*l));
25      }
26      void show_message()
27      {
28          double result;
29          result = super.area();
30          System.out.println("Area of the rectangle is " +result);
31          result = area();
32          System.out.println("Area of the cuboid is " +result);
33      }
34      public static void main(String[] args)
35      {
36          Rectangle r = new Rectangle(10.5, 20);
37          Cuboid c = new Cuboid(10, 20.5, 30.7);
38          c.show_message();
39      }
40  }
```

讲解

第9行～第12行

```
double area()
{
        return l * w;
}
```

这几行定义了Rectangle类的area()方法。在该方法内部，变量l和w的值相乘。然后，通过return语句将结果返回给调用者。

第22行～第25行

```
double area() //方法重写
{
        return 2*((l*w) + (w*h) + (h*l));
}
```

这几行定义了Cuboid类的area()方法。此处重写了该方法。这里的area()方法与父类Rectangle中的area()方法具有相同的名称、返回类型和空参数列表。在方法内部，对变量l、w、h的值进行运算。然后，通过return语句将结果返回给调用者。

第26行～第33行

```
void show_message()
```

```
{
        double result;
        result = super.area();
        System.out.println("\n Area of the rectangle is " +result);
        result = area();
        System.out.println(" Area of the cuboid is " +result);
}
```

这几行定义了 Cuboid 类的 show_message()方法。在该方法内部，通过 super 关键字访问被重写的父类方法 area()并将控制转移到第 9 行。结果被赋给变量 result，并使用 System.out.println (" Area of the rectangle is " +result);将其显示在屏幕上。在 31 行中，调用了被重写的 Cuboid 类方法 area()，控制然后转移到第 22 行。结果再次被赋给变量 result，并使用 System.out.println(" Area of the cuboid is " +result);将其显示在屏幕上。

第 36 行

```
Rectangle r = new Rectangle(10.5, 20);
```

在该行中，r 被声明为 Rectangle 类的对象，并将 10.5 和 20 分别赋给变量 length 和 width。

第 37 行

```
Cuboid c = new Cuboid(10, 20.5, 30.7);
```

在该行中，c 被声明为 Cuboid 类的对象，并将 10、20.5、30.7 分别赋给变量 a、b、c。

第 38 行

```
c.show_message();
```

在该行中，调用了 Cuboid 类的对象 c 的 show_message()方法。这时，控制转移到第 26 行。

示例 5-7 的输出如图 5-8 所示。

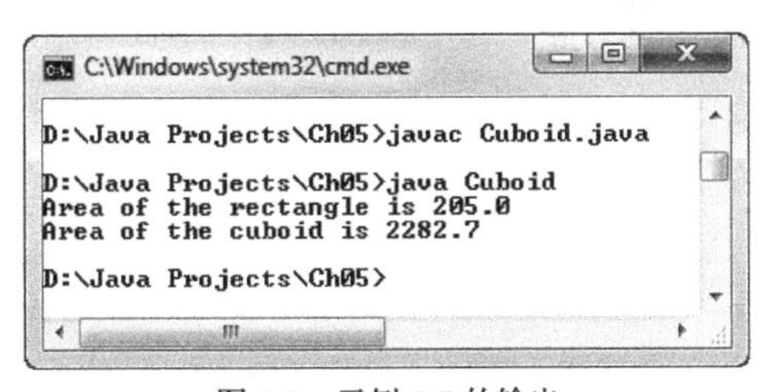

图 5-8 示例 5-7 的输出

5.6 动态方法分派

动态方法分派（dynamic method dispatch）是 Java 的一个独特的特性，也称为运行时多态（runtime polymorphism）。通过动态方法分派，父类的引用变量可以保存子类对象的引用。当调用被重写的方法时，由动态分派根据引用变量所引用的对象来决定调用顺序。如果父类的引用变量引用的是子类对象，则称为向上转型（upcasting）。

提示

子类的引用变量不能引用父类对象。

示例 5-8

下面的例子演示了动态方法分派的用法。该程序利用方法重写在屏幕上显示消息。

```
// 编写程序，在屏幕上显示消息
1   class Super1
2   {
3      void display()
4      {
5          System.out.println("Method of the class Super1");
6      }
7   }
8   class Sub1 extends Super1
9   {
10     void display()
11     {
12         System.out.println("Method of the class Sub1");
13     }
14  }
15  class Sub2 extends Super1
16  {
17     void display()
18     {
19         System.out.println("Method of the class Sub2");
20     }
21  }
22  public class Dynamic_demo
23  {
24     public static void main(String arg[])
25     {
26         Super1 sup1 = new Super1();
27         Sub1 sub1 = new Sub1();
28         Sub2 sub2 = new Sub2();
29         Super1 s;
30         s = sup1;
31         s.display();
32         s = sub1;
33         s.display();
34         s = sub2;
35         s.display();
36     }
37  }
```

讲解

第 29 行

Super1 s;

在该行中，s 被声明为 Super1 类型的引用。

第 30 行

s = sup1;

在该行中，将 Super1 类的对象 sup1 的引用赋给 s。

第 31 行

s.display();

在该行中，调用了 Super1 类的 display()方法，这是因为 s 包含了 sup1 对象的引用。

第 32 行～第 35 行的工作方式与第 30 行和第 31 行的相同。

示例 5-8 的输出如图 5-9 所示。

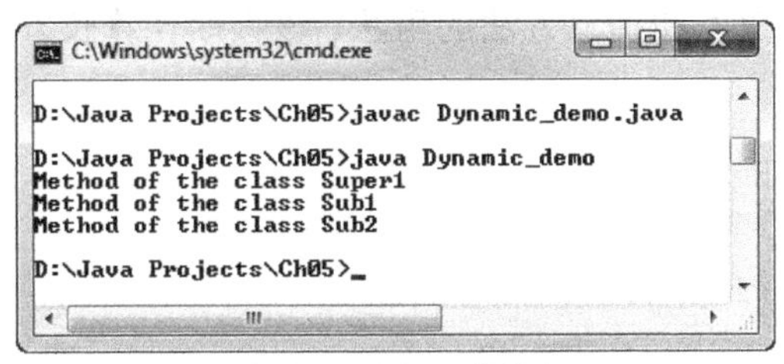

图 5-9　示例 5-8 的输出

提示

在这个例子中，变量中引用的是哪个类，就调用哪个类的 display()方法。

5.7　抽象方法

我们已经知道了父类中包含着其所有子类共有的属性。有时候，要求父类只能提供结构，而不是完整的实现。在这种情况下，父类必须使用 abstract 关键字声明为抽象类。抽象方法的语法如下：

```
access_specifier abstract class class_name
{
   ----------;
   ----------;
}
```

如果一个类被定义为抽象类，则该类无法实例化，只能供其子类继承。

例如：

```
abstract class Demo
{
   ----------;
   ----------;
}
class Sub1 extends Demo
{
   ----------;
   ----------;
}
```

在这个例子中，Demo 类被定义为抽象类，Sub1 类继承了该类。

同样，Java 也提供了抽象方法。这种方法只有声明部分，不包含实现。抽象方法的声明不需要大括号，但需以分号结尾。语法如下：

```
abstract return_type method_name(parameter list);
```

抽象类未必包含抽象方法。但如果类中包含了抽象方法，那么该类必须声明为抽象类。否则，在编译期间会报错。

示例 5-9

下面的例子演示了抽象类和抽象方法的用法。该程序计算长方形的面积并在屏幕上显示结果。

```
// 编写程序，计算长方形的面积
1   abstract class Shape
2   {
3      abstract double area();
4   }
5   class Rect extends Shape
6   {
7      double length, width;
8      Rect(double l, double w)
9      {
10         length = l;
11         width = w;
12     }
13     double area()
14     {
15         return length * width;
16     }
17  }
18  class Abstract_demo
19  {
20     public static void main(String arg[])
21     {
22         double result;
23         Rect r1 = new Rect(10.5, 12.3);
24         result = r1.area();
25         System.out.println("Area of the rectangle is: " +result);
26     }
27  }
```

讲解

第1行

`abstract class Shape`

在该行中，使用 abstract 关键字将 Shape 声明为抽象类。这里，抽象类 Shape 仅用于向其子类提供结构而不提供实现。

第3行

`abstract double area();`

在该行中，area 被声明为抽象方法，其返回类型为 double。这里，该方法只有声明部分，不包含实现。只要有类继承了 Shape 类，那么该子类就需要根据要求定义 area()方法的实现。

第5行

`class Rect extends Shape`

在该行中，Rect 类继承了抽象类 Shape。

第 13 行～第 16 行

```
double area()
{
        return length * width;
}
```

这几行在 Rect 子类中定义了 Shape 类的 area()方法。在其中，变量 length 和 width 的值相乘。然后，将结果返回给该方法的调用者。

示例 5-9 的结果如图 5-10 所示。

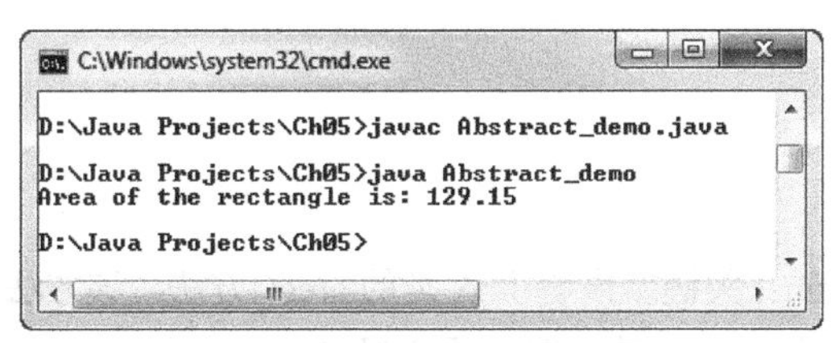

图 5-10　示例 5-9 的结果

5.8 final 关键字

在 Java 中，final 是一个保留关键字，用于限制用户。该关键字有 3 个目的。

- 将变量声明为常量。
- 避免重写。
- 避免继承。

5.8.1 将变量声明为常量

final 关键字可用于将变量声明为常量。我们只能为 final 变量赋值一次，该值随后在整个程序中都不能再被改动。在 Java 中，final 变量等同于其他编程语言中的常量。语法如下：

```
final datatype var_name = value;
```

例如：

```
final int i = 10;
```

在这个例子中，使用 final 关键字将整数类型变量声明为 final 变量。然后，将其初始化为 10，该值随后在整个程序中将保持不变。

5.8.2 避免重写

在本章中，我们已经学过了方法重写。有时候，我们需要避免方法被子类重写。在这种情况下，可以使用 final 关键字声明指定的方法。语法如下：

```
final returntype method_name(parameters list)
{
   //方法主体部分
}
```

例如：

```
class A
{
   ----------;
   final double area()
   {
          ----------;
          ----------;
   }
}
class B extends A
{
   ----------;
   ----------;
}
```

在这个例子中，使用 final 关键字声明了 A 类的 area()方法，该方法无法被子类 B 重写。如果子类 B 试图在其定义中重写 area()方法，编译器会报错。

5.8.3　避免继承

在继承中，类可以通过继承来重用父类的代码或属性。但在有些情况下，我们需要避免类被其他类继承。这时，必须使用 final 关键字声明该类。如果某个类被声明为 final，则其中的方法也是 final 方法。语法如下：

```
final class classname
{
   //类的主体部分
}
```

例如：

```
final class A
{
   ----------;
   void area()
   {
       ----------;
   }
}
```

在这个例子中，A 类被声明为 final 类。因此，该类中的 area()方法也隐式地成为了 final 方法。这样，A 类就无法被其他类继承。

5.9　自我评估测试

回答以下问题，然后将其与本章末尾给出的问题答案比对。

1. 从已有类中派生类的过程称为_______。

2. 继承的主要优势是代码的______。

3. 在 Java 中，所有类都继承自_____类。

4. _______用于定义数据成员、方法或者类对于类的其他部分以及外部类的可见性。

5. 父类是子类显式继承的类。（对/错）

6. 如果实例变量被声明为 protected，那么它可以被同类中的方法以及该类的子类方法访问。（对/错）

7. 在 Java 中，默认的访问限定符是 protected。（对/错）

8. 无法使用 super 关键字访问父类被隐藏的成员。（对/错）

9. 在 Java 中，可以使用动态方法分派实现运行时多态。（对/错）

10. 在 Java 中，可以使用 const 关键字声明常量。（对/错）

5.10 复习题

回答下列问题。

1. 使用适合的例子解释什么是继承。

2. 解释 super 关键字的用法。

3. 使用适合的例子解释多级继承。

4. 为什么 Java 不支持多重继承？

5. 方法重写是什么意思？请解释。

6. 什么是抽象类？

7. 找出下列源代码中的错误。

(a)
```
class final_demo
{
    public static void main(String arg[])
    {
        final int i =10;
        i = 11;
        System.out.println("Value of i is: " +i);
    }
}
```

(b)
```
private class demo
{
    int a, b;
    demo(int var1, int var2)
    {
        a = var1;
        b = var2;
    }
    void display()
    {
        System.out.println("a = " +a);
        System.out.println("b = " +b);
    }
}
```

```
class sub extends demo
{
    int c;
    void sum()
    {
        c = a+b;
        System.out.println("Sum = " +c);
    }
}
class Error_demo
{
    public static void main(String arg[])
    {
        demo d1 = new demo(10, 20);
        d1.display();
        sub obj1 = new sub();
        sub.sum();
    }
}
```

(c)
```
final class A
{
    void display()
    {
        System.out.println("Class A");
    }
}
class B extends A
{
    void display()
    {
        System.out.println("Class B");
    }
}
class C
{
    public static void main(String arg[])
    {
        A a1 = new A();
        a1.display();
        B b1 = new B();
        b1.display();
    }
}
```

(d)
```
class Cylinder
{
    double radius;
    Cylinder(int r)
    {
        radius = r;
    }
}
class Cylinderheight extends Cylinder
{
    double height;
    double pi = 3.14;
    Cylinderheight(double rad, int hgt)
    {
        super(rad);
        height = hgt;
    }
    double volume()
```

```
        {
            return pi*(radius*radius)*height;
        }
}
class Volume
{
    public static void main(String[] args)
    {
        double result;

        Cylinderheight obj1 = new Cylinderheight(10.5,20.2);
        result = obj1.volume();
        System.out.println("Volume of first cylinder is: " +result);
        Cylinderheight obj2 = new Cylinderheight(8.5,12);
        result = obj2.volume();
        System.out.println("Volume of second cylinder is: " +result);
    }
}
```

5.11 练习

练习

编写程序，创建父类 Student，该类用于获取学生的个人详细信息，例如姓名、班级、学号等。接下来，创建其子类 Points，该子类用于获取学生各个科目的分数。最后，计算百分比并在屏幕上显示结果。

自我评估测试答案

1. 继承 2. 可重用性 3. Object 4. 访问限定符 5. 对 6. 对 7. 错 8. 错 9. 对 10. 错

第6章

包、接口和内部类

学习目标

阅读本章，我们将学习如下内容。

- 对象类的概念
- 包的概念
- 接口的概念
- 嵌套类的概念

6.1 概述

在第 5 章，我们学习了父类和子类的概念。本章中，我们将学习 Object 类，它是 Java 中所创建的所有类的父类。除此之外，还会学习到包、接口以及内部类。在另一个类中定义的类称为内部类（inner class）。包（package）被视为类的容器，还可用于提供访问保护和名称空间管理。

6.2 Object 类

在 Java 中，不管是父类还是子类，所有的类全部自动派生自 Object 类。Object 类位于类层次结构的顶端。因此，该类被视为 Java 中所定义的所有类的父类。Object 提供了一些用于特定目的的方法，例如比较两个类的内容、从已有对象中创建新对象等。表 6-1 中给出了这些方法及其简要的描述。

表 6-1 Object 类的方法

方法	描述
protected object clone( )	从已有对象中创建新对象
boolean equals(Object obj)	比较两个对象的内容
protected void finalize( )	每当要清除对象时，垃圾回收器就会调用该方法
Class getclass( )	在运行时（run-time）返回对象的类
int hashCode( )	返回调用对象（invoking object）的散列值（hashcode）
void notify( )	唤醒等待调用对象的单个线程
void notifyAll( )	唤醒等待调用对象的所有线程
String toString( )	以文本方式返回表示对象的字符串
void wait( ) void wait(long time) void wait(long time, int nanosecond)	使当前线程进入等待状态

Object 的有些方法被声明为 final，例如 getclass()、notify()、notifyall()、wait()。因此，这些方法不能被其他类重写。不过，我们可以重写其他方法。

6.3 包

在前几章中，程序在声明时都采用了不同的名称。这是为了避免出现名称冲突，因为这些程序中所有的类都处于同一名称空间。对此，Java 的解决方法是采用了一种叫作包的机制。

包就是类的容器，它提供了命名和访问保护控制。我们不仅可以在包中定义类，还能够控制这些类对于相同包中其余部分的可见性。可见性也可以针对其他包进行定义。Java 中有两种类型的包。

- **内建包**。这种包是 Java 库中已经定义好的，例如 java.io.*、java.lang.*。
- **用户自定义包**。这种包是由用户自己创建的。

6.3.1 定义包

要定义或创建包，可以将 package 语句作为 Java 程序中第一条语句。语法如下：

```
package pack_name;
```

在该语句中，package 是关键字，pack_name 定义了包的名称。

如果某个类是在包中声明的，则该类只属于此包。但如果在声明类时并未定义包，那么该类归属于默认包 java.lang。在 Java 中，只能在每个程序文件内包含一个 package 语句，相同的 package 语句可以出现在多个程序文件中。

例如：

```
package demo;

class A
{
   ----------;
   ----------;
}
```

在这个例子中，源文件的第一条语句就是 package demo，在 demo 包内声明了 A 类。因此，A 类就属于 demo 包。

只要创建了包，Java 就会使用文件系统目录保存这个包。定义在该包中的所有类都保存在文件系统目录之下。保存包的目录名应该与包的名称相同。

6.3.2 访问包

当创建包时，Java 会将其保存在文件系统目录中。默认情况下，Java 会在当前工作目录下创建子目录来保存新创建的包。例如，如果当前目录是 bin，Java 会在其中创建与包同名的子目录。

示例 6-1

下面的例子演示了包的用法。该程序计算学生 3 门科目的平均成绩并在屏幕上显示结果。

```
//编写程序，计算 3 门科目的平均成绩
1   package Student;
2   class Avg_demo
3   {
4      double sub1, sub2, sub3, result;
5      void get_points(double s1, double s2, double s3)
6      {
```

```
7          sub1 = s1;
8          sub2 = s2;
9          sub3 = s3;
10      }
11      void average( )
12      {
13          result = (sub1+sub2+sub3)/3;
14          System.out.println("Average is: " +result);
15      }
16      public static void main(String arg[])
17      {
18          Avg_demo avg = new Avg_demo( );
19          avg.get_points(75.5, 89.5, 78);
20          avg.average( );
21      }
22  }
```

讲解

第 1 行

package Student;

在该行中，通过 package 关键字定义了 Student 包。这条语句作为 Java 源文件中的第一条语句出现，因此，在该源文件中定义的类都会被保存在 Student 包中。

第 2 行

class Avg_demo

在该行中，Avg_demo 是在 Student 包内声明的类。因此，它会被保存在 Student 包中。

提示

可以使用下列语句编译并执行给定的源代码：

D:\Java Projects\Ch06>javac -d . Avg_demo.java

D:\Java Projects\Ch06>java Student.Avg_demo

其中，选项-d 指定了在哪里放置生成的类文件。点号表明可以将包保存在同一目录中。

也可以在当前工作目录中（在这个例子中是 Ch06）创建新目录 Student，将程序在其中保存为 Avg_demo.java。

使用下列语句编译并执行源代码：

D:\Java Projects\Ch06\Student>javac Avg_demo.java

D:\Java Projects\Ch06>java Student.Avg_demo

示例 6-1 的输出如图 6-1 所示。

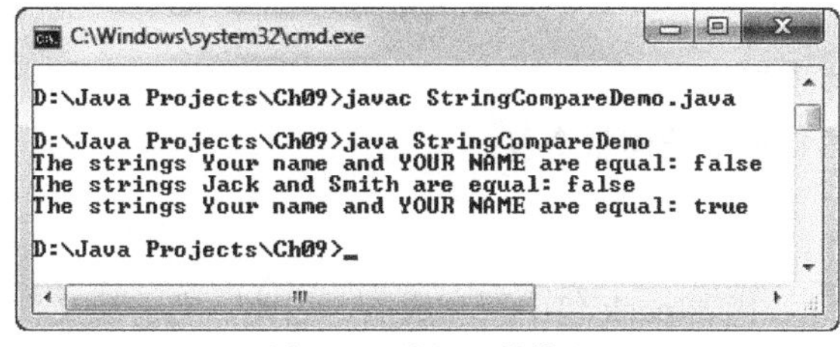

图 6-1 示例 6-1 的输出

6.3.3 包内部的访问保护

在第 6.3.2 节中，我们已经知道了包机制可用于名称空间管理和可见性控制。在本节，我们将学习如何在包内部实现可见性控制或访问保护。类是数据成员和方法的集合，包是类的容器，因此，包可以控制位于相同包或不同包内的类对于其他类的数据成员的访问。在 Java 中，包提供了下列 4 种类成员可见性控制。

- 相同包中的类的子类是否可以访问数据成员。
- 相同包中的类的非子类是否可以访问数据成员。
- 不同包中的类的子类是否可以访问数据成员。
- 不同包中的类的非子类是否可以访问数据成员。

可以使用不同的访问限定符以不同的模式应用这些可见性控制，如表 6-2 所示。

表 6-2 可见性控制

类和包	public	private	protected	default
相同类	是	是	是	是
相同包中的子类	是	否	是	是
相同包中的非子类	是	否	是	是
不同包中的子类	是	否	是	否
不同包中的非子类	是	否	否	否

从表中可知，如果类的数据成员被声明为 public，不仅相同包中的子类和非子类可以访问到，而且不同包中的子类和非子类也可以。如果类的数据成员被声明为 private，则只能由相同类中的成员访问。如果类的数据成员被声明为 protected，不仅相同包中的子类和非子类可以访问到，而且不同包中的子类也可以。如果没有为类的数据成员指定访问限定符，那么这些数据成员会被声明为 default。因此，能够被相同包中的子类和非子类访问到。

6.3.4 导入包

如果要在其他程序中使用 pack 包中的某个或所有类，则应该使用 import 语句。该语句能够帮助我们将包的特定成员导入其他源代码文件中。例如，如果只希望访问 pack 包的 Package_data 类，则可以使用下列语句：

```
import pack.Package_data;
```

也可以使用 import 语句如下访问整个包：

```
import pack.*;
```

在该语句中，星号（*）代表 pack 包中所有成员。因此，当前源文件就可以访问到 pack 包中的所有类。

提示

与在 import 语句中明确指定某个类相比，使用星号（*）会增加编译时间。因此，最好是明确指定每个类，尤其是在源文件中使用了大量 import 语句时。

如果在源文件中使用 import 语句导入了整个包，那么包中成员的可见性取决于所使用的访问限定符，如表 6-2 所示。

示例 6-2

下面的例子演示了 import 语句的用法。该程序会在屏幕上显示员工的详细信息。

```
//编写程序，显示员工详细信息
1    //Details.java 的源代码如下
2    package Employee;
3    public class Details
4    {
5       String name;
6       int emp_id;
7       long salary;
8       public Details(String n, int id, long sal)
9       {
10          name = n;
11          emp_id = id;
12          salary = sal;
13      }
14      public void display( )
15      {
16          System.out.println("Name: " +name);
17          System.out.println("Employee ID is: " +emp_id);
18          System.out.println("Salary: " +salary);
19      }
20   }
```

```
1    //Emp_demo.java 的源代码如下
2    import Employee.Details;
3    class Emp_demo
4    {
5       public static void main(String arg[])
6       {
7           Details obj1 = new Details("Smith", 102, 5000);
8           obj1.display( );
9       }
10   }
```

讲解（Details.java）

第 2 行

package Employee;

这条语句定义了 Employee 包。在该行之后定义的类都属于此包。

第 3 行

public class Details

该行包含了 Details 类的声明部分。定义 Details 类的代码出现在 Details 类（第 2 行）之后。这里，Details 类的声明中使用了访问限定符 public，这意味着 Employee 包之外的类也可以访问 Details 类。

第 8 行～第 13 行

```
public Details(String n, int id, long sal)
{
        name = n;
        emp_id = id;
        salary = sal;
}
```

这几行定义了 Details 类的 public 构造函数 Details()。其参数列表中包含 String n、int id、long sal 共 3 个参数。只要调用了该构造函数，就会有 3 个值作为参数传入。然后，这些值被分别赋给变量 n、id、sal。在构造函数内部，变量 n、id、sal 的值将分别赋给变量 name、emp_id、salary。

提示

在该程序中，由于 Details 类、Details()方法、display()方法在声明时都使用了 public，因此 Employee 包之外的所有类都可以访问到它们。

讲解（Emp_demo.java）

第 2 行

```
import Employee.Details;
```

在该行中，import 语句用于访问 Employee 包的 Details 类。随后，当前的 Emp_demo 类就可以使用 Details 类。

第 7 行

```
Details obj1 = new Details("Smith", 102, 5000);
```

在该行中，obj1 被声明为 Details 类的对象。同时，还会调用构造函数 Details()并传入 3 个值（Smith、102、5000）作为参数。

第 8 行

```
obj.display();
```

在该行中，使用 Details 类的 obj1 对象调用了 display()方法。

示例 6-2 的输出如图 6-2 所示。

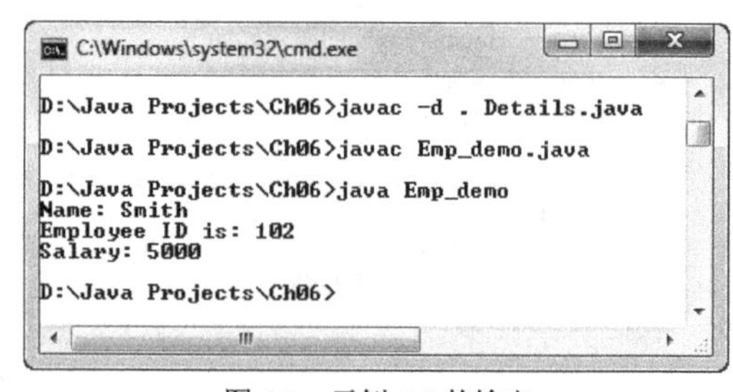

图 6-2 示例 6-2 的输出

6.4 接口

有些面向对象语言（如 C++）提供了多重继承特性。在多重继承中，单个类可以继承多个类的属性。但是，Java 对此并不支持。Java 提供了一种叫作接口的新特性。接口类似于抽象类，同样不实现具体的方法，而是只给出声明部分。换句话说，接口定义了要由类完成的任务，但并不指定具体的做法。接口与类一样，除不包含实例变量（除了 static 和 final 类型）或具体代码以外。

单个接口可以由任意数量的类实现，反之亦然。这意味着一个类可以实现多个接口。

6.4.1 定义接口

除在定义的时候需要使用 interface 关键字之外，接口和类在定义方式上没有什么不同。接口定义的语法如下：

```
access_specifier interface interface_name
{
   return_type method_name1 (parameters list);
   return_type method_name2 (parameters list);
   final data_type var_name = value;
   return_type method_name3 (parameters list);
}
```

在该语法中，access_specifier 代表访问限定符，可以是 public、private、protected 或 default。访问限定符描述了接口的可见性。例如，如果我们使用 public 定义了一个接口，则其他源代码都可以使用该接口。interface 代表关键字，interface_name 代表接口名称，它应该是一个有效的标识符。接口内部的方法以分号结尾，不包含任何实现。在其中声明的变量可以是 final 或 static 类型，这种变量的值无法被任何类修改。

例如：

```
public interface demo
{
   void show( );
   int sqr( );
   final int num =10;
}
```

在这个例子中，demo 接口包含了两个方法及其签名，但不包含方法的具体实现。其中，使用关键字 final 声明了整数类型变量 num 并初始化为 10，该值在程序中无法被修改。

6.4.2 实现接口

一旦定义好接口，其他类就可以在定义语句中使用 implements 关键字实现该接口。实现接口的语法如下：

```
access_specifier class class_name [extends superclass] implements
interface_name
{
   //类的主体部分
}
```

在该语法中，interface_name 所代表的接口由 class_name 所代表的类实现。如果某个类实现了接口，那么接口内部声明的所有方法也应该由该类来实现。

使用逗号分隔接口列表，类还可以实现多个接口。语法如下：

```
access_specifier class class_name implements interface1, interface2,
interfaceN
{
```

```
    //类的主体部分
}
```

示例 6-3

下面的例子演示了接口的用法。该程序计算给定数字的阶乘和平方并在屏幕上显示结果。

```
//编写程序，计算给定数字的阶乘和平方
1   interface Calculate
2   {
3      long fact(int num);
4      long sqr(int n);
5   }
6   class interface_demo implements Calculate
7   {
8      public long fact(int num)
9      {
10         int a = 1;
11         while(num>0)
12         {
13            a = num*a;
14            num--;
15         }
16         return a;
17     }
18     public long sqr(int n)
19     {
20         return n*n;
21     }
22     public static void main(String arg[])
23     {
24         long fac, sq;
25         interface_demo obj1 = new interface_demo();
26         fac = obj1.fact(10);
27         sq = obj1.sqr(23);
28         System.out.println("Factorial of 10 is: " +fac);
29         System.out.println("Square of 23 is: " +sq);
30     }
31  }
```

讲解

第 1 行～第 5 行

```
interface Calculate
{
        long fact(int num);
        long sqr(int n);
}
```

这几行定义了 Calculate 接口。在接口定义中，声明了 fact()和 sqr()方法，两者均接受整数类型参数。

第 6 行

```
class interface_demo implements Calculate
```

在该行中，声明了 interface_demo 类，并通过 implements 关键字由该类实现 Calculate 接口。

inteface_demo 类必须实现 Calculate 接口声明过的所有方法。

第 8 行～第 17 行

```
public long fact(int num)
{
     int a = 1;
     while(num>0)
     {
          a = num*a;
          num--;
     }
     return a;
}
```

这几行实现了 Calculate 接口的 fact()方法。因为这是接口方法，所以声明为 public。

第 18 行～第 21 行

```
public long sqr(int n)
{
      return n*n;
}
```

这几行实现了 Calculate 接口的 sqr()方法。

第 25 行

```
interface_demo obj1 = new interface_demo( );
```

在该行中，obj1 被声明为 interface_demo 类的对象。

第 26 行

```
fac = obj1.fact(10);
```

在该行中，调用了 fact()方法，并将数值 10 作为参数传入。这时，控制转移到该方法的主体部分（第 8 行～第 17 行），计算 10 的阶乘。然后，返回结果 3628800 并将其赋给变量 fac。

第 27 行

```
sq = obj1.sqr(23);
```

在该行中，调用了 sqr()方法并将数值 23 作为参数传入。这时，控制转移到该方法的主体部分（第 18 行～第 21 行），计算 23 的平方。然后，返回结果 529 并将其赋给变量 sq。

示例 6-3 的输出如图 6-3 所示。

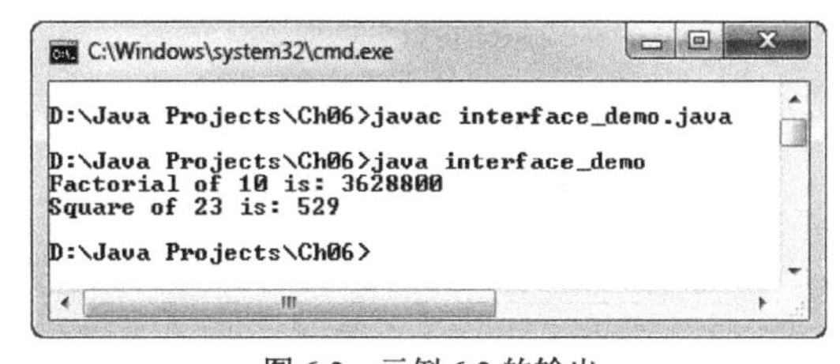

图 6-3 示例 6-3 的输出

6.4.3 接口变量

只要定义好了接口，我们就不能像类那样使用 new 运算符创建此接口的对象。但是，我们可以创建接口变量，引用实现该接口的类的对象。语法如下：

```
interface_name var_name;
```

在该语法中，interface_name 代表接口，var_name 是一个有效的标识符。

例如：

```
class Test
{
   public static void main(String arg[])
   {
      long fac, sqr;
      calculate obj = new interface_demo( );
      obj.fact(10);
      obj.squr(23);
      ----------;
      ----------;
   }
}
```

在示例 6-3 中，interface_demo 是在 Calculate 接口上实现的。而且，在 main()方法内部创建了 interface_demo 类的第一个对象 obj1，然后使用其调用 fact()和 sqr()方法。但在这个例子中，obj 被声明为 calculate 接口的变量，引用的是实现该接口的 interface_demo 类的对象。现在，可以使用接口变量 obj 来调用 fact()和 sqr()方法，后者是在 interface_demo 类内部实现的。

6.4.4 扩展接口

我们在第 5 章中已经学过了继承。一个类可以继承另一个类的属性。同样，继承的概念也能够应用在接口上。接口可以使用 extends 关键字继承另一个接口的属性。如果类实现了某个接口，而该接口又继承了其他接口，那么这个类必须实现所继承的所有接口的所有方法。

例如：

```
interface A
{
   void getdata( );
}
interface B extends A
{
   void showdata( );
}
class demo implements B
{
   public void getdata( )
   {
      ----------;
      ----------;
   }
   public void showdata( )
   {
      ----------;
      ----------;
   }
}
```

在这个例子中，A 接口只包含 getdata()方法，B 接口只包含 showdata()方法。B 接口通过 extends 关键字继承了 A 接口的属性，而 demo 类实现了该接口。在 demo 类的内部，定义了 A 接口和 B 接口的 getdata()以及 showdata()方法。

示例 6-4

下面的例子演示了扩展接口的用法。该程序对给定的数值执行一些数学运算并在屏幕上显示结果。

```
//编写程序，执行某些数学运算
1   interface mathematical
2   {
3      int sum(int a, int b);
4      long mul(int num1, int num2);
5   }
6   interface remainder extends mathematical
7   {
8      int remdr(int a, int b);
9   }
10  class Extend_interface implements remainder
11  {
12     public int sum(int a, int b)
13     {
14         return a+b;
15     }
16     public long mul(int num1, int num2)
17     {
18         return num1*num2;
19     }
20     public int remdr(int a, int b)
21     {
22         return a%b;
23     }
24     public static void main(String arg[])
25     {
26         int total, rem;
27         long result;
28         Extend_interface obj1 = new Extend_interface( );
29         total = obj1.sum(105, 63);
30         result = obj1.mul(105, 63);
31         rem = obj1.remdr(105, 63);
32         System.out.println("The sum is: " +total);
33         System.out.println("The multiplication is: " +result);
34         System.out.println("The remainder is: " +rem);
35     }
36  }
```

讲解

第 1 行

interface mathematical

该行使用 interface 关键字定义了一个接口。

第 3 行和第 4 行

int sum(int a, int b);

```
long mul(int num1, int num2);
```

这两行包含了 sum()方法和 mul()方法的声明部分。它们是在 mathematical 接口内部定义的。这两个方法的实现部分则由实现 mathematical 接口的类来定义。

第 6 行

```
interface remainder extends mathematical
```

该行使用 interface 关键字将 remainder 定义为一个接口。另外，它还继承了 mathematical 接口。

第 8 行

```
int remdr(int a, int b);
```

该行声明了 remdr()方法。该方法是在 remainder 接口中声明的。因此，必须由实现 remainder 接口的类来实现。

第 10 行

```
class Extend_interface implements remainder
```

在该行中，Extend_interface 类使用 implements 关键字实现了 remainder 接口。该类实现了 remainder 接口和 mathematical 接口的所有方法。

第 12 行～第 15 行

```
public int sum(int a, int b)
{
        return a+b;
}
```

这几行实现了 mathematical 接口的 sum()方法。在该方法内部，变量 a 和 b 的值相加，然后将结果返回给调用者。

第 16 行～第 19 行

```
public long mul(int num1, int num2)
{
        return num1*num2;
}
```

这几行实现了 mathematical 接口的 mul()方法。在该方法内部，变量 num1 和 num2 的值相乘，然后将结果返回给调用者。

第 20 行～第 23 行

```
public int remdr(int a, int b)
{
         return a%b;
}
```

这几行实现了 mathematical 接口的 remdr()方法。在该方法内部，变量 a 和 b 的值相除，然后将结果返回给调用者。

第 28 行

Extend_interface obj1 = new Extend_interface( );

在该行中，obj1 被声明为 Extend_interface 类的对象。

第 29 行

total = obj1.sum(105, 63);

在该行中，调用了 sum()方法并将数值 105 和 63 作为参数传入。这些值被赋给参数 a 和 b（第 12 行）。执行完该方法之后，返回结果并将其赋给变量 total。

第 30 行和第 31 行的工作方式与第 29 行一样。

示例 6-4 的输出如图 6-4 所示。

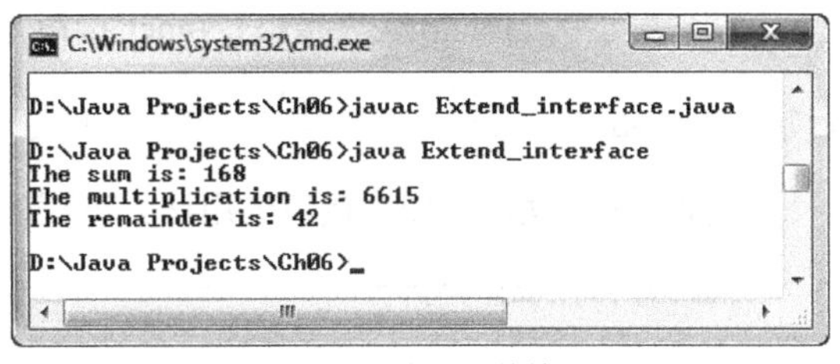

图 6-4 示例 6-4 的输出

6.4.5 嵌套接口

如果在类或其他接口中声明一个接口，称为成员接口或嵌套接口。我们可以使用任意的访问限定符（public、private 或 protected）来声明。

例如：

```
public interface Outer
{
   //接口主体部分
   public interface Inner
   {
      //接口主体部分
   }
}
```

在这个例子中，Inner 接口是在 Outer 接口中声明的。因此，该接口称为嵌套接口。实现嵌套接口 Inner 的类如下：

```
class Demo implements Outer.Inner
{
   //接口主体部分
}
```

在该语句中，Outer 代表接口，Inner 接口是其中的成员。

下面的例子演示了成员接口：

```
class Demo
{
   //类的主体部分
   public interface Inner
   {
   //接口主体部分
   }
}
```

在这个例子中，由于 Inner 接口是在 Demo 类中声明的，因此它被称为成员接口。实现成员接口 Inner 的类如下：

```
class A implements Demo.Inner
{
   //类的主体部分
}
```

在该语句中，Demo 代表接口，Inner 接口是其中的成员。

示例 6-5

下面的例子演示了嵌套接口的用法。该程序计算数字的平方并在屏幕上显示结果。

```
//编写程序，计算数字的平方
1   class Outer
2   {
3      public interface member
4      {
5          void getdata(int n);
6          void sqr( );
7          void showdata( );
8      }
9   }
10  class Nested_demo implements Outer.member
11  {
12     int num, result;
13     public void getdata(int n)
14     {
15         num = n;
16     }
17     public void sqr( )
18     {
19         result = num*num;
20     }
21     public void showdata( )
22     {
23         System.out.println("The square of " +num+ " is: " +result);
24     }
25     public static void main(String arg[])
26     {
27         Nested_demo obj1 = new Nested_demo( );
28         obj1.getdata(56);
29         obj1.sqr( );
30         obj1.showdata( );
31     }
32  }
```

讲解

第 1 行

class Outer

在该行中，使用 class 关键字将 Outer 定义为一个类。

第 3 行

public interface member

该行为member接口的声明部分。该接口是在Outer类中声明的，因而被视为Outer类的成员。

第4行～第8行

```
{
    void getdata(int n);
    void sqr( );
    void showdata( );
}
```

这几行中包含了 member 接口的主体部分。大括号代表主体部分的起止。其中，声明了getdata()、sqr()、showdata()共3个方法。只要某个类实现了member接口，它就要提供这3个方法的实现。

第10行

```
class Nested_demo implements Outer.member
```

在该行中，Nested_demo类使用implements关键字实现了member接口。

第13行～第16行

```
public void getdata(int n)
{
    num = n;
}
```

这几行实现了member接口的getdata()方法。该方法包含一个整数类型参数，意味着必须在调用该方法时传入一个整数类型的值。该值会被赋给变量n。在方法内部，将变量n的值赋给变量num。

第17行～第20行

```
public void sqr( )
{
    result = num*num;
}
```

这几行实现了member接口的sqr()方法。在该方法内部，变量num的值与自身相乘，结果被赋给变量result。

第21行～第24行

```
public void showdata( )
{
    System.out.println("The square of " +num+ " is: " +result);
}
```

这几行实现了member接口的showdata()方法。

第27行

```
Nested_demo obj1 = new Nested_demo( );
```

在该行中，obj1被声明为Nested_demo类的对象。

第28行

obj1.getdata(56);

该行调用了getdata()方法并传入56作为参数。

第29行和第30行的工作方式与第28行一样。

示例6-5的输出如图6-5所示。

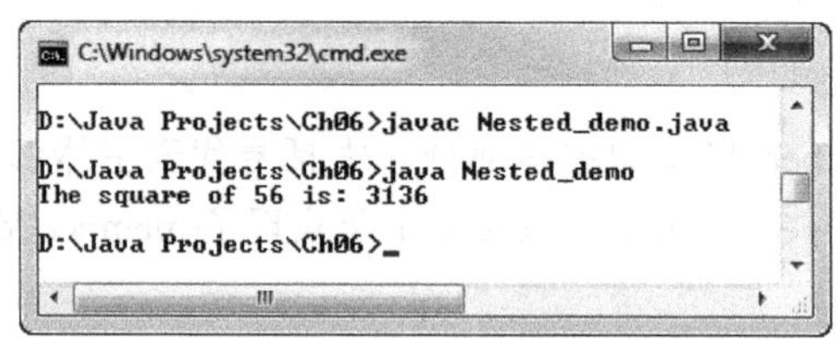

图6-5 示例6-5的输出

提示

如果类实现了某个接口，但只提供了部分方法的实现，则该类应该声明为抽象类。

6.5 嵌套类

在其他类中定义的类称为嵌套类。这种类强化了安全机制以及代码的可读性和可维护性。嵌套类分为两种。

- 静态嵌套类。
- 非静态嵌套类。

6.5.1 静态嵌套类

静态嵌套类是外围类的静态成员，以static关键字声明。这种类只能访问外围类的static成员，而无法访问实例成员。因此，静态嵌套类很少使用。例如：

```
class outer
{
   static class static_nested
   {
      ---------;
      ---------;
   }
}
```

在这个例子中，outer代表外围类，其中使用static关键字定义了static_nested类。

我们可以把外围类名称作为前缀，创建静态嵌套类的对象。

例如：

```
outer.static_nested obj = new outer.static_nested();
```

在这个例子中，obj代表静态嵌套类static_nested的对象，这是通过将outer作为前缀来创建的。

示例 6-6

下面的例子演示了静态嵌套类的用法。该程序计算长方形的面积并在屏幕上显示结果。

```
//编写程序，计算长方形的面积
1   class Static_demo
2   {
3      static int area,l,b;
4      static class Inner
5      {
6          Inner(int x, int y)
7          {
8             l=x;
9             b=y;
10         }
11         void Calculate()
12         {
13            area=l*b;
14            System.out.println("Area of rectangle is " +area);
15         }
16     }
17     public static void main(String args[])
18     {
19         Static_demo.Inner obj=new Static_demo.Inner(85, 63);
20         obj.Calculate();
21     }
22  }
```

讲解

第 1 行

class Static_demo

在该行中，使用 class 关键字声明了外围类 Static_demo。

第 3 行

static int area, l, b;

在该行中，使用 static 关键字声明了静态整数类型变量 area、l、b。

第 4 行～第 16 行

```
static class Inner
{
        Inner(int x, int y)
        {
         l=x;
         b=y;
        }
        void Calculate()
        {
         area=l*b;
         System.out.println("Area of rectangle is " +area);
```

```
        }
}
```

这几行定义了 Inner 类，该类在 Static_demo 类中使用 static 关键字声明为静态类。它包含构造函数 Inner()和 Calculate()方法，后者作为 Inner 类的静态成员，可以访问外围的 Static_demo 类的静态成员。

第 19 行

Static_demo.Inner obj=new Static_demo.Inner(85, 63);

在该行中，通过 Static_demo 前缀，obj 被声明为 Inner 类的对象。这里，调用了构造函数 Inner()，并将两个整数值 85 和 63 作为参数传给第 6 行的变量 x 和 y。在构造函数内，这两个值被分别赋给整数类型变量 x 和 y。接下来，这两个变量的值（85，63）被赋给静态变量 l 和 b 的副本。

第 20 行

obj.Calculate();

该行调用了 Calculate()方法，控制转移到第 11 行。

示例 6-6 的输出如图 6-6 所示。

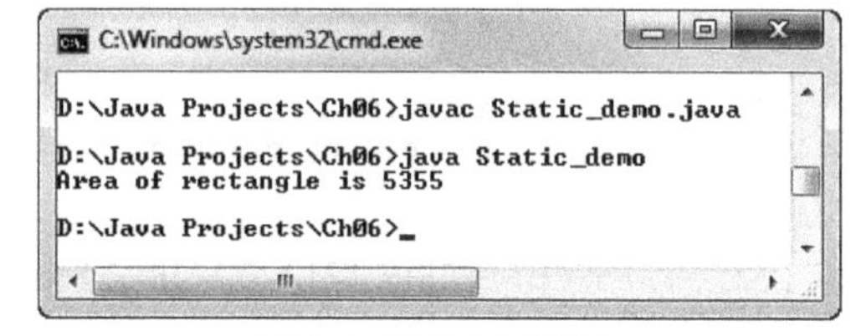

图 6-6 示例 6-6 的输出

6.5.2 非静态嵌套类

用得更多的是非静态嵌套类。类不能声明为 private，但是在外围类中的内部类可以这么做，这样能够将自身藏匿于其中，不为外界所知。因此，内部类可以直接访问外围类的所有实例成员（包括私有成员在内），但外围类无法直接访问内部类的成员。在 Java 中，有 3 种非静态嵌套类。

- 成员内部类。
- 局部内部类。
- 匿名内部类。

（1）成员内部类

如果非静态类是在另一个类之中，但又是在其方法之外声明的，则该类称为成员内部类。例如：

```
class outer
{
   --------;
   --------;
   class member_inner
   {
      --------;
      --------;
   }
}
```

在这个例子中，memeber_inner 作为外围类 outer 的一个成员，代表内部类。member_inner 类的作用域由 outer 类限定，前者可以直接访问后者的任何成员（包括私有成员在内）。

创建内部类对象，需要先创建外围类对象。声明内部类对象时要使用外部类和内部类的引用。为了初始化内部类对象，要把外部类对象放在 new 关键字之前。

例如：

```
outer obj = new outer();
outer.member_inner in_obj = obj.new member_inner();
```

在这个例子中，创建了 outer 类的对象 obj，使用 outer 类和 memeber_inner 类的引用声明了内部类对象 in_obj。为了初始化 in_obj，在外围类对象 obj 之前加上了 new 关键字前缀。

示例 6-7

下面的例子演示了内部成员内部类的用法。该程序对两个数字执行加法运算并在屏幕上显示结果。

```
//编写程序，对两个数字执行加法运算
1   class member_demo
2   {
3      int result;
4      class Inner
5      {
6          int i, j;
7          Inner(int x, int y)
8          {
9                 i = x;
10                j = y;
11         }
12         void add( )
13         {
14            result = i+j;
15            System.out.println("The result of addition is: " +result);
16         }
17     }
18     public static void main(String arg[])
19     {
20         member_demo obj1 = new member_demo( );
21         member_demo.Inner obj = obj1.new Inner(10, 20);
22         obj.add( );
23     }
24  }
```

讲解

第 1 行

class member_demo

在该行中，使用 class 关键字将 member_demo 声明为一个外围类。

第 4 行

class Inner

该行中的 Inner 类是在另一个类 member_demo 中声明的。因此，Inner 类被视为 member_demo 类的内部类。因此，Inner 类就可以直接访问外围类 member_demo 中的成员。

第 6 行

int i,j;

在该行中，i 和 j 被声明为整数类型变量。这些变量是 Inner 类的实例变量，无法被 member_demo

类直接访问。

第 20 行

member_demo obj1 = new member_demo( );

在该行中，obj1 被声明为 member_demo 类的对象。

第 21 行

member_demo.Inner obj = obj1.new Inner(10, 20);

在该行中，使用外围类 member_demo 的引用声明了 Inner 类的对象 obj，将 10 和 20 作为参数传入。然后，这两个值在第 7 行被赋给变量 x 和 y。

第 22 行

obj.add();

在该行中，调用了 add()方法，控制转移到第 12 行。

示例 6-7 的输出如图 6-7 所示。

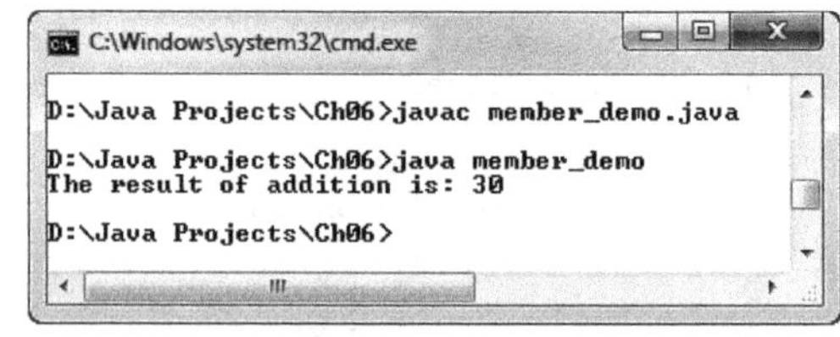

图 6-7 示例 6-7 的输出

（2）局部内部类

如果非静态类是在另一个类的方法中定义的，则该类称为局部内部类。这种局部内部类在方法中的作用域有限，因而不能有任何访问限定符。如果要调用局部内部类的方法，必须在方法中创建该类的对象。例如：

```
class Outer
{
   ---------;
   void declare()
   {
      class local_inner
      {
          ---------;
          ---------;
       }
       local_inner L = new local_inner(); //创建对象
   }
}
```

示例 6-8

下面的例子演示了局部内部类的用法。该程序计算数字的立方并在屏幕上显示结果。

```
//编写程序，计算数字的立方
1   class Local_demo
2   {
3      int cube, num;
4      void show()
5      {
6          class Inner
7          {
8             Inner(int x)
9             {
10                num = x;
```

```
11            }
12            void Cube( )
13            {
14                cube= num*num*num;
15                System.out.println("Cube of " + num + " is " +cube);
16            }
17         }
18         Inner ob = new Inner(19);
19         ob.Cube();
20      }
21      public static void main(String arg[])
22      {
23         Local_demo obj = new Local_demo( );
24         obj.show();
25      }
26   }
```

讲解

第 1 行

`class Local_demo`

在该行中，使用 class 关键字将 Local_demo 声明为外围类。

第 4 行

`void show()`

该行包含了 Local_demo 类的 show()方法的声明部分。

第 6 行

`class Inner`

在该行中，Inner 类是在 Local_demo 类的 show()方法中声明的。Inner 类并非 Local_demo 类的成员，因为其作用域受到了 show()方法的限制。

第 8 行～第 11 行

```
Inner(int x)
{
        num = x;
}
```

这几行定义了 Inner 类的构造函数 Inner()。其参数列表包含一个整数类型参数，表明创建对象时必须传入一个整数值。该值会被赋给变量 x。在构造函数内部，变量 x 的值被赋给变量 num。

第 12 行～第 16 行

```
void Cube( )
{
        cube= num*num*num;
        System.out.println("Cube of " + num + " is " +cube);
}
```

这几行实现了 Inner 类的 Cube()方法。在方法内部，变量 num 的值乘以自身 3 次，结果被赋给变量 cube。

第 18 行

Inner ob = new Inner(19);

该行在 Local_demo 类的 show()方法内，将 ob 声明为 Inner 类的对象，并把 19 作为参数传给第 8 行的构造函数。

第 24 行

Local_demo obj = new Local_demo( );

在该行中，obj 被声明为 Local_demo 类的对象。

第 25 行

obj.show();

在该行中，调用了 show()方法，控制转移到第 4 行。

示例 6-8 的输出如图 6-8 所示。

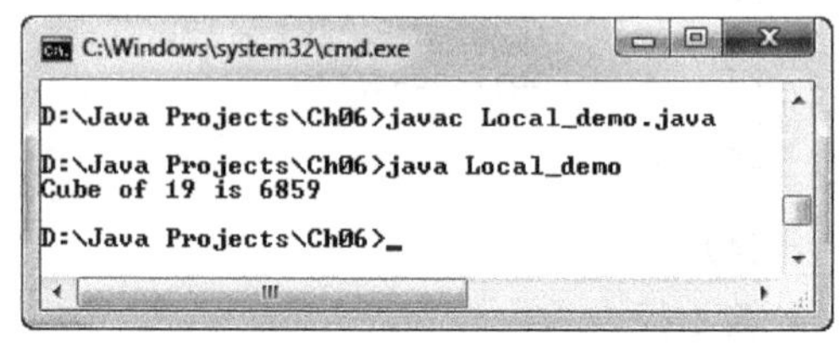

图 6-8 示例 6-8 的输出

（3）匿名内部类

如果声明内部类的时候没有使用类名，则该类称为匿名内部类。这种类的声明和实例化是同时完成的。匿名内部类可用于重写其他类的方法。例如：

```
class outer
{
   ------------;
   ------------;
   public static void main(String arg[])
   {
      Anonymous_demo a = new Anonymous_demo()
          //声明并实例化匿名类
      {
         void demo()
         {
            -----------;
            -----------;
         }
      };
      a.demo(); //该方法调用匿名类
   }
}
class Anonymous_demo
{
   void demo()
   {
   }
}
```

在这个例子中，Anonymous_demo 是在实例化时声明的匿名内部类，a 为匿名类的实例。如果使用实例 a 调用 demo()方法，Anonymous_demo 类的 demo()方法会被匿名内部类的该方法重写。如果使用匿名类的实例调用的方法不属于匿名类成员，则会生成错误。

示例 6-9

下面的例子演示了匿名内部类的用法。该程序计算数字的平方并在屏幕上显示结果。

```
//编写程序，计算数字的平方
1   class anonymous_demo
2   {
3      int num=15, sqr;
4      public static void main(String[] args)
5      {
6          anonymous_demo ad = new Anonymous_demo();
7          Square s = new Square()
8          {
9              void calculate()
10             {
11                 ad.sqr=ad.num*ad.num;
12                 System.out.println("Square of " +ad.num +" is " +ad.sqr);
13             }
14         };
15         s.calculate();
16     }
17  }
18  class Square
19  {
20     void calculate()
21     {
22     }
23  }
```

讲解

第 6 行

```
anonymous_demo ad = new Anonymous_demo();
```

在该行中，创建了 Anonymous_demo 类的对象 ad。

第 7 行～第 14 行

```
Square s = new Square()
{
        void calculate()
        {
                ad.sqr=ad.num*ad.num;
                System.out.println("Square of " +ad.num +" is " +ad.sqr);
        }
};
```

这几行定义了匿名内部类 Square。在第 7 行中，声明并实例化了匿名类 Square。匿名类的定义中包含了 calculate()方法，该方法重写了另一个 Square 的 calculate()方法（第 20 行）。使用引用外围 Anonymous_demo 类的对象计算变量 num 的平方。然后，将结果赋给变量 sqr 并显示该变量的值。

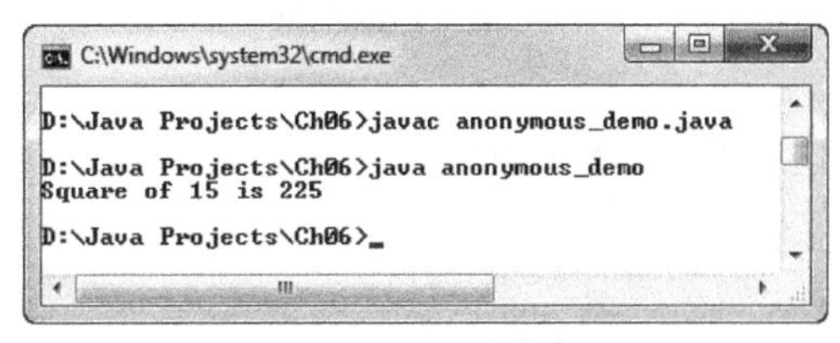

图 6-9 示例 6-9 的输出

示例 6-9 的输出如图 6-9 所示。

6.6 自我评估测试

回答以下问题，然后将其与本章末尾给出的问题答案比对。

1. 在 Java 中，所有的类都派生自______类。
2. _______称为类的容器。
3. 通过______语句，可以使用包中的类。
4. 有两种嵌套类，分别是_______和________。
5. 在包中声明为 protected 的类能够被其他包中所定义的非子类访问。（对/错）
6. 如果定义了接口，其对象可以使用运算符 new 创建。（对/错）
7. 局部内部类是在方法内声明的。（对/错）
8. 静态嵌套类可以直接访问外围类的成员。（对/错）

6.7 复习题

回答下列问题。

1. 使用适合的例子解释什么是包。
2. 什么是接口？使用适合的例子解释。
3. 如何将整个包导入 Java 程序文件？使用适合的例子解释。
4. 静态类和非静态类之间有什么不同？
5. 使用适合的例子解释什么是成员内部类。
6. 找出下列源代码中的错误。

（a）
```
class A
{
        interface demo
        {
              void get(int n);
              void show( );
        }
}
class B implements demo
{
        int num;
        void get(int n)
        {
              num = n;
        }
}
```
（b）
```
package demo
class A
{
        int data;
        void getdata(double n)
        {
               data = n;
        }
        void showdata( )
```

```
        {
                System.out.println("Value is: ", +data);
        }
    }
```

(c)
```
interface A
{
        void get(int n);
        void show( );
}
abstract class implements A
{
        int num;
        public void get(int n)
        {
              num = n;
        }
        public void show( )
        {
              System.out.println("Value is: " +num);
        }
}
```

(d)
```
interface A
{
        void sum(int a, int b);
        void mul(int x, int y);
}
interface B
{
        int rmndr(int var1, int var2)
}
interface C extends A, B
{
        //接口主体部分
}
```

6.8 练习

练习 1

编写程序，创建一个包含 details 类的包。在 details 类中，定义可以获得并显示员工详细信息的方法。

练习 2

编写程序，创建包含下列方法的 demo 接口。

```
void getnum(int a) - 获得值
void evodd() - 检查给定的数是偶数还是奇数
void show() - 在屏幕上显示结果
```

自我评估测试答案

1. Object 2. 包 3. import 4. 静态嵌套类 非静态嵌套类 5. 错 6. 错 7. 对 8. 错

第7章

异常处理

学习目标

阅读本章，我们将学习如下内容。

- 异常类
- 各种类型的异常
- try 语句块
- catch 语句块
- throw 语句
- throws 关键字
- finally 子句
- 定义自己的异常子类

7.1 概述

有时候，在程序执行过程中，由于出现了某些反常情况，正常的执行流程会被打断。这种情况称为异常或运行时错误。在一些编程语言中，需要手动处理异常，这使得编程过程很是枯燥。不过在 Java 中，我们可以在异常处理机制的帮助下轻松处理这种异常。

7.2 异常处理机制

只要在方法或代码执行过程中出现运行时错误，就会产生一个对象。异常就是一种对象，描述了相关的错误。异常会抛出引发错误的方法。这时，该方法有自己处理和交给其他方法处理这两种处理异常的方式。不管是哪种情况，Java 运行时环境都会搜索用于处理异常的代码块。如果找到，将异常交给其来处理。这部分代码称为处理器（handler），该过程称为异常处理。

7.2.1 异常类

我们已经知道，当异常产生时，会生成异常对象并抛出方法。但是，这个结论仅适用于 Throwable 类的子类对象。Throwable 类位于异常类层次结构的顶层，如图 7-1 所示。

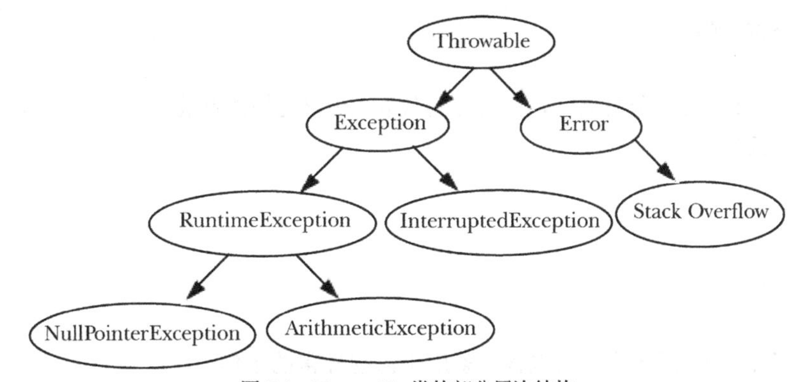

图 7-1 Throwable 类的部分层次结构

Throwable 类有 Exception 和 Error 两个直接子类。Exception 类用于能够在程序内轻松捕获并处理的反常情况，该类也有一些直接子类，例如 RuntimeException 和 InterruptedException 等；Error 类定义了普通 Java 程序无法处理的异常。

7.2.2 异常类型

在 Java 中，包含以下两种异常。

- 受检异常（checked exception）。
- 免检异常（unchecked exception）。

（1）受检异常

受检异常会在程序编译期间检查。例如，EOFException 就是一种受检异常。这种异常的父类是 java.lang.Exception。

（2）免检异常

免检异常发生在程序运行期间。这种异常由 Java 自身处理。NullPointerException 和 IndexOutOfBoundsException 就属于此类。

7.2.3 异常处理机制中用到的语句块

在 Java 中，包含如下 5 种可用于异常处理机制的语句块。

- try。
- catch。
- throw。
- throws。
- finally。

1. try 语句块

try 语句块中包含用于监视反常情况或异常的语句。语法如下：

```
try
{
   //用于监视错误或异常的语句
}
```

在该语句中，try 是一个关键字，大括号{}代表 try 语句块的起止。其主体部分包含了用于监视错误或异常的语句。

例如：

```
try
{
   int result = 10/0;
}
```

在这个例子中，try 语句块中只包含一条用于监视异常的语句。

2. catch 语句块

catch 语句捕获 try 语句块产生的异常。它作为异常处理器，包含用于处理异常的代码。语法如下：

```
catch(Exception Type obj)
{
   //要执行的语句
}
```

在该语法中，catch 是一个关键字。Exception Type 代表异常类型，obj 代表 try 语句块产生的异常对象。catch 语句块的主体部分包含用于处理异常的语句。

例如：

```
try
{
   result = 10/0;
}
catch(ArithmeticException e)
{
   System.out.println("Divide by zero");
}
```

在这个例子中，try 语句块产生了异常 java.lang.ArithmeticException:/by zero。然后，生成描述该异常的对象并抛出。catch 语句块捕获到此对象，显示出语句块中的“Divide by zero”。如果没有使用 try 和 catch 语句块，则程序会非正常终止。

提示

catch 或 finally 语句块应该与 try 语句块关联在一起。此外，在 catch 语句块中，我们可以使用 Exception 类的对象，而不是使用特定的异常类型。

示例 7-1

下面的例子演示了 try 语句和 catch 语句的用法。该程序访问所有的数组元素并将其显示在屏幕上。

```
//编写程序，显示所有的数组元素
1   class Exception_demo
2   {
3      public static void main(String[] args)
4      {
5          int i[ ] = {10, 20, 30, 40, 50};
6          int len = i.length;
7          try
8          {
9              for(int j=0; j<=len; j++)
10             {
11                System.out.println(i[j]);
12             }
13         }
14         catch(IndexOutOfBoundsException e)
15         {
16                System.out.println("Out of index");
17         }
18     }
19  }
```

讲解

第 5 行

int i[ ] = {10, 20, 30, 40, 50};

在该行中，i 被声明为整数类型数组，并依次将元素初始化为 10、20、30、40、50。也就是说，10 赋给 i[0]，20 赋给 i[1]，等等。

第 6 行

int len = i.length;

在该行中，length 属性返回数组 i 中包含的元素数量，然后将其赋给整数类型变量 len。

第 7 行～第 13 行

```
try
{
     for(int j=0; j<=len; j++)
     {
          System.out.println(i[j]);
     }
}
```

这几行定义了 try 语句块。for 循环用于显示数组 i 的元素。在 for 循环中，先将循环控制变量 j 初始化为 0，然后评估循环条件 j<=len。这里，该条件返回 true，执行与 for 循环关联的语句，显示元素 i[0]的值（10）。当循环控制变量 j 分别取值 1、2、3、4 时，重复此过程。直到变量 j 的值为 5 时，产生 IndexOutOfBoundsException 异常，生成异常对象并抛出。

第 14 行～第 17 行

```
catch(IndexOutOfBoundsException e)
{
      System.out.println("Out of index");
}
```

这几行定义了 catch 语句块。它捕获并处理由 try 语句块抛出的异常对象。

示例 7-1 的输出如图 7-2 所示。

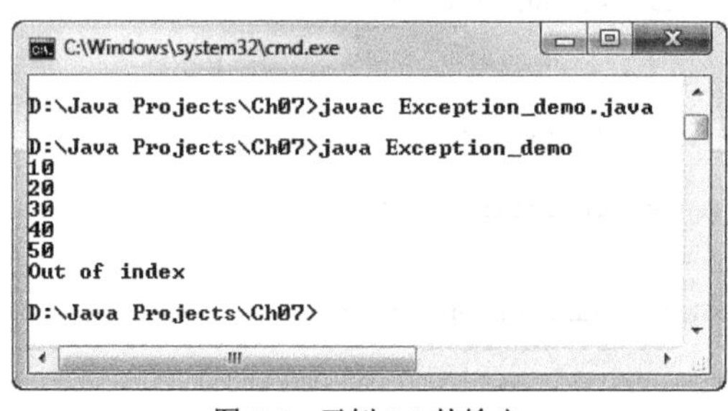

图 7-2 示例 7-1 的输出

在这个程序中，如果没有使用 try 语句块和 catch 语句块，程序则产生下列输出。

10

20

30

40

50

Exception in thread “main” java.lang.ArrayIndexOutOfBoundsException: 5 at exceptiondemo.main (exceptiondemo.java:11)

3. 多个 catch 语句块

在示例 7-1 中，try 语句块中的代码只产生了一种异常，单个 catch 语句块就能处理。但有时候，代码会产生多个异常。相应地，我们需要定义与单个 try 语句块关联的多个 catch 语句块。定义多个 catch 语句块的语法如下：

```
try
{
      //被监视的语句
}
catch(ExceptionType1 obj)
{
      //处理异常的语句
}
catch(ExceptionType2 obj)
{
      //处理异常的语句
}
----------;
----------;
catch(ExceptionTypeN obj)
{
      //处理异常的语句
}
```

在此语法中，首先抛出 try 语句块中生成的异常，然后将该异常所有的 catch 语句块逐个匹配。找到匹配项后，执行与特定 catch 语句块关联的语句来处理异常。执行完匹配的 catch 语句块之后，将跳过剩余的 catch 语句块并将控制转移到紧随 try-catch 语句块之后的下一条语句。

示例 7-2

下面的例子演示了多个 catch 语句块的实现方法。该程序执行除法运算并在屏幕上显示数据元素。

```
//编写程序，演示多个 catch 语句块的实现方法
1    class multi_catch_demo
2    {
3       public static void main(String arg[])
4       {
5           int num=10;
6           int a = arg.length;
7           int ar[ ] = {12, 23, 35, 46, 78};
8           try
9           {
10             int result = num/a;
11             System.out.println("After division, the result is: "+result);
12             for(int i=0; i<=5; i++)
13             {
14                 System.out.println("Value at ar["+i+"] is: "+ar[i]);
15             }
16          }
17          catch(ArrayIndexOutOfBoundsException e)
18          {
19             System.out.println("An exception " +e+ " occurred");
20          }
21          catch(ArithmeticException e)
```

```
22            {
23               System.out.println("An exception " +e+ " occurred");
24            }
25        }
26  }
```

讲解

第6行

```
int a = arg.length;
```

在该行中，length属性返回传入程序的参数个数，然后将结果赋给整数类型变量a。

第7行

```
int ar[ ] = {12, 23, 35, 46, 78};
```

在该行中，ar被声明为整数类型数组，并依次将元素初始化为12、23、35、46、78。也就是说，12赋给ar[0]，23赋给ar[1]，等等。

第8行～第16行

```
try
{
     int result = num/a;
     System.out.println("After division, the result is: " +result);
     for(int i=0; i<=5; i++)
     {
          System.out.println("Value at ar["+i+"] is: "+ar[i]);
     }
}
```

这几行定义了try语句块。在其中，变量num的值除以变量a的值，结果赋给整数类型变量result。如果变量a的值为0，则产生异常java.lang.ArithmeticException:/by zero，跳过try语句块中的剩余部分。否则，显示变量result的值。此外，在for循环的主体内，将显示保存在数组ar[]的元素值。这里，for循环会产生异常ArrayIndexOutOfBoundsException，因为代码试图访问数组ar[]中并不存在的第6个元素。

第17行～第20行

```
catch(ArrayIndexOutOfBoundsException e)
{
     System.out.println("An exception " +e+ " occurred");
}
```

这几行定义了catch语句块，用于在对象e的帮助下处理ArrayIndexOutOfBoundsException类型的异常。如果发生异常，则执行该语句块中的语句并显示下列结果：

```
An exception java.lang.ArrayIndexOutOfBoundsException: 5 occurred
```

然后，跳过剩余的catch语句块，将控制转移到紧随try-catch语句块之后的语句。

第21行～第24行

```
catch(ArithmeticException e)
{
        System.out.println("An exception " +e+ " occurred");
}
```

这几行定义了 catch 语句块，用于在对象 e 的帮助下处理 ArithmeticException 类型的异常。如果发生异常，则执行该语句块中的语句并显示下列结果：

```
An exception java.lang.ArithmeticException: / by zero occurred
```

示例 7-2 的输出如图 7-3 所示。

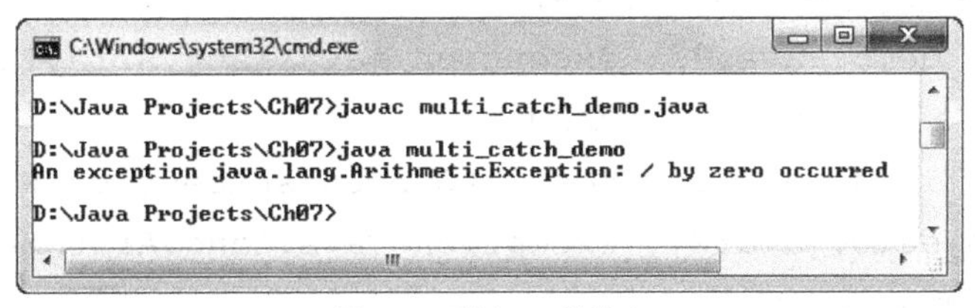

图 7-3 示例 7-2 的输出

如果在执行程序时传入单个命令行参数：

D:\Java Projects\Ch07>java multi_catch_demo first

输出如图 7-4 所示。

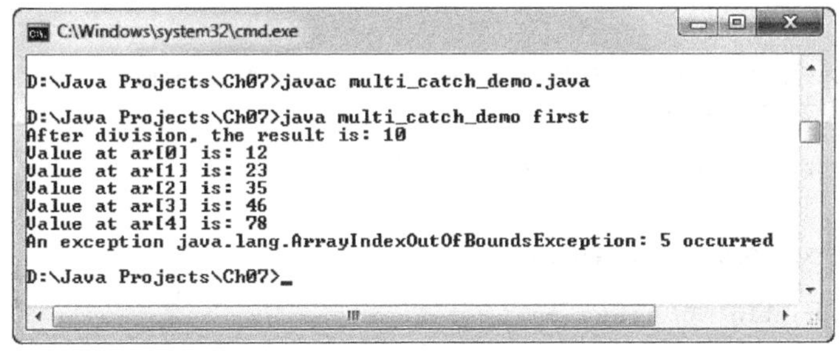

图 7-4 使用单个命令行参数时的示例 7-2 输出

我们已经知道，所有的异常类（如 ArithmeticException、ArrayIndexOutOfBoundsException、NullPointerException 等）都是 Exception 类的子类。有时候，在多个 catch 语句块中，父类 Exception 在其子类之前使用。这种情况下，控制无法到达子类，将产生错误。

例如：

```
try
{
   int result = num/a;
   System.out.println("After division, the result is: " +result);
   for(int i=0; i<=5; i++)
   {
      System.out.println("Value at ar[" +i+ "] is: " +ar[i]);
   }
}
catch(Exception e)
```

```
{
   System.out.println(e);
}
catch(ArrayIndexOutOfBoundsException e)
{
   System.out.println("An exception " +e+ " occurred");
}
catch(ArithmeticException e)
{
   System.out.println("An exception " +e+ " occurred");
}
```

在这个例子中，父类 Exception 在其子类 ArrayIndexOutOfBoundsException 和 ArithmeticException 之前使用。如果编译这段代码，会产生下列错误：

```
multi_catch_demo.java:23: exception java.lang.ArrayIndexOutOfBound
sException has already been caught
               catch(ArrayIndexOutOfBoundsException e)
multi_catch_demo.java:27: exception java.lang.ArithmeticException
has already been caught
               catch(ArithmeticException e)
```

我们可以将父类 Exception 放在其子类之后来修改这两处错误。

例如：

```
try
{
   int result = num/a;
   System.out.println("After division, the result is: " result);
   for(int i=0; i<=5; i++)
   {
      System.out.println("Value at ar[" +i+ "] is: " +ar[i]);
   }
}
catch(ArrayIndexOutOfBoundsException e)
{
   System.out.println("An exception " +e+ " occurred");
}
catch(ArithmeticException e)
{
   System.out.println("An exception " +e+ " occurred");
}
catch(Exception e)
{
   System.out.println(e);
}
```

经过修改的代码就可以正常执行，不会再有任何错误出现。

4. 嵌套 try 语句

如果 try 语句出现在另一个 try 语句之中，就形成了嵌套 try 语句。语法如下：

```
try      //外围 try 语句
{
   //statements
   try //内部 try 语句
```

```
    {
        //语句
    }
    catch(ExceptionType obj)
    {
        //语句
    }
}
catch(ExceptionType obj)
{
    //语句
}
```

在该语法中，如果内部 try 语句产生异常并且与其关联的 catch 语句块未处理该异常，则检查与下一个 try 语句块关联的 catch 语句块，此过程持续重复，直到出现合适的匹配或者找完所有嵌套 try 语句块。如果在嵌套的 try-catch 语句块中找不到匹配项，则检查外围的 catch 语句块。如果连外围的 catch 语句块也不处理该异常，则由 Java 运行时环境来解决。

示例 7-3

下面的例子演示了嵌套 try 语句的用法。该程序处理 ArithmeticException 和 ArrayIndexOutOfBoundsException 异常并在屏幕上显示一则消息。

```
//编写程序，使用 try 语句处理异常
1   class nested_try_demo
2   {
3      public static void main(String arg[])
4      {
5          int num=10, val=0;
6          int a = arg.length;
7          int ar[ ] = {12, 23, 35, 46, 78};
8          try
9          {
10            int result = num/a;
11            System.out.println("After division, the result is: "+result);
12            try
13            {
14               for(int i=0; i<=5; i++)
15               {
16                  System.out.println("Value at ar["+i+"] is: "+ar[i]);
17               }
18            }
19            catch(ArrayIndexOutOfBoundsException e)
20            {
21               System.out.println("An exception " +e+ " occurred");
22            }
23         }
24         catch(ArithmeticException e)
25         {
26            System.out.println("An exception " +e+ " occurred");
27         }
28     }
29  }
```

讲解

该程序的工作方式与示例 7-2 差不多。在这个程序中，如果没有传入命令行参数，则会产生

ArithmeticException/by zero 异常，该异常由外围的 catch 语句块处理。嵌套的 try 语句块产生的 ArrayIndexOutOfBoundsException 异常由内部的 catch 语句块处理。

示例 7-3 的输出如图 7-5 所示。

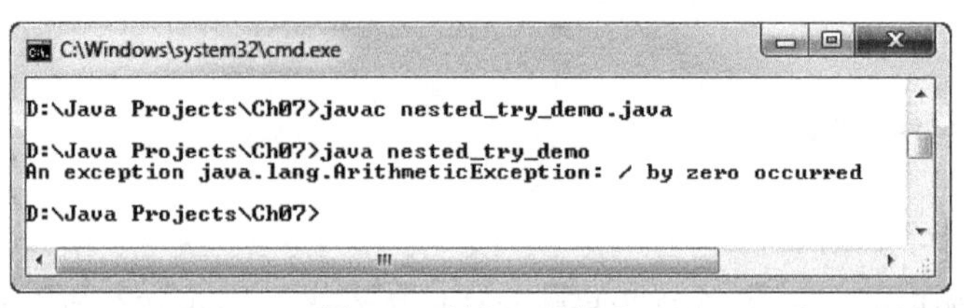

图 7-5 示例 7-3 的输出

如果在执行程序时传入单个命令行参数：

D:\Java Projects\Ch07>java nested_try_demo first

输出如图 7-6 所示。

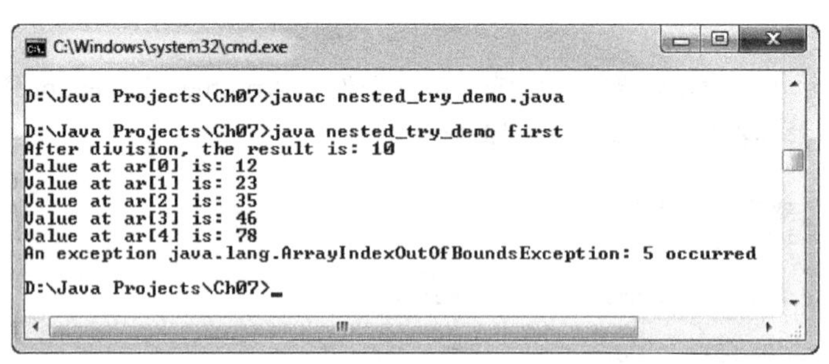

图 7-6 使用单个命令行参数时的示例 7-3 输出

5. throw 语句

在到目前为止的例子中，catch 语句块只处理那些由 Java 运行时环境抛出的异常。但是，程序也可以使用 throw 语句显式地抛出异常。throw 的语法如下：

```
throw ThrowableObject;
```

在该语法中，throw 是关键字，ThrowableObject 代表 Throwable 类的任意子类对象。

通过 throw 关键字，只能抛出 Throwable 类或者其子类的对象。如果试图抛出其他类的对象，则编译器会报错。

如果在程序中遇到 throw 语句，执行完该语句之后，程序会显示错误消息。在这种情况下，所有的后续语句都会被跳过并将控制转移到最近的 try-catch 语句块，检查 catch 语句块是否能够处理 throw 语句抛出的异常类型。如果未找到匹配项，则检查下一个 try-catch 语句块，此过程持续重复，直到检查完所有的 catch 语句块。如果没有任何 catch 语句块能够处理该异常，那么默认异常处理方法就是挂起程序。

示例 7-4

下面的例子演示了 throw 语句的用法。该程序处理 throw 语句抛出异常并在屏幕上显示消息。

```
//编写程序，处理算术异常
1   class throw_demo
2   {
3      public static void main(String arg[ ])
4      {
5          int a = Integer.parseInt(arg[0]);
6          int b = Integer.parseInt(arg[1]);
7          try
8          {
9             if(b==0)
10            {
11                throw new ArithmeticException("demo");
12            }
13            else
14            {
15                int result = a%b;
16                System.out.println("After division, the remainder is: "+result);
17            }
18         }
19         catch(ArithmeticException e)
20         {
21            System.out.println("Thrown exception caught " +e);
22         }
23     }
24  }
```

讲解

第 5 行和第 6 行

```
int a = Integer.parseInt(arg[0]);
int b = Integer.parseInt(arg[1]);
```

在这两行中，parseInt 是 Integer 类的方法，用于从命令行参数中读取数值。然后，将结果分别赋给整数类型变量 a 和 b。

第 9 行～第 12 行

```
if(b==0)
{
        throw new ArithmeticException("demo");
}
```

在这几行中，先检查变量 b 的值是否等于 0。如果等于 0，则将控制转移到 throw 语句。其中，使用 new 运算符创建了 ArithmeticException 类的新对象并将其命名为 demo。接下来，由 throw 语句将其抛出。执行完该语句之后，跳过后续语句，控制被转移到 catch 语句（第 19 行）。

第 13 行～第 17 行

```
else
{
       int result = a%b;
       System.out.println("After division, the remainder is: " +result);
}
```

如果变量 b 的值不等于 0，则控制转移到 else 语句。在 else 语句块中，变量 a 的值除以变量 b

的值，余数被赋给整数类型变量 result。

第 19 行～第 22 行

```
catch(ArithmeticException e)
{
        System.out.println("Thrown exception caught " +e);
}
```

这几行定义了 catch 语句块。catch 语句的参数列表中包含了 ArithmeticException 的对象 e。throw 语句抛出的异常由 catch 语句块处理，然后显示输出。

示例 7-4 的输出如图 7-7 所示。

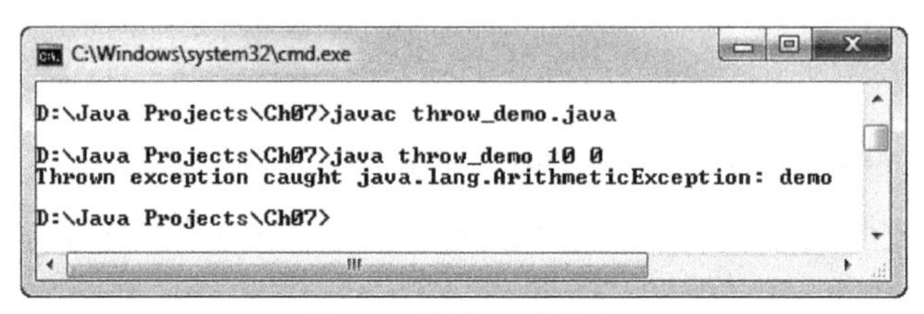

图 7-7 示例 7-4 的输出

6. throws 关键字

有时候，方法会产生无法处理的异常。在这种情况下，该方法应指定程序的其他部分或调用者，保护其免受异常的影响。为此，该方法应在方法的声明语句中使用 throws 关键字，指定方法要抛出的异常类型。语法如下：

```
returntype method_name(parameter list) throws exception1, exception2,.....,
exceptionN
{
   //方法主体部分
}
```

在该语法中，exception1 到 exceptionN 代表该方法会抛出的异常类型。

例如：

```
static void demo(int a, int b) throws IllegalAccessException
{
   ----------;
   throw new IllegalAccessException("trial");
}
```

在这个例子中，demo()方法会抛出 IllegalAccessException 类型的异常，但无法处理该异常。

示例 7-5

下面的例子演示了 throws 语句块的用法。该程序处理受检异常 NoSuchMethodException 并在屏幕上显示消息。

```
//编写程序，处理受检异常
1   class throws_demo
2   {
```

```
3       static void demo( ) throws NoSuchMethodException
4       {
5           System.out.println("Inside demo method");
6           throw new NoSuchMethodException("Trial");
7       }
8       public static void main(String arg[ ])
9       {
10          try
11          {
12             demo( );
13          }
14          catch(NoSuchMethodException e)
15          {
16             System.out.println("Exception caught " +e);
17          }
18      }
19  }
```

讲解

第 3 行

static void demo( ) throws NoSuchMethodException

该行声明了 demo()方法。其中，使用 throws 关键字指定了 NoSuchMethodException 类型的异常，表明 demo()方法能够抛出这种异常，但无法对其进行处理。

第 6 行

throw new NoSuchMethodException("Trial");

该行出现在 demo()方法内部。在这行中，使用 new 运算符创建了 NoSuchMethodException 类的对象并通过 throw 关键字将其抛出。

第 12 行

demo();

该行调用了 demo()方法，然后控制转移到该方法的定义部分（第 3 行～第 7 行）。

第 14 行～第 17 行

```
catch(NoSuchMethodException e)
{
        System.out.println("Exception caught " +e);
}
```

在这几行中，demo()方法内抛出的异常对象被 catch 语句块捕获并处理。因此，其中的语句会在屏幕上显示消息。

示例 7-5 的输出如图 7-8 所示。

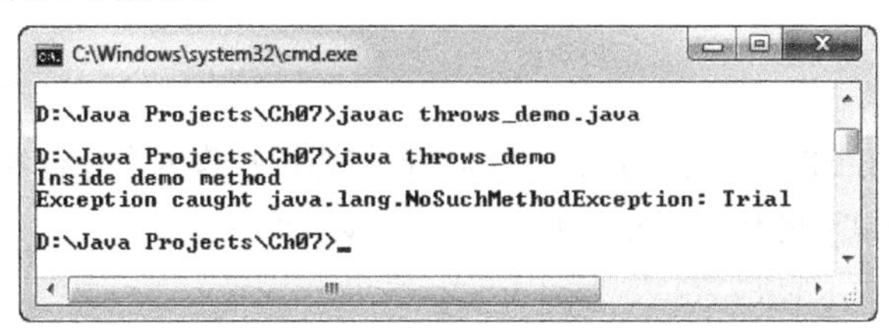

图 7-8 示例 7-5 的输出

7. finally 子句

当 try 语句块中产生异常时，会改变程序正常的执行流程，跳过 try 语句块中的某些语句。在这种情况下，一些资源（如文件、数据库连接等）无法被正确关闭。因此，其他程序或者同一程序中的其他部分也就不能再使用这些资源。为了避免此类问题，Java 采用了 finally 子句（finally clause）。该子句中的代码负责释放 try 语句块中的语句所获取到的资源。注意，仅当 try 语句块存在的时候，才能使用 finally 子句。

如果程序中存在 finally 子句，该子句的执行时机是在 try-catch 语句块之后，但又在其后续语句之前。finally 子句的主要优点在于无论是否发生异常，都会执行其中给出的语句。语法如下：

```
finally
{
   //要执行的语句
}
```

finally 子句是可选的，如果它与 try 语句块一起使用，将被放置在与该 try 语句块关联的最后一个 catch 语句块之后。语法如下：

```
try
{
   //语句
}
catch(ExceptionType obj)
{
   //语句
}
catch(ExceptionType obj)
{
   //语句
}
finally
{
   //语句
}
```

但如果 try 语句块没有关联的 catch 语句块，则将 finally 子句紧随 try 语句块之后放置：

```
try
{
   //语句
}
finally( )
{
   //语句
}
```

示例 7-6

下面的例子演示了 finally 子句的用法。该程序计算由用户作为命令行参数传入的数字的平方。同时，使用 try-catch-finally 机制处理异常并在屏幕上显示消息。

```
//编写程序，计算数字的平方并处理异常
1   class finally_demo
```

```
2   {
3      public static int sqr(int n)
4      {
5          try
6          {
7              int result = n*n;
8              if(result ==0)
9              {
10                 throw new ArithmeticException("demo");
11             }
12             else
13             {
14                 return result;
15             }
16         }
17         finally
18         {
19                 System.out.println("Inside the finally block");
20         }
21     }
22     public static void main(String arg[ ])
23     {
24         int sq;
25         int val = Integer.parseInt(arg[0]);
26         try
27         {
28            sq = sqr(val);
29            System.out.println("The square of " +val+ " is: " +sq);
30         }
31         catch(ArithmeticException e)
32         {
33            System.out.println("Exception caught " +e);
34         }
35     }
36  }
```

讲解

第 3 行

该行包含了 sqr()方法的声明部分。其参数列表中包含一个整数类型参数 n。每当调用 sqr()方法时，就会传入一个整数值，并赋给整数类型变量 n。

第 5 行～第 16 行

```
try
{
        int result = n*n;
        if(result ==0)
        {
                throw new ArithmeticException("demo");
        }
        else
        {
                return result;
```

```
        }
}
```

这几行定义了 try 语句块。在其中，变量 n 的值先与自身相乘，结果被赋给整数类型变量 result。接下来，评估 if 语句中的条件。如果为 true，则抛出 ArithmeticException 异常对象；否则，执行与 else 语句块关联的 return 语句。但是，在执行 return 语句之前，控制会先转移到 finally 语句块。

第 17 行～第 20 行

```
finally
{
        System.out.println("Inside the finally block");
}
```

这几行定义了 finally 语句块。其中的语句会在屏幕上显示下列消息：

```
Inside the finally block
```

执行完 finally 语句块之后，执行 return 语句。

第 25 行

```
int val = Integer.parseInt(arg[0]);
```

在该行中，读取作为命令行参数传入的值，并将其赋给整数类型变量 val。

第 26 行～第 30 行

```
try
{
        sq = sqr(val);
        System.out.println("The square of " +val+ " is: " +sq);
}
```

这几行包含了 main()方法中定义的 try 语句块。在其中，调用了 sqr()方法并将变量 val 的值作为参数传入，这个值然后被赋给变量 n（第 3 行）。

第 31 行～第 34 行

```
catch(ArithmeticException e)
{
         System.out.println("Exception caught " +e);
}
```

如果命令行参数为 0，则第 11 行的 throw 语句会抛出 ArithmeticException 异常对象。该对象会被 catch 语句块捕获并处理。

如果将 0 作为命令行参数传入：

D:\Java Projects\Ch07>java finally_demo 0

输出如图 7-9 所示。

如果将 10 作为命令行参数传入：

D:\Java Projects\ Ch07>java finally_demo 10

输出如图 7-10 所示。

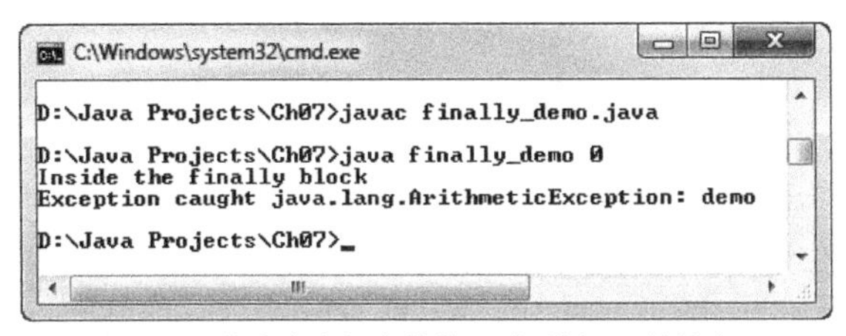

图 7-9 0 作为命令行参数传入时示例 7-6 的输出

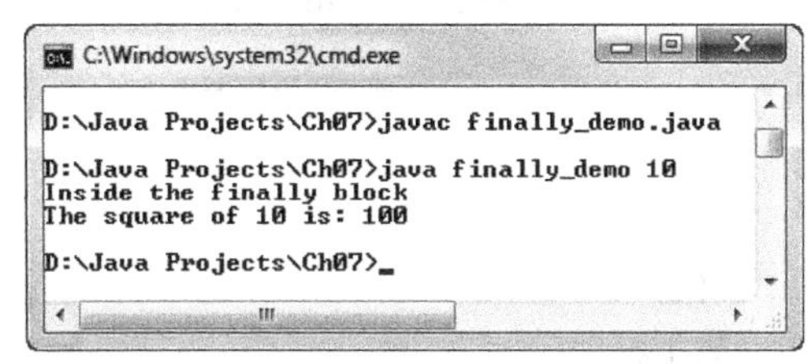

图 7-10 10 作为命令行参数传入时示例 7-6 的输出

7.2.4 定义自己的异常子类

在本章的前几节中，所有程序处理的都是 Java 内建的异常。当要创建自己的异常并根据需要和要求对其进行处理时，可以通过定义 Exception 类的子类来实现。语法如下：

```
class class_name extends Exception
{
   //类的主体部分
}
```

如果定义了 Exception 类的子类，该类基本上会继承 Throwable 类的所有方法，因为 Exception 类没有定义任何属于自己的方法，其全部的方法都来自 Throwable 类。

示例 7-7

下面的例子演示了如何定义 Exception 类的子类。该程序通过扩展 Exception 类创建了一种新的异常 NewException，随后在屏幕上显示一些消息。

```
//编写程序，创建新的异常类型
1   class NewException extends Exception
2   {
3      public String getLocalizedMessage( )
4      {
5          return "Exception occurs";
6      }
7   }
8   class New_demo
9   {
10     static void demo(int age) throws NewException
11     {
12         if(age<=0)
13               throw new NewException( );
14         else
15         {
16               System.out.println("No exception occured");
17               System.out.println("Your age is: " +age+ " Years");
18         }
19     }
20     public static void main(String arg[])
21     {
22         try
```

```
23          {
24             demo(10);
25             demo(0);
26          }
27          catch(NewException e)
28          {
29             System.out.println("Caught " +e);
30          }
31      }
32  }
```

讲解

第 1 行

```
class NewException extends Exception
```

该行将 NewException 类定义为 Exception 类的子类。

第 3 行～第 6 行

```
public String getLocalizedMessage( )
{
        return "Exception occurs";
}
```

这几行定义了 getLocalizedMessage()方法。该方法基本上是在 Throwable 类中定义的，但在这种情况下，它会在新的异常类型 NewException 中被重写。

第 24 行

```
demo(10);
```

该行调用了 New_demo 类的 demo()方法并将 10 作为参数传入。然后，控制转移到 demo()方法的定义中，10 被赋给整数类型变量 age。

第 27 行～第 30 行

```
catch(NewException e)
{
    System.out.println("Caught " +e);
}
```

在这几行中，catch 语句块会捕获并处理 NewException 类型的异常。因此，相关语句会在屏幕上显示下列消息：

```
Caught NewException: Exception occurs
```

示例 7-7 的输出如图 7-11 所示。

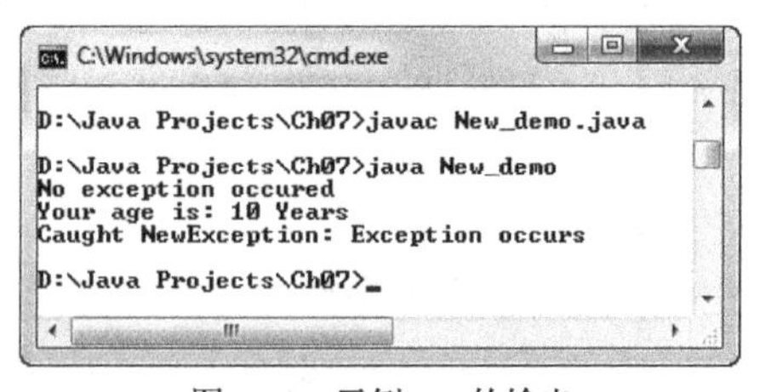

图 7-11 示例 7-7 的输出

7.3 自我评估测试

回答以下问题，然后将其与本章末尾给出的问题答案比对。

1. ______类位于异常类层次结构的顶端。
2. _____和_____是 Throwable 类的直接子类。

3. ______类用于能够在程序内捕获并处理的非正常情况。
4. 在程序编译期间检查的异常称为______异常。
5. ______语句块中包含用于监视异常的语句。
6. 作为异常处理器的语句块称为______语句块。
7. 程序可以使用______语句显式地抛出异常。
8. 无论异常是否发生，都会执行_____子句。
9. 我们可以通过定义______类的子类来创建自己的异常类型。
10. ArithmeticException 异常是______类的子类。

7.4 复习题

1. 什么是异常？
2. 解释异常的类型。
3. 列出可用于异常处理机制的关键字。
4. 解释 throw 语句的功能。
5. 解释 finally 子句。
6. 找出下列源代码中的错误。

(a)
```
class demo
{
   public static void main(String arg[ ])
   {
       int a = 10, b = 0, c;
       c = a/b;
       System.out.println("After division, the result is: " +c);
   }
}
```

(b)
```
class throwdemo
{
   static void demo( )
   {
       throw new NullPointerException("trial");
   }
   public static void main(String arg[ ])
   {
       demo( );
   }
}
```

(c)
```
class arraydemo
{
   public static void main(String arg[ ])
   {
       int ar[ ] = {10, 20, 30, 40, 50};
       int len = ar.length;
       try
       {
          for (i=0; i<=len; i++)
          {
              System.out.println(ar[i]);
```

```
            }
        }
    }
}
```

（d）

```
class throwdemo
{
    static void demo( )
    {
        try
        {
            throw new IllegalArgumentException("demo");
        }
        catch(IllegalArgumentException e)
        {
            System.out.println("Exception caught");
            throw e;
        }
    }
    public static void main(String arg[ ])
    {
        demo( );
    }
}
```

（e）

```
class throwsdemo
{
    static void demo( ) throws NullPointerException
    {
        throw new NullPointerException("trial");
    }
    public static void main(String arg[ ])
    {
        demo( );
    }
}
```

7.5 练习

练习 1

编写程序，演示嵌套 try 语句的作用。

练习 2

编写程序，使用 throws 语句处理算术异常。

自我评估测试答案

1. Throwable 2. Exception Error 3. Exception 4. 受检 5. try 6. catch 7. throw 8. finally 9. Exception 10. RuntimeException

第 8 章

多线程

学习目标

阅读本章，我们将学习如下内容。

- **多线程的概念**
- **线程模型**
- **主线程的概念**
- **如何创建新线程**
- **如何创建多线程**
- **isAlive()和 join()方法**
- **线程优先级**
- **同步的概念**
- **死锁的概念**

8.1 概述

在本章中，我们将学习 Java 的另一个特性——多线程。在学习多线程概念之前，我们应先了解线程。线程是程序的一部分或者执行的一系列指令。各个线程的执行路径不相同，但线程之间可以直接共享彼此的数据。因此，除学习多线程概念和线程同步之外，我们还要了解如何创建多线程。

8.2 多线程简介

多线程意味着同时执行多个线程或程序的不同部分。它是多任务的一种特殊形式。它有助于程序实现最大化的 CPU 利用率，并最大程度地减少 CPU 空闲时间。多任务处理分为基于进程的多任务和基于线程的多任务两类。下面分别讨论这两种类型。

在基于进程的多任务中，两个或更多的程序可以同时运行。对于此类多任务，每个程序被作为一个进程。这种进程也称为重量级进程（heavyweight process）。基于进程的多任务的主要缺点在于，每个进程都需要自己独立的地址空间，一个进程到另一个进程的上下文切换时间相当长。

在基于线程的多任务中，两个或更多的程序部分可以同时运行。对于此类多任务，每个线程称为轻量级进程（lightweight process）。基于线程的多任务的主要优点在于，各个线程共享同一内存空间，线程之间的上下文切换时间相当短。

8.2.1 线程模型

多线程环境的特点是程序的线程之间互不干涉。如果某个线程停止工作，则其他线程不会受到影响。这种环境的最大优势在于，一个线程的空闲时间能够被程序的其他线程利用。在多线程环境中，每个线程都处于下列状态之一。

- New：线程已经创建好，但尚未启动。
- Runnable：线程调用过 start()方法之后，等待分配 CPU 时间。
- Running：线程正在执行。
- Waiting：线程等待其他线程执行任务，在这种情况下，线程仍旧存活。
- Blocked：线程正在等待其他线程所使用的资源。
- Terminated：线程已结束执行。

8.2.2 线程优先级

无论何时创建线程，Java 都会根据其整数值设置线程优先级。程序中线程的优先级表示该线程相对于程序中其他线程的重要性。在确定优先级时，为线程分配一个 1～10 的整数值。最高优先级为 10，最低优先级为 1，正常优先级为 5。为线程赋予优先级有助于确定从当前执行线程切换到另一个线程所要花费的切换时间。从一个线程切换到另一个线程的过程称为上下文切换。其适用于以下规则。

- 线程可以自动释放控制权。在这种情况下，CPU 被提供给具有最高优先级的线程。
- 低优先级线程可以被高优先级线程取代。在这种情况下，低优先级线程会挂起一段时间。

如果存在多个相同优先级的线程，其执行取决于程序所在的操作系统。例如，在 Windows 操作系统中，会为线程设置时间分片，以循环方式（round-robin fashion）在线程之间转移控制权，每个线程按照特定的时间片在一段时间内掌握控制权。

提示

优先级决定了线程的执行顺序。但是，高优先级线程和低优先级线程在执行速度上没有差别。

8.3 main 线程

Java 程序无论何时启动，都会有一个线程立即开始运行。这个线程称为 main 线程。此线程称为父线程，其他由此生成的线程称为子线程。main 线程的另一个重要方面在于，它是程序所执行的最后一个线程。当 main 线程执行完毕时，程序立即终止。

Java 程序启动时会自动创建 main 线程。所有 Java 程序都会用到该线程。我们可以使用 Thread 类的对象和方法控制线程的执行。为此，我们需要使用 Thread 类的 currentThread()方法创建 main 线程的引用：

```
Thread obj = Thread.currentThread();
```

在这个例子中，obj 是 Thread 类的对象。其中，Thread 类的 currentThread()方法返回调用其时所在的当前线程的引用。然后，将该引用赋给 Thread 类的对象 obj。只要得到了 main 线程的引用，就能够控制它的执行。

示例 8-1

下面的例子演示了 main 线程的概念。该程序获得并显示 main 线程的名称。另外，还会修改其名称并在屏幕上显示。

```
//编写程序，修改 main 线程名称
1   class main_thread_demo
2   {
3      public static void main(String arg[])
4      {
5          Thread obj = Thread.currentThread();
6          System.out.println("Current thread is: " +obj);
7          System.out.println("Name of the current thread is: "+obj.getName());
8          obj.setName("New Thread");
9          System.out.println("After the change of name, the current thread is: " +obj);
10     }
11  }
```

讲解

第 5 行

`Thread obj = Thread.currentThread();`

在该行中，创建了 Thread 类的对象 obj。其中，currentThread()方法返回 main 线程的引用，因为它是在 main 线程内调用的。然后，将 main 线程的引用赋给 Thread 类的对象 obj。

第 6 行

`System.out.println("Current thread is: " +obj);`

该行在屏幕上显示下列内容：

```
Current thread is: Thread[main,5,main]
```

在中括号内，第 1 个值 main 代表该线程的名称，第 2 个值代表 main 线程的优先级，第 3 个值代表该线程所属组的名称。

第 7 行

System.out.println("Name of the current thread is: " +obj.getName());

在这里，Thread 类的 getName()方法返回对象 obj 引用的线程。该行会在屏幕上显示下列内容：

Name of the current thread is: main

第 8 行

obj.setName("New Thread");

在该行中，Thread 类的 setName()对象将 main 线程的名称由 main 修改为 New Thread。

第 9 行

System.out.println("After the change of name, the current thread is: " +obj);

该行在屏幕上显示下列内容：

```
After the change of name, the current thread is: Thread[New Thread,5,main]
```

示例 8-1 的输出如图 8-1 所示。

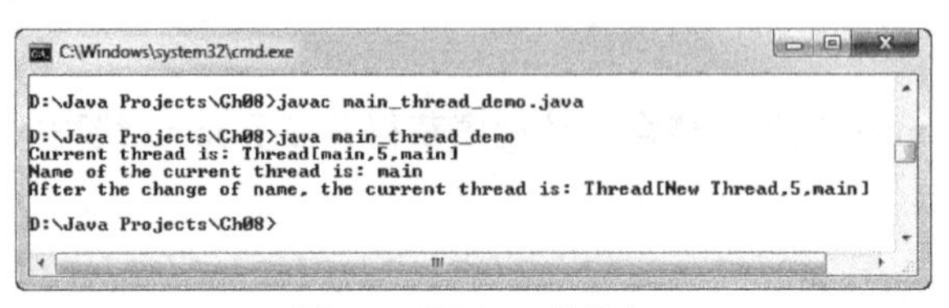

图 8-1 示例 8-1 的输出

8.4 创建新线程

在 Java 中，可以使用以下任意一种方法创建新线程。

- 通过实现 Runnable 接口。
- 通过扩展 Thread 类。

8.4.1 实现 Runnable 接口

要使用这种方法创建新线程，首先需要声明一个实现 Runnable 接口的类。为了实现 Runnable 接口，该类必须实现 run()方法。我们可以在 run()方法内部指定由新线程执行的代码。声明 run()方法的语法如下：

```
public void run()
{
        //要并行执行的语句
}
```

接下来，可以在实现该接口的类内部使用 Thread 类的构造函数创建一个 Thread 类的对象。语法如下：

```
obj = new Thread(Runnable obj1, name)
```

在该语法中，obj 是 Thread 类的对象。Thread 构造函数的参数列表中包含了 obj1 和 name 两个参数。参数 obj1 代表实现 Runnable 接口的类的对象，参数 name 指定了新线程的名称。

一旦创建好对象，就需要对其调用 Thread 类的 start()方法。调用 start()方法的语法如下：

```
obj.start();
```

在该语法中，obj 代表 Thread 类的对象。这里，start()方法会调用 run()方法。一旦 run()方法的执行停止，该线程也随之停止。

示例 8-2

下面的例子演示了如何使用 Runnable 接口创建线程。该程序创建一个新线程并在屏幕上显示该线程的相关运行信息。

```
//编写程序，创建新线程
1   class newthread implements Runnable
2   {
3      Thread obj;
4      newthread()
5      {
6          obj = new Thread(this, "New Thread");
7          System.out.println("Starting new thread: " +obj);
8          obj.start();
9      }
10     public void run()
11     {
12         try
13         {
14            for(int i=0; i<5; i++)
15            {
16                System.out.println("Executed new thread");
17                Thread.sleep(500);
18            }
19         }
20         catch(InterruptedException e)
21         {
22            System.out.println("New thread interrupted");
23         }
24         System.out.println("New thread stopped");
25     }
26     public static void main(String arg[])
27     {
28         newthread obj1 = new newthread();
29         try
30         {
31            for(int i=0; i<5; i++)
32            {
33                System.out.println("Executed main thread");
34                Thread.sleep(1000);
35            }
36         }
```

```
37         catch(InterruptedException e)
38         {
39             System.out.println("Main thread interrupted");
40         }
41         System.out.println("Main thread stopped");
42     }
43 }
```

讲解

第1行

```
class newthread implements Runnable
```

在该行中，newthread 通过 implements 关键字实现了 Runnable 接口。

第3行

```
Thread obj;
```

在该行中，obj 被声明为 Thread 类的对象。

第4行～第9行

```
newthread()
{
        obj = new Thread(this, "New Thread");
        System.out.println("Starting new thread: " +obj);
        obj.start();
}
```

这几行定义了 newthread()方法。在其中，使用 Thread 类的构造函数创建了对象 obj。在构造函数 Thread()中，第一个参数表明要在 this 关键字代表的对象上调用 run()方法，第二个参数 New Thread 指定了新线程的名称。然后，执行打印语句，在屏幕上显示下列信息：

```
Starting new thread: Thread[New Thread,5,main]
```

接下来，调用 obj 对象的 start()方法。该对象执行新线程的 run()方法。

第10行

```
public void run()
```

该行声明了 run()方法。

第12行～第19行

```
try
{
       for(int i=0; i<5; i++)
       {
               System.out.println("Executed new thread");
               Thread.sleep(500);
       }
}
```

当调用 run()方法时，控制转移到其内部，执行 try 语句块。在其中，执行 for 循环，这意味着新线程开始。在 for 循环内部，调用了 Thread 类的 sleep()方法，该方法会挂起当前执行的线程一段时间（在本例中是 500ms）。有时候，sleep()方法也会产生 InterruptedException 类型的异常。

第 20 行～第 23 行

```
catch(InterruptedException e)
{
        System.out.println("New thread interrupted");
}
```

这几行定义了 catch 语句块。仅当 try 语句块中的 sleep()方法产生异常时才会执行此语句块。否则，将其跳过。

提示

调用过 start()方法之后，构造函数 newthread()返回到 main()方法，main 线程也开始执行。这时，新线程和 main 线程进入并行执行状态。

第 28 行

```
newthread obj1 = new newthread();
```

在该行中，调用构造函数 newthread()，创建 newthread 类的对象 obj，生成新线程。

第 31 行～第 35 行

```
for(int i=0; i<5; i++)
{
          System.out.println("Executed main thread");
          Thread.sleep(1000);
}
```

这几行中的 for 循环位于 main 线程内。因此，当 main 线程开始执行时，for 循环中的语句也随之开始执行。在这个例子中，sleep()方法将 for 循环挂起 1000ms。

第 37 行～第 40 行

```
catch(InterruptedException e)
{
        System.out.println("Main thread interrupted");
}
```

这几行定义了 catch 语句块。仅当 try 语句块中的 sleep()方法产生异常时才会执行此语句块。否则，将其跳过。

提示

在程序中，main 线程的 sleep 方法中所指定的时间应该大于新线程的 sleep 方法中指定的时间。这背后的原因在于 main 线程必须是完成程序执行的最后一个线程。

示例 8-2 的输出如图 8-2 所示。

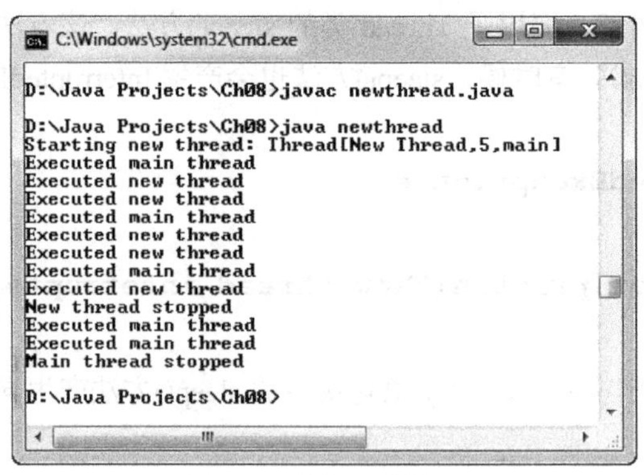

图 8-2 示例 8-2 的输出

提示

在多线程环境中，由于优先级、机器中当前运行的任务、CPU 时间、睡眠时间等因素，输出可能会有差异。

8.4.2 扩展 Thread 类

如前所述，还有另一种创建新线程的方法。在此方法中，需要创建一个新类来扩展 Thread 类。我们已经知道，Thread 类是 Java 的默认包 java.lang 的一部分，它已经包含在每个 Java 文件中。Thread 类封装了包的处理。该类还包含了各种线程管理方法。表 8-1 给出了 Thread 类的一些方法及其描述。

表 8-1 Thread 类的部分方法及描述

方法	描述
getName()	返回描述线程名称的字符串
setName()	设置线程名称
getPriority()	返回 1～10 的整数值，代表线程的优先级。最高优先级为 10，最低优先级为 1，普通优先级为 5
setPriority()	设置线程优先级
isAlive()	返回布尔类型值，指明线程是否正在运行
interrupt()	用于中断线程
join()	使线程等待另一个线程终止其进程
run()	用于定义线程所执行的任务。该方法仅在 start()方法执行之后才开始
sleep()	使当前执行的线程停止一段时间
start()	通过调用 run()方法来启动线程

通过扩展 Thread 类能够生成新线程，我们要做的就是创建一个 Thread 类的扩展类。语法如下：

```
class classname extends Thread
```

创建扩展类之后，需要再创建该类的实例。另外，新创建的类应该重写 Thread 类的 run()方法。这里，run()方法被作为新线程的入口点。不能直接执行 run()方法，必须调用 Thread 类的 start()方法。

示例 8-3

下面的例子演示了如何通过扩展 Thread 类来创建新线程。该程序创建了一个新线程并在屏幕上显示该线程的运行信息。

```
//编写程序，创建新线程
1   class newthread extends Thread
2   {
3      newthread()
4      {
5          super ("New Thread");
6          System.out.println("Starting new thread: " +this);
7          start();
8      }
9      public void run()
10     {
11         try
12         {
13            for(int i=0; i<5; i++)
14            {
15                System.out.println("Executed new thread");
16                Thread.sleep(500);
17            }
18         }
19         catch(InterruptedException e)
20         {
21            System.out.println("New thread interrupted");
22         }
23         System.out.println("New thread stopped");
24     }
25     public static void main(String arg[])
26     {
27         new newthread();
28         try
29         {
30            for(int i=0; i<5; i++)
31            {
32                System.out.println("Executed main thread");
33                Thread.sleep(1000);
34            }
35         }
36         catch(InterruptedException e)
37         {
38               System.out.println("main thread interrupted");
39         }
40         System.out.println("Main thread stopped");
41     }
42  }
```

讲解

第 5 行

super ("New Thread");

在该行中，super()方法代表 Thread 类的构造函数。字符串 New Thread 出现在其参数列表中，作为新线程的名称。

这个程序的工作方式与示例 8-2 一样。

示例 8-3 的输出如图 8-3 所示。

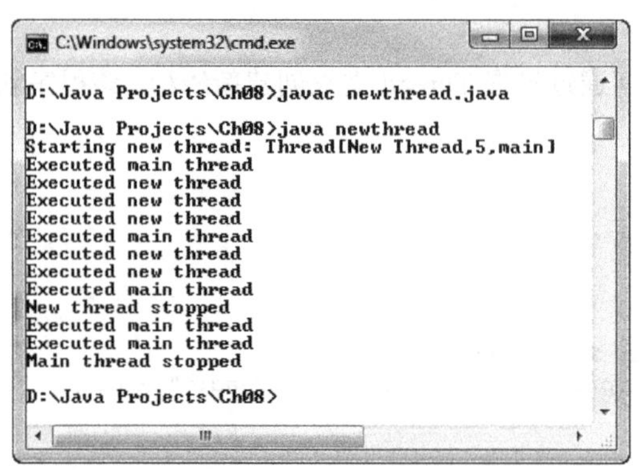

图 8-3 示例 8-3 的输出

8.5 创建多个线程

在本章的前几节中，我们只是与 main 线程和主线程两个线程打交道。在本节中，我们将涉及多个线程的话题，还要学习如何在程序中创建多个线程。

示例 8-4

下面的例子演示了如何创建多个线程。该程序创建出 3 个新线程并在屏幕上显示相关信息。

```
//编写程序，创建 3 个新线程
1   class Multiple_Thread implements Runnable
2   {
3      String name;
4      Thread obj;
5      Multiple_Thread(String n)
6      {
7          name = n;
8          obj = new Thread(this, name);
9          obj.start();
10     }
11     public void run()
12     {
13         try
14         {
15            for(int i=5; i>0; i--)
16            {
17                System.out.println(name + " is executed");
```

```
18                Thread.sleep(1000);
19            }
20        }
21        catch(InterruptedException e)
22        {
23            System.out.println(name + " is interrupted");
24        }
25        System.out.println(name + " is stopped");
26    }
27    public static void main(String arg[])
28    {
29        Multiple_Thread first = new Multiple_Thread("First");
30        Multiple_Thread second = new Multiple_Thread("Second");
31        Multiple_Thread third = new Multiple_Thread("Third");
32        String current = new String((Thread.currentThread()).get Name());
33        try
34        {
35            System.out.println("The "+current+" thread is executed");
36            Thread.sleep(10000);
37        }
38        catch(InterruptedException e)
39        {
40            System.out.println("The "+current+ " thread is interrupted");
41        }
42        System.out.println("The " +current+ " thread is stopped");
43    }
44 }
```

讲解

第 29 行

Multiple_Thread first = new Multiple_Thread("First");

在该行中，first 是 Multiple_Thread 类的对象。字符串 First 作为参数传给 first 对象，该字符串在第 5 行被赋给 String 类型变量 n。第一个线程的名称就是 First。

第 30 行和第 31 行的工作方式与第 29 行一样。

第 32 行

String current = new String((Thread.currentThread()).getName());

在该行中，获取当前线程的名称，将其赋给 String 类型变量 current。

示例 8-4 的输出如图 8-4 所示。

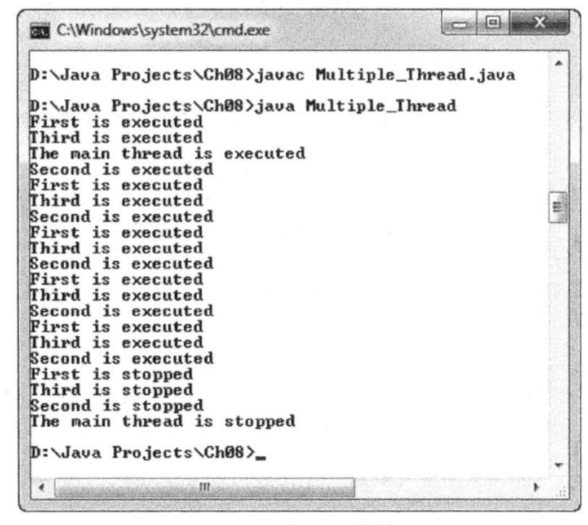

图 8-4 示例 8-4 的输出

8.5.1 isAlive()和 join()方法

主线程必须是完成程序的最后一个线程。在本章先前的所有例子中，这项任务都是在 sleep()方法的帮助下完成的。其中，sleep()方法定义在 main()方法中，估算了所有子线程完成其处理所需的时长。但是，如果估算时间不足以各个子线程完成处理任务，那么其中某个子线程将结束该程序。因此，sleep()方法并非确保 main 线程是结束程序的最后一个线程的最佳方法。

为了避免此问题，Java 提供了 isAlive()和 join()这两个方法。这两个方法能够确保 main 线程是结束程序的最后一个线程。两者都是在 Thread 类中定义的。isAlive()方法检查线程（在其中调用该方法）是否处于运行状态。方法的返回值是 boolean 类型。如果为 true，表明该线程仍在运行；否则，返回 false。isAlive()方法的语法如下：

```
final boolean isAlive()
```

常用的 join()方法可用于结束任务。这个方法也属于 Thread 类。join()等待调用它的线程完成其任务。该方法的语法如下：

```
final void join()
```

我们也可以用另一种形式调用 join()方法：

```
final void join(long time)
```

在这种形式中，join()方法在特定的时间内等待指定的线程完成其任务。

示例 8-5

下面的例子演示了 isAlive()和 join()方法的用法。该程序创建多个线程并对其应用这两个方法。另外，还会在屏幕上显示一些消息。

```
// 编写程序，创建多个线程并演示 isAlive()和 join()方法的工作方式
1   class isalive_and_join implements Runnable
2   {
3      String name;
4      Thread obj;
5      isalive_and_join(String threadname)
6      {
7          name = threadname;
8          obj = new Thread (this, name);
9          obj.start();
10     }
11     public void run()
12     {
13         try
14         {
15            System.out.println("Thread " +name+ " is executed");
16            Thread.sleep(1000);
17         }
18         catch (InterruptedException e )
19         {
20            System.out.println("Thread " +name+ " is interrupted");
21         }
22         System.out.println("Thread " +name+ " is stopped" );
23     }
24     public static void main(String arg[])
25     {
26         isalive_and_join thrd1 = new isalive_and_join("First");
27         isalive_and_join thrd2 = new isalive_and_join("Second");
```

```
28          System.out.println("Checking the status of each thread: ");
29          System.out.println("Thread First: " +thrd1.obj.isAlive());
30          System.out.println("Thread Second: "+thrd2.obj.isAlive());
31          try
32          {
33             System.out.println("Applying the join() method");
34             thrd1.obj.join();
35             thrd2.obj.join();
36          }
37          catch(InterruptedException e)
38          {
39             System.out.println("Exception occurred in main");
40          }
41          System.out.println("Again checking the status of each thread: ");
42          System.out.println("Thread First: " +thrd1.obj.isAlive());
43          System.out.println("Thread Second: "+thrd2.obj.isAlive());
44          System.out.println("Main thread stopped");
45     }
46  }
```

讲解

第 26 行和第 27 行

```
isalive_and_join thrd1 = new isalive_and_join("First");
isalive_and_join thrd2 = new isalive_and_join("Second");
```

在这两行中，thrd1 和 thrd2 是 isalive_and_join 类的对象，First 和 Second 分别是这两个新线程的名称。

第 29 行

```
System.out.println("Thread First: " +thrd1.obj.isAlive());
```

在该行中，对名为 First 的第一个线程调用 isAlive()方法。这里，isAlive()方法返回 true，因为此线程当前处于运行状态。

第 30 行的工作方式与第 29 行一样。

第 31 行～第 36 行

```
try
{
      System.out.println("Applying the join() method");
      thrd1.obj.join();
      thrd2.obj.join();
}
```

这几行定义了 try 语句块。在其中，对新线程 First 和 Second 调用 join()方法。该方法暂停调用线程执行，直到这些线程完成自己的任务为止。

第 42 行和第 43 行

```
System.out.println("Thread First: " +thrd1.obj.isAlive());
System.out.println("Thread Second: " +thrd2.obj.isAlive());
```

在这两行中，再次在两个新线程上调用 isAlive()方法。

示例 8-5 的输出如图 8-5 所示。

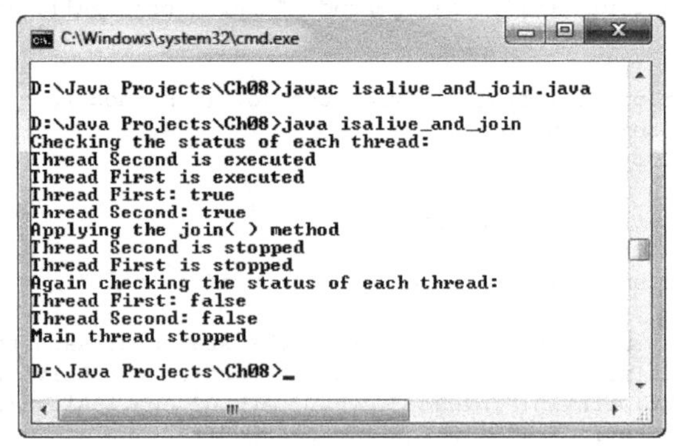
```
D:\Java Projects\Ch08>javac isalive_and_join.java

D:\Java Projects\Ch08>java isalive_and_join
Checking the status of each thread:
Thread Second is executed
Thread First is executed
Thread First: true
Thread Second: true
Applying the join( ) method
Thread Second is stopped
Thread First is stopped
Again checking the status of each thread:
Thread First: false
Thread Second: false
Main thread stopped

D:\Java Projects\Ch08>_
```

图 8-5 示例 8-5 的输出

8.5.2 设置线程优先级

我们知道，只要在程序中创建新线程，Java 环境就会为其分配优先级。线程优先级决定了何时允许其访问 CPU 等资源。

在 Java 中，优先级是一个范围为 1～10 的整数值。10 是最高优先级，1 是最低优先级，5 是普通优先级。线程的默认优先级是 5，在创建线程时为其赋予。高优先级的线程能够得到到比低优先级线程更多的 CPU 时间。

我们也可以根据需要，使用 Thread 类的 setPriority()方法设置线程优先级。语法如下：

```
final void setPriority(int val)
```

在该语法中，整数类型变量 val 设置了调用 setPriority()方法的线程的新优先级。其中，变量 val 有两种分配方式。

- 分配 1～10 的整数值。
- 分配 Thread 类中的 3 个 final 变量之一。这 3 个 final 变量分别为 MIN_PRIORITY（相当于 1）、MAX_PRIORITY（相当于 10）和 NORM_PRIORITY（相当于 5）。

也可以使用 Thread 类的 getPriority()方法得到线程的当前优先级。语法如下：

```
final int getPriority()
```

getPriority()方法返回调用该方法的线程的当前优先级（整数值）。

示例 8-6

下面的例子演示了 Thread 类的 setPriority()和 getPriority()方法的用法。该程序显示线程的当前优先级，为其设置新优先级，然后在屏幕上显示一些信息。

```
//编写程序，演示 getPriority()和 setPriority()方法的用法
1   class priority implements Runnable
2   {
3      Thread obj;
```

```
4       String name;
5       int val;
6       private boolean status = true;
7       priority(int p, String n)
8       {
9           name = n;
10          obj = new Thread(this, name);
11          val = obj.getPriority();
12          System.out.println("Priority of the thread "+name+" is: "+val);
13          obj.setPriority(p);
14          System.out.println("Thread: " +obj);
15      }
16      public void start()
17      {
18          obj.start();
19          System.out.println(obj.getName() + " is started");
20      }
21      public void run()
22      {
23          if(status)
24          System.out.println(obj.getName() + " is running");
25      }
26      public void stop()
27      {
28          status = false;
29          System.out.println(obj.getName() + " is stopped");
30      }
31      public static void main(String arg[])
32      {
33          priority thrd1 = new priority(3, "First");
34          priority thrd2 = new priority(9, "Second");
35          String current = Thread.currentThread().getName();
36          thrd1.start();
37          thrd2.start();
38          try
39          {
40             Thread.sleep(2000);
41          }
42          catch(InterruptedException e)
43          {
44             System.out.println("Main thread interrupted");
45          }
46          thrd1.stop();
47          thrd2.stop();
48          System.out.println( current+ " is stopped");
49      }
50   }
```

讲解

第 3 行

`Thread obj;`

在该行中，声明了 Thread 类的对象 obj。

第 6 行

`private boolean status = true;`

在该行中，status 被声明为 boolean 类型的私有变量，并被初始化为 true。

第 7 行

`priority(int p, String n)`

该行是 priority 类的构造函数 priority()。其参数列表中包含了整数类型变量 p 和 String 类型变量 n 这两个参数。只要调用了构造函数 priority()，一个整数值和一个字符串就会作为参数传入，分别赋给变量 p 和 n。

第 11 行

```
val = obj.getPriority();
```

在这行中，getPriority()方法返回 obj 对象所代表线程的当前优先级，然后将优先级赋给整数类型变量 val。

第 13 行

```
obj.setPriority(p);
```

该行将对象 obj 所代表的线程的优先级设置为变量 p 的值，此变量在调用构造函数 priority() 时传入。

第 16 行～第 20 行

```
public void start()
{
        obj.start();
        System.out.println(obj.getName() + " is started");
}
```

这几行定义了 start()方法。在该方法内部，调用了对象 obj 所代表的线程的 start()方法，然后 getName()方法返回线程名称。

第 21 行～第 25 行

```
public void run()
{
        if(status)
                System.out.println(obj.getName() + " is running");
}
```

这几行定义了 run()方法。只要在 Thread 类的对象上调用了 start()方法，该对象就会再调用 run()方法。在方法内部，会检查 boolean 类型的变量 status。如果评估结果为 true，则执行下一条语句；否则，终止 run()方法。

第 26 行～第 30 行

```
public void stop()
{
        status = false;
        System.out.println(obj.getName() + " is stopped");
}
```

这几行定义了 stop()方法。在该方法内部，将 false 赋给 boolean 类型的变量 status。

第 33 行

```
priority thrd1 = new priority(3, "First");
```

在该行中，创建了 priority 类的对象 thrd1。其中，调用了构造函数 priority()，并将 3 和 First 作为参数传入。将这些值依次赋给构造函数定义中的变量 p 和 n。因此，线程 First 的优先级就被设置为 3。

第 34 行的工作方式与第 33 行类似。

第 35 行

```
String current = Thread.currentThread().getName();
```

在该行中，Thread 类的 currentThread()方法返回当前线程的引用，getName()方法返回当前线程的名称（main），然后将其赋给 String 类型的变量 current。

第 36 行

```
thrd1.start();
```

在该行中，调用了 priority 类的 start()方法。控制转移到其定义处并执行该方法主体部分，线程 First 开始运行。

第 37 行的工作方式与第 36 行类似。

第 40 行

```
Thread.sleep(2000);
```

在该行中，调用了 Thread 类的 sleep()方法将 main 线程挂起 2000ms。

第 46 行

```
thrd1.stop();
```

在该行中，调用了 priority 类的 stop()方法。这时，控制转移到该方法的定义处并执行主体部分。因此，线程 First 的执行停止。

示例 8-6 的输出如图 8-6 所示。

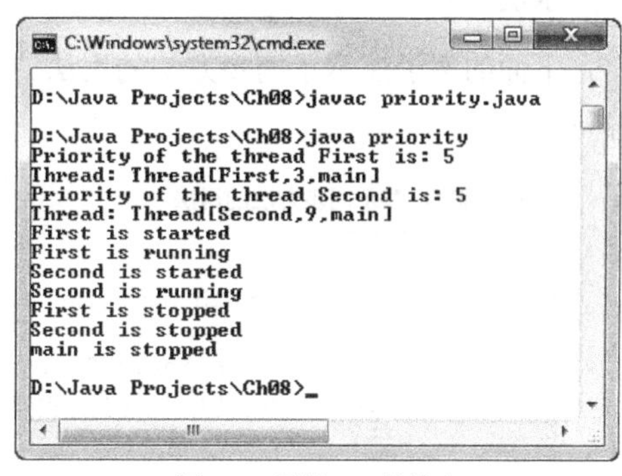

图 8-6 示例 8-6 的输出

8.6 同步

有时候，当多个线程试图访问相同的资源时，会碰上并发问题。为了克服这种问题，Java 提供了一种解决方案——同步。线程同步能够确保一次只有一个线程被允许访问资源。Java 采用了 monitor 机制来支持线程同步。该机制支持两种线程同步。

- 互斥量（mutual exclusion）。
- 协作（cooperation）（线程间通信）。

8.6.1 互斥

在互斥中，monitor 被作为一种互斥锁，意味着只有单个线程可以在资源上使用 monitor。一旦线程锁定了资源，就只有在第一个线程解锁之后，其他线程才能访问资源或为其上锁。在 Java

中，每个对象都有一个与其关联的隐式 monitor（implicit monitor）。当线程获取到锁时，称为进入 monitor（entered the monitor）；当线程解锁时，称为退出 monitor（exited the monitor）。

互斥避免了在共享数据时线程之间的干扰。线程可以使用 synchronized 关键字为对象上锁。实现方法有以下两种。

- 同步方法（synchronized method）。
- 同步语句块（synchronized block）。

如果方法或语句块被声明为 synchronized，则一次只能由单个线程使用。

1. 同步方法

如果将方法声明为 synchronized，就叫作同步方法。当线程调用同步方法时，会自动为对象加锁，在线程完成任务后才解锁。synchronized 关键字的使用语法如下：

```
synchronized ret_type method_name
{
   //要执行的语句
}
```

示例 8-7

下面的例子演示了同步方法的用法。该程序创建多个线程并使用同步方法在多个线程之间取得同步。

```
//编写程序，演示同步方法的用法
1   class synchro
2   {
3      synchronized void demo(int p, String name)
4      {
5          System.out.println("Priority of thread "+name+" is: "+p);
6          System.out.println("Executing " +name);
7          try
8          {
9             Thread.sleep(1500);
10         }
11         catch(InterruptedException e)
12         {
13            System.out.println("Exception occurred");
14         }
15         System.out.println(name+" is stopped");
16     }
17  }
18  class synchro_demo extends Thread
19  {
20     synchro obj;
21     String current;
22     int priority;
23     synchro_demo(synchro instance, String str)
24     {
25         super(str);
26         current = str;
27         this.obj = instance;
28         priority = this.getPriority();
29         start();
30     }
```

```
31     public void run()
32     {
33         obj.demo(priority, current);
34     }
35  }
36  class synchronized_demo
37  {
38     public static void main(String arg[])
39     {
40         synchro obj1 = new synchro();
41         synchro_demo thrd1 = new synchro_demo(obj1, "First");
42         synchro_demo thrd2 = new synchro_demo(obj1, "Second");
43         synchro_demo thrd3 = new synchro_demo(obj1, "Third");
44         String cur = Thread.currentThread().getName();
45         try
46         {
47            Thread.sleep(5000);
48         }
49         catch(InterruptedException e)
50         {
51            System.out.println("Exception occurred");
52         }
53         System.out.println(cur+ " is stopped");
54     }
55  }
```

讲解

第 3 行

`synchronized void demo(int p, String name)`

该行使用 synchronized 关键字将 synchro 类的 demo()方法定义为同步方法。参数列表中包含 int 类型变量 p 和 String 类型变量 name 这两个参数，前者代表线程优先级，后者代表线程名称。

第 23 行

`synchro_demo(synchro instance, String str)`

该行定义了构造函数 synchro_demo()。在参数列表中，instance 代表 synchro 类的对象，String 类型变量 str 代表线程名称。

第 25 行

`super(str);`

在该行中，调用了 super()方法。该方法会调用 Thread 类的构造函数，同时将变量 str 作为方法的参数传入。

第 27 行

`this.obj = instance;`

在该行中，将 instance 对象的应用赋给对象 obj。

第 28 行

`priority = this.getPriority();`

在该行中，Thread 类的 getPriority()方法返回当前线程的优先级，然后将其赋给整数类型变量 priority。

第31行～第34行

```
public void run()
{
        obj.demo(priority, current);
}
```

这几行定义了run()方法。在该方法内部，调用了同步方法demo()。变量priority和current的值作为参数传入demo()。这时，控制转移到此方法的定义处。

第40行

```
synchro obj1 = new synchro();
```

在该行中，obj1被声明为synchro类的对象。

第41行

```
synchro_demo thrd1 = new synchro_demo(obj1, "First");
```

在该行中，thrd1被声明为synchro_demo类的对象。这里，调用了构造函数synchro_demo()，并将对象 obj1 和字符串 First 作为参数传入。在构造函数定义内部，会将这些值分别赋给对象instance和String类型变量str。对象的引用赋给Thread类的对象，First作为线程的名称。

第42行和第43行的工作方式与第41行类似。

第44行

```
String cur = Thread.currentThread().getName();
```

在该行中，getName()方法返回当前线程的名称，然后将其赋给String类型的变量cur。

示例8-7的输出如图8-7所示。

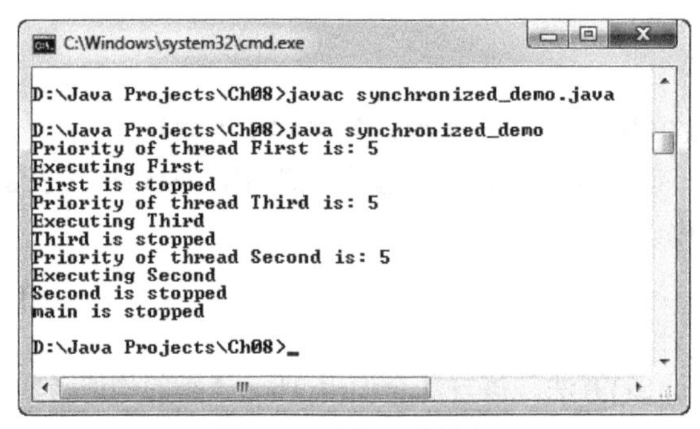

图8-7 示例8-7的输出

2. 同步语句块

同步语句块可用于对方法的任意语句块进行同步。其作用域要小于方法。我们可以像下面一样使用synchronized关键字来同步语句块：

```
synchronized (object)
{
   //要执行的语句
}
```

其中，object 代表要被同步的对象。

示例 8-8

下面的例子（与之前的一样）演示了同步语句块的用法。创建多个线程并使用同步语句块在多个线程之间取得同步。

```
//编写程序，说明同步语句块的使用
1   class synchro
2   {
3      void demo(int p, String name)
4      {
5          System.out.println("Priority of thread "+name+" is: "+p);
6          System.out.println("Executing " +name);
7          try
8          {
9             Thread.sleep(1500);
10         }
11         catch(InterruptedException e)
12         {
13            System.out.println("Exception occurred");
14         }
15         System.out.println(name+" is stopped");
16     }
17  }
18  class synchro_demo extends Thread
19  {
20     synchro obj;
21     String current;
22     int priority;
23     synchro_demo(synchro instance, String str)
24     {
25         super(str);
26         current = str;
27         this.obj = instance;
28         priority = this.getPriority();
29         start();
30     }
31     public void run()
32     {
33         synchronized(obj)
34         {
35            obj.demo(priority, current);
36         }
37     }
38  }
39  class synchronized_demo
40  {
41     public static void main(String arg[])
42     {
43         synchro obj1 = new synchro();
44         synchro_demo thrd1 = new synchro_demo(obj1, "First");
45         synchro_demo thrd2 = new synchro_demo(obj1, "Second");
46         synchro_demo thrd3 = new synchro_demo(obj1, "Third");
47         String cur = Thread.currentThread().getName();
48         try
49         {
50            Thread.sleep(5000);
51         }
```

```
52          catch(InterruptedException e)
53          {
54             System.out.println("Exception occurred");
55          }
56          System.out.println(cur+ " is stopped");
57      }
58  }
```

讲解

这个程序的工作方式与示例 8-7 类似，除了在该程序中，每当调用 run()方法时，都会执行其中的同步语句块。

该程序的输出与示例 8-7 也差不多。

8.6.2 协作（线程间通信）

已同步的线程可以通过协作实现彼此之间的通信。在此过程中，暂停一个线程的执行，以便执行另一个线程。这时，是利用 Object 类的下列方法实现的。

- wait()方法。
- notify()方法。
- notifyAll()方法。

1. wait()方法

wait()方法通知调用线程（calling thread）放弃 monitor 并进入睡眠模式，直到其他线程进入相同的 monitor 并调用 notify()或 notifyAll()方法。可以指定线程等待的时长。

2. notify()方法

notify()方法通知等待线程（waiting thread）。如果多个线程都处于等待状态，则在其中任选一个通知。

3. notifyAll()方法

notifyAll()方法通知所有的等待线程。优先级最高的线程先运行。

示例 8-9

下面的例子演示了 wait()和 notify()方法的用法。该程序创建两个线程并对其应用这两个方法。另外，还会在屏幕上显示一些信息。

```
// 编写程序，演示了 wait()和 notify()方法的用法
1   class Inter_Thread_demo extends Thread
2   {
3      boolean flag;
4      String name;
5      Inter_Thread_demo(String str)
6      {
7          super(str);
8          name = str;
9          flag = false;
10         start();
11     }
12     public void run()
```

```
13      {
14          try
15          {
16             for(int i=0; i<=5; i++)
17             {
18                 System.out.println("Executing: " +name);
19                 Thread.sleep(500);
20                 synchronized(this)
21                 {
22                    while(flag)
23                    {
24                       wait();
25                    }
26                 }
27             }
28          }
29          catch(InterruptedException e)
30          {
31             System.out.println(name + " is interrupted");
32          }
33          System.out.println("Exiting: " +name);
34      }
35      void wait_new()
36      {
37          flag = true;
38      }
39      synchronized void notify_new()
40      {
41          flag = false;
42          notify();
43      }
44      public static void main(String arg[])
45      {
46          Inter_Thread_demo thrd1 = new Inter_Thread_demo("First");
47          Inter_Thread_demo thrd2 = new Inter_Thread_demo("Second");
48          try
49          {
50             Thread.sleep(500);
51             System.out.println("First thread is waiting");
52             thrd1.wait_new();
53             Thread.sleep(500);
54             System.out.println("First thread is active");
55             thrd1.notify_new();
56             System.out.println("Second thread is waiting");
57             thrd2.wait_new();
58             Thread.sleep(500);
59             System.out.println("Second thread is active");
60             thrd2.notify_new();
61          }
62          catch(InterruptedException e)
63          {
64             System.out.println("The main thread is interrupted");
65          }
66          try
67          {
68             thrd1.join();
69             thrd2.join();
70          }
71          catch(InterruptedException e)
72          {
73             System.out.println("The main thread is interrupted");
74          }
```

```
75          System.out.println("Exiting: main");
76      }
77  }
```

讲解

第9行

```
flag = false;
```

在该行中，将布尔类型变量flag初始化为false。

第20行～第26行

```
synchronized(this)
{
        while(flag)
        {
                wait();
        }
}
```

这几行定义了同步语句块。在其中，执行wait()方法，直到变量flag为false。

第35行～第38行

```
void wait_new()
{
        flag = true;
}
```

这几行定义了wait_new()方法。每当调用该方法时，变量flag的值就被设置为true。

第39行～第43行

```
synchronized void notify_new()
{
        flag = false;
        notify();
}
```

这几行定义了notify_new()方法。每当调用该方法时，变量flag的值就被设为false并调用notify()方法。

示例8-9的输出如图8-8所示。

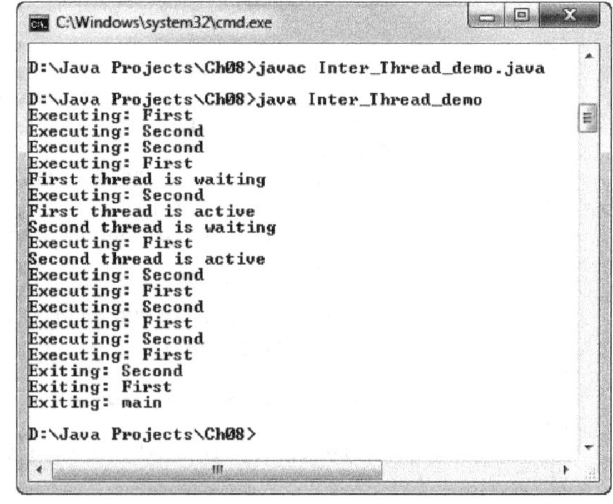

图8-8 示例8-9的输出

8.6.3 wait()与sleep()方法之间的差异

wait()与sleep()方法之间的差异如表8-2所示。

表 8-2 wait()与 sleep()方法之间的差异

wait()	sleep()
Object 类的方法	Thread 类的方法
释放锁	不释放锁
应该使用 notify()和 notifyAll()方法通知	在一段时间后结束睡眠
从同步方法或同步语句块调用	无须同步方法或同步语句块就可以调用
通常放在条件语句中，在条件为 true 之前，线程一直处于等待	仅将线程置于睡眠状态

8.7 死锁

死锁是这样一种情况：两个线程需要对方的资源，但各自都不打算释放自己占用的资源。因此，两个线程彼此之间形成了循环依赖性并且永远处于阻塞状态，由于缺乏资源，因此没有一个线程能完成执行。当程序中发生死锁时，系统是无能为力的。程序员有责任避免这种情况并确保两个线程之间永远不存在循环依赖。

8.8 自我评估测试

回答以下问题，然后将其与本章末尾给出的问题答案比对。

1．在_______环境中，多个线程可以同时运行。

2．在_______的多任务中，多个程序可以同时运行。

3．线程在等待 CPU 时间的状态称为_______。

4．线程的正常优先级是______。

5．______线程必须是最后一个结束程序运行的线程。

6．Thread 类的_______方法可用于创建当前线程的引用。

7．可以通过扩展______类来创建新线程。

8．______方法可用于暂停进程执行一段时间。

9．______方法可用于检查线程（调用该方法的线程）是否在运行。

10．Thread 类的 3 个 final 变量分别是_______、_______、________。

11．在程序中，各个线程的执行路径都不相同。（对/错）

12．可以使用 Thread 类中的一个 final 变量设置线程优先级。（对/错）

13．run()方法只能在 start()方法之后执行。（对/错）

14．分配给每个线程的正常优先级是 2。（对/错）

15．notify()方法能够唤醒同一对象中的所有线程。（对/错）

8.9 复习题

1．什么是线程？

2．基于进程的多任务和基于线程的多任务有什么区别？

3．解释线程的不同状态。

4．解释 setPriority()和 getPriority()方法。

5．解释 wait()、notify()、notifyAll()方法。

8.10 练习

练习

编写程序，创建两个线程，将其名称分别设置为 Thread1 和 Thread2。该程序还必须显示线程的优先级，并设置新的优先级为 10。

自我评估测试答案

1．多线程 2．基于进程 3．runnable 4．5 5．main 6．currentThread() 7．Thread 8．sleep() 9．isAlive() 10．MAX_PRIORITY MIN_PRIORITY NORM_PRIORITY 11．对 12．错 13．对 14．错 15．错

第9章

字符串处理

学习目标

阅读本章，我们将学习如下内容。

- String 类
- 字符串比较方法
- toString()方法
- 字符提取方法
- 字符串修改方法
- 改变字符大小写的方法
- 字符串搜索方法
- valueOf()方法
- StringBuffer 类
- StringBuffer 类的各种方法

9.1 概述

在大多数编程语言中，字符串都是以字符数组的形式实现的。但是 Java 中的字符串是 String 类的对象。String 类是内建的 Java 类，定义在 java.lang 包内。该类声明为 final，意味着无法被其他类继承。在 Java 中，字符串被视为单个值，而非其他大多数编程语言中的字符数组。String 类还定义了一些可用于轻松处理字符串的方法。

如果创建了 String 类的对象，对象的字符串值是无法改动的。这说明 String 的对象是不可变的（immutable）。每当修改 String 类已有的对象，就会创建一个包含改动后字符串值的新对象。而原始对象中的字符串值保持不变。

Java 还提供了 StringBuffer 和 StringBuilder 这两个类。当需要一个能够修改的非不可变字符串时，就会用到这些类了。与 String 类一样，这两个类也声明为 final 类，定义在 java.lang 包内。

在本章中，我们会详细地学习 String 和 StringBuffer 类。

9.2 字符串

字符串就是一系列字符，在 Java 编程语言中被视为 String 类的对象。我们可以使用下面要讲到的字符串字面量和拼接来创建和操作字符串对象。

1. 字符串字面量

可以使用字符串字面量创建 String 类的对象。字符串字面量是出现在双引号""中的一组字符，它被视为单个值。我们可以像下面一样使用字符串字面量创建 String 类的对象：

```
String obj = "Smith";
```

在这个例子中，创建了 String 类的对象 obj，并将其初始化为字符串 Smith。

该语句等同于下列语句：

```
char arr[] = {'S', 'm', 'i', 't', 'h'};
String obj = new String(arr);
```

2. 使用运算符+拼接字符串

在 Java 中，运算符+可以拼接两个字符串，形成单个字符串。

例如：

```
int val = 500;
String obj = "I earn " +val+ " dollars daily";
```

在这个例子中，字符串 I earn 通过运算符+与变量 val 的整数值 500 拼接在一起。这里，变量 val 的整数值被视为字符串值。接下来，I earn 500 与字符串 dollars daily 拼接在一起，形成了最终的字符串 I earn 500 dollars daily。

9.3 String 类的构造函数

String 类提供了不同类型的构造函数，可以在创建 String 类型对象时使用。这些构造函数的描述如下。

1. String()

构造函数 String()用于创建 String 类的对象，它不会将任何字符串值分配给新创建的对象。换句话说，构造函数 String()创建的是 String 类的空对象。这是 String 类的默认构造函数。语法如下：

```
String obj_name = new String();
```

在该语法中，obj_name 所代表的对象不包含任何字符串值。

2. String(char arr[])

如果要初始化 String 类的对象，则可以使用 String(char arr[])。这是常用的构造函数，语法如下：

```
char arr[] = {'S', 'm', 'i', 't', 'h'};
String obj = new String(arr);
```

在这个例子中，数组 arr 作为参数传入构造函数，字符串 Smith 作为 String 类的对象 obj 的初始值。

3. String(char arr[], int start, int length)

如果要将字符串（已有数组的子数组）赋给另一个数组，则可以使用构造函数 String(char arr[], int start, int length)，已有数组作为参数传入。在该构造函数中，整数类型变量 start 指定了子数组的起始，length 指定了子数组中包含的字符个数。语法如下：

```
char arr[] = {'S', 'm', 'i', 't', 'h'};
String obj = new String(arr, 1, 3);
```

在这个例子中，字符串 mit 被作为初始值赋给 String 类的对象 obj。其中，m 位于索引 1 的位置，t 位于索引 3 的位置。

4. String(String obj)

如果要将 obj 对象中包含的相同字符串值分配给新的 String 对象，可以使用构造函数 String (String obj)。语法如下：

```
char arr[] = {'S', 'm', 'i', 't', 'h'};
String obj = new String(arr);
String obj1 = new String(obj);
```

在这个例子中，对象 obj 中包含字符串 Smith。在创建对象 obj1 时，对象 obj 作为参数传入构造函数。因此，与对象 obj 中所包含的相同的字符串 Smith 就被赋给了新的对象 obj1。这时，obj 和 obj1 这两个对象就包含了相同的字符串值。

5. String(byte asciiarr[])

如果要将一个包含 ASCII 字符的字节数组传给 String 类的构造函数，则可以使用 String(byte asciiarr[])。在这种情况下，使用 ASCII 字符集将 ASCII 字符编码成原始数值。接下来，将传入构造函数的数组解码，用得到的字符串初始化新的字符串对象。语法如下：

```
byte arr[] = {97, 98, 99, 100, 101};
String obj = new String(arr);
```

在这个例子中，ASCII 值 97～101 被分别解码成 a～e。数组 arr[]包含字符序列 abcde。接下来，将该数组作为参数传给构造函数 String()，使用相同的字符串 abcde 初始化 String 类的对象 obj。

6. String(byte asciiarr[], int start, int length)

如果要将字符数组的一部分赋给 String 类的新对象，则可以使用 String(byte asciiarr[], int start, int length)。其中，变量 start 和 length 的作用与构造函数 String(char arr[], int start, int length)中的一样。语法如下：

```
byte arr[] = {97, 98, 99, 100, 101};
String obj = new String(arr, 1, 3);
```

在这个例子中，String 类的对象 obj 被初始化为 bcd，其中，b（98）位于索引为 1 的位置，d（100）位于索引为 3 的位置。

9.4 字符串比较方法

在 Java 中，String 类定义了一些用于比较两个字符串内容的方法。下面我们逐个予以讨论。

9.4.1 equals()

String 类的 equals()方法可以检查两个字符串是否相同。语法如下：

```
boolean equals(String string)
```

在该语法中，string 代表 String 类的对象。这个方法的返回值类型为 boolean。如果 string 对象包含的字符序列及其顺序与调用对象（calling object）的一样，则返回 true；否则，返回 false。

equals()在比较的时候区分大小写。

例如：

```
String s1 = "smith";
String s2 = "Smith";
boolean val = s1.equals(s2);
```

在这个例子中，对象 s1 被初始化为字符串 smith，对象 s2 被初始化为字符串 Smith。因为两个字符串的首字符大小写不同，所以 equals()方法返回 fasle。

9.4.2 equalsIgnoreCase()

在第 9.4.1 节中，我们知道了 equals()在比较字符串内容时区分大小写。但有时候，我们并不打算考虑大小写的差异。在这种情况下，需要使用 String 类的 equalsIgnoreCase()方法。在比较字符串时，equalsIgnoreCase()将字母的大写形式（A-Z）与小写形式（a-z）视为等同。语法如下：

```
boolean equalsIgnoreCase(String obj)
```

在该语法中，obj 代表 String 类的对象。这个方法的返回类型为 boolean。如果 obj 对象包含的字符及其顺序与调用对象的一样，则返回 true；否则，返回 false。

例如：

```
String s1 = "smith";
String s2 = "Smith";
boolean val = s1.equalsIgnoreCase(s2);
```

在这个例子中，对象 s1 和 s2 分别初始化为 smith 和 Smith。因为两个字符串包含的字符及其顺序都一样，所以 equalsIgnoreCase()方法返回 true。

示例 9-1

下面的例子演示了 String 类的 equals()和 equalsIgnoreCase()方法的用法。这个程序使用这两个方法比较字符串并在屏幕上显示结果。

```
//编写程序，比较字符串
1   class stringcomparedemo
2   {
3      public static void main(String arg[])
4      {
5          boolean result;
6          String obj1 = "Your name";
7          String obj2 = "Jack";
8          String obj3 = "YOUR NAME";
9          String obj4 = "Smith";
10         System.out.println("The strings " +obj1+ " and " +obj3+" are equal: " +obj1.
           equals(obj3));
11         System.out.println("The strings " +obj2+ " and " +obj4+" are equal: " +obj2.
           equals(obj4));
12         System.out.println("The strings " +obj1+ " and " +obj3+" are equal: " +obj1.
           equalsIgnoreCase(obj3));
13     }
14  }
```

讲解

第 6 行

String obj1 = "Your name";

在该行中，创建了 String 类的对象 obj1，并将其初始化为字符串 Your name。

第 7 行～第 9 行的工作方式与第 6 行类似。

第 10 行

System.out.println("The strings " +obj1+ " and " +obj3+ " are equal: " +obj1.equals(obj3));

在该行中，使用 equals()方法比较 obj1 对象所持有的字符串（Your name）和 obj3 对象所持有的字符串（YOUR NAME）。这里，equals()方法返回 false。

第 11 行的工作方式与第 10 行类似。

第 12 行

System.out.println("The strings " +obj1+ " and " +obj3+" are equal: " +obj1.equalsIgnoreCase(obj3));

在该行中，使用 equalsIgnoreCase()方法比较 obj1 对象所持有的字符串（Your name）和 obj3 对象所持有的字符串（YOUR NAME）。因为两个字符串包含的字符及其顺序都一样，所以 equalsIgnoreCase()

方法返回 true。

示例 9-1 的输出如图 9-1 所示。

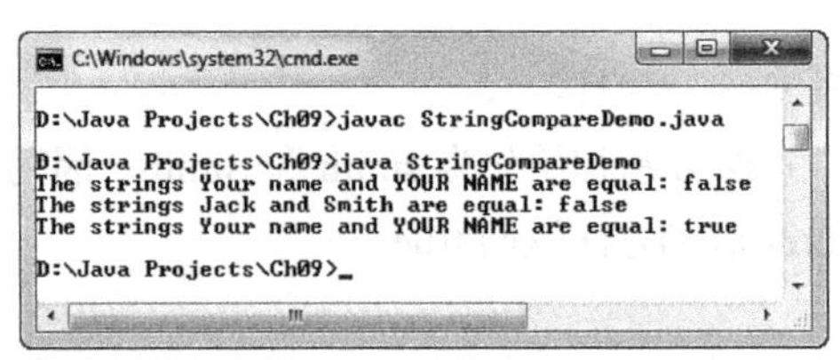
```
D:\Java Projects\Ch09>javac StringCompareDemo.java

D:\Java Projects\Ch09>java StringCompareDemo
The strings Your name and YOUR NAME are equal: false
The strings Jack and Smith are equal: false
The strings Your name and YOUR NAME are equal: true

D:\Java Projects\Ch09>_
```

图 9-1 示例 9-1 的输出

9.4.3 compareTo()

如果希望按预定顺序对字符串列表排序，可以使用 compareTo()方法。该方法比较两个字符串：一个是作为参数传入方法的字符串，另一个是调用字符串（invoking string），然后检查作为参数传入的字符串是否大于、小于或等于另一个字符串。语法如下：

```
int compareTo(String obj);
```

在该语法中，obj 是 String 类的对象。obj 的字符串与调用对象的字符串进行比较。compareTo()方法返回下列整数值。

- 如果该方法返回的整数值小于 0，则意味着调用对象的字符串小于对象 obj（传入方法的参数）的字符串。
- 如果该方法返回的整数值大于 0，则意味着调用对象的字符串大于对象 obj（传入方法的参数）的字符串。
- 如果该方法的返回值为 0，则意味着这两个字符串相等。

例如：

```
int result;
String s1 = "Williams";
String s2 = "John";
result = s1.compareTo(s2);
```

在这个例子中，使用 compareTo()方法比较对象 s1 所持有的字符串 Williams 和对象 s2 所持有的字符串 John。该方法返回的值大于 0，因为字符串 Williams 大于字符串 John。

提示

与 equals()方法一样，compareTo()方法也区分大小写。

9.4.4 compareToIgnoreCase()

compareToIgnoreCase()也可以用于比较两个字符串，但该方法不区分大小写。语法如下：

```
int compareToIgnoreCase(String obj);
```

compareToIgnoreCase()方法的返回值与 compareTo()的一样。

9.4.5 运算符==

运算符==用于比较 String 类的对象的内存引用。如果 String 类的两个对象引用的是内存中同一个实例，该运算符返回 true；否则，返回 false。

示例 9-2

下面的例子演示了运算符==的用法。该程序使用==比较 String 类的对象的引用并在屏幕上显示结果。

```
//编写程序，比较 String 类的对象的引用

1   class equaldemo
2   {
3      public static void main(String arg[])
4      {
5          String s1 = "Smith";
6          String s2 = "Smith";
7          String s3 = new String(s1);
8          boolean val;
9          val = (s1==s2);
10         System.out.println("The objects s1 and s2 refer to the same instance in memory: "
           +val);
11         val = (s1==s3);
12         System.out.println("The objects s1 and s3 refer to the same instance in memory: "
           +val);
13     }
14  }
```

讲解

第 5 行

`String s1 = "Smith";`

在该行中，创建了 String 类的实例 s1 并将其初始化为 Smith。

第 7 行

`String s3 = new String(s1);`

在该行中，创建了 String 类的实例 s3 并将其初始化为对象 s1 的字符串 Smith。

第 9 行

`val = (s1==s2);`

在该行中，运算符==比较 String 类的对象 s1 和 s2 的引用。如果这两个对象引用的内存实例是相同的，运算符返回 true；否则，返回 false。然后，将结果赋给 boolean 类型变量 val。

示例 9-2 的输出如图 9-2 所示。

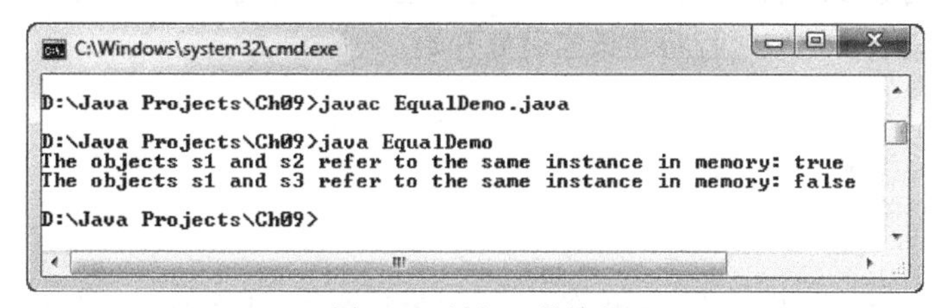

图 9-2 示例 9-2 的输出

9.4.6 regionMatches()

String 类的 regionMatches()方法用于匹配两个字符串中的特定区域。语法如下：

```
boolean regionMatches(int start, String str, int startstr, int number)
```

在该语法中，整数类型变量 start 代表调用字符串对象的区域起始索引。String 类的对象 str 代表第二个字符串。整数类型变量 startstr 代表第二个字符串的区域起始索引，此区域会与调用字符串对象的区域比较。整数类型变量 number 代表待比较的区域或子串的长度。如果这两个区域匹配，regionMatches()方法返回 true；否则，返回 false。

regionMatches()方法在比较的时候区分大小写。该方法还有另一个不区分大小写的重载版本。语法如下：

```
boolean regionMatches(boolean ignoreCase, int start, String str, int startstr, int number)
```

在该语法中，如果 boolean 类型变量 ignoreCase 设置为 true，则比较过程中不区分大小写。否则，区分大小写。

9.4.7 startsWith()

startsWith()方法可以比较调用字符串与作为方法参数传入的字符串是否以相同的字符序列作为起始。语法如下：

```
boolean startsWith(String str)
```

在该语法中，对象 str 代表与调用对象进行比较的字符串。如果相同，该方法返回 true；否则，返回 false。

例如：

```
String s1 = "Smith";
String s2 = "Smi";
s1.startsWith(s2);
```

在这个例子中，startsWith()方法返回 true，因为对象 s1 与对象 s2 所持有的字符串都是以相同的 Smi 起始的。

startsWith()还有另一个重载版本：

```
boolean startsWith(String str, int start)
```

在该语法中，对象 str 代表要与调用字符串对象进行比较的字符串。另外，整数类型变量 start 代表调用字符串的索引，比较过程将从该索引处开始。

例如：

```
String s1 = "Smith";
String s2 = "ith";
s1.startsWith(s2, 2);
```

在这个例子中，从调用字符串 Smith 的元素 i（索引为 2）开始比较。结果返回 true。

9.4.8 endWith()

endWith()方法可以比较调用字符串与作为方法参数传入的字符串是否以相同字符序列作为结尾。如果相同，该方法返回 boolean 类型值 ture；否则，返回 false。语法如下：

```
boolean endsWith(String str)
```

在该语法中，对象 str 代表要与调用对象进行比较的字符串。如果相同，返回 ture；否则，返回 false。

例如：

```
String s1 = "Smith";
String s2 = "th";
s1.endsWith(s2);
```

在这个例子中，endWith()方法返回 ture，因为对象 s1 所持有的字符串 Smith 与对象 s2 所持有的字符串 th 是以相同的字符序列结尾的。

9.4.9 toString()

toString()能够以字符串对象的形式描述对象。该方法是在 Object 类中定义的。但是，我们可以根据需要重载 toString()方法。语法如下：

```
String toString()
```

在该语法中，toString()方法返回一个 String 类的对象。

示例 9-3

下面的例子演示了 Ojbect 类的 toString()方法的用法。这个程序计算一个整数的平方，并重载 toString()方法，同时在屏幕上显示结果。

```
//编写程序，计算整数的平方
1   class Square
2   {
3      int x, result;
4      Square(int num)
5      {
6          x = num;
7      }
8      void sqr()
9      {
10         result = x * x;
11     }
12     public String toString()
13     {
14         return "the square of " +x+ " is " +result;
15     }
16     public static void main(String arg[])
17     {
18         String str;
19         Square obj = new Square(10);
20         obj.sqr();
21         str = "After calculation, " + obj;
```

```
22          System.out.println(str);
23      }
24  }
```

讲解

第12行～第15行

```
public String toString()
{
        return "the square of " +x+ " is " +result;
}
```

这几行重载了Object对象的toString()方法。每当调用该方法，都会通过return关键字返回在方法定义内部指定的字符串。

第19行

```
Square obj = new Square(10);
```

在该行中，声明了Square类的对象obj，并将整数10作为参数传入构造函数Square()。

第21行

```
str = "After calculation, " + obj;
```

在该行中，拼接表达式中用到了Square类的对象obj。这将隐式地调用重载的toString()方法。拼接完之后，将结果赋给Square类的对象str。

第22行

```
System.out.println(str);
```

该行在屏幕上显示下列内容：

```
After calculation, the square of 10 is 100
```

示例9-3的输出如图9-3所示。

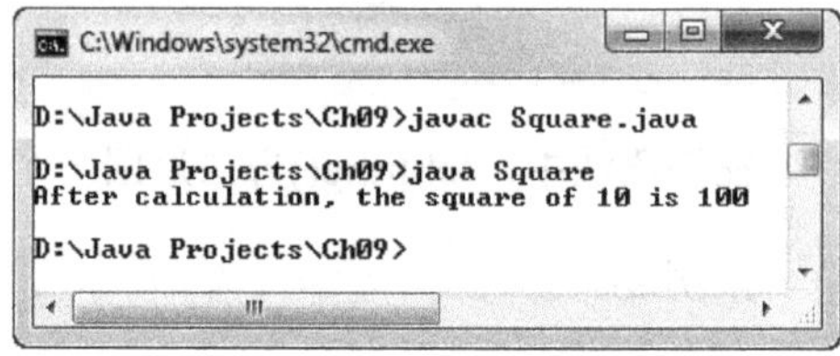

图9-3 示例9-3的输出

9.4.10 字符串提取方法

我们知道，字符串就是字符的集合。我们可以使用String类所提供的方法从String对象中提取字符。下面来逐一讨论这些方法。

（1）charAt()

String类的charAt()方法可以从字符串中提取单个字符。语法如下：

```
char charAt(int position)
```

在该语法中，整数类型变量position作为要提取字符的索引。position的值不可以是负数，最小不能小于0，最大不能超过字符串长度减1。否则，方法会返回一个空字符串。

例如：

```
String str = "Smith";
char result = str.charAt(2);
```

在这个例子中，charAt()方法返回字符i，然后将其赋给字符类型变量result。

（2）getChars()

charAt()方法可用于从字符串中提取单个字符。但如果要从中提取多个字符，则需要使用 String 类的 getChars()方法。语法如下：

```
void getChars(int start, int end, char dest[], int deststart)
```

在该语法中，整数类型变量 start 指定了要提取的子串在调用字符串（invoking string）中的起始索引。整数类型变量 end 指定了子串的结束索引。子串（从 start 到 end-1）被保存在字符类型数组 dest[]中。整数类型变量 deststart 包含一个整数值，代表数组 dest[]的起始偏移。

提示

字符类型数组的大小应该足以容纳子串。

示例 9-4

下面的例子演示了 String 类的 getChars()方法的用法。该程序使用 getChars()从字符串中提取指定的子串并将其显示在屏幕上。

```
//编写程序，从字符串中提取子串
1   class getCharsdemo
2   {
3      public static void main(String arg[])
4      {
5          String str = "Smith has already completed his graduation";
6          int startindex = 6;
7          int endindex = 17;
8          int size = endindex-startindex;
9          char arr[] = new char[size];
10         str.getChars(startindex, endindex, arr, 0);
11         System.out.println(arr);
12     }
13  }
```

讲解

第 10 行

str.getChars(startindex, endindex, arr, 0);

在该行中，使用 str 对象（包含字符串 Smith has already completed his graduation）调用了 getChars()方法，提取范围从第 7 个字符（h）开始，一直到第 17 个字符（y）结束。然后，将得到的子串 has already 保存在字符数组 arr 中。

第 11 行

System.out.println(arr);

该行在屏幕上显示下列内容：

has already

示例 9-4 的输出如图 9-4 所示。

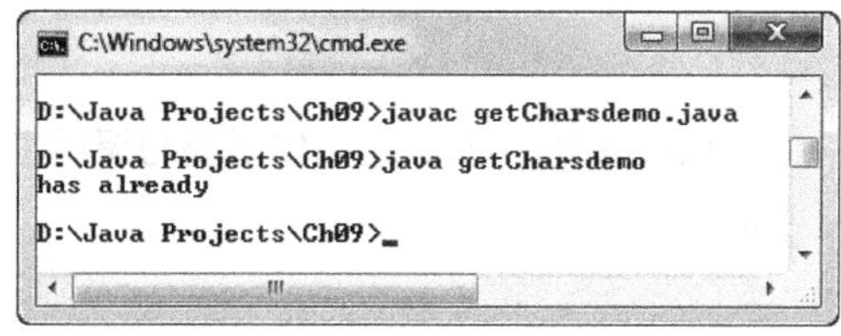

图 9-4　示例 9-4 的输出

9.4.11 字符串修改方法

在 Java 中，所有的字符串都是不可变的。如果修改了字符串，则改动后的字符串会被保存在一个新的对象中，而非原先的 String 类的对象。String 类提供了一些字符串修改方法，可以为改动后的字符串创建新的副本。下面来逐一讨论这些方法。

1. substring()

substring()方法可以从字符串中提取特定部分或子串。语法如下：

```
String substring(int start)
```

在该语法中，整数类型变量 start 代表了要提取的子串在调用字符串（invoking string）中的起始索引。方法返回指定的子串。

例如：

```
String str = "How are you?";
String result = str.substring(4);
System.out.println(result);
```

在这个例子中，String 类的对象 str 调用了 substring()方法。整数值 4 作为该方法的参数传入，指定从第 5 个字符开始，一直提取到字符串 str 的末尾。得到的结果如下：

are you?

substring()方法还有另一种用法：

```
String substring(int start, int end)
```

其中，整数类型变量 start 代表子串的起始索引，整数类型变量 end 代表子串的结尾索引。在这种形式中，结尾索引对应的字符不包含在最终的子串内。

例如：

```
String str = "How are you?";
String result = str.substring(0, 6);
System.out.println(result);
```

在这个例子中，子串从索引 0 处的字符（H）开始，一直到索引 5 处的字符（r）结束。最终，将得到的子串 How ar 赋给字符串对象 result。

2. concat()

我们已经知道，+运算符可用于拼接操作。String 类的 concat()方法可以将调用字符串与参数字符串拼接在一起。语法如下：

```
String concat(String str)
```

在该语法中，对象 str 指定了要与调用字符串拼接在一起的字符串。

例如：

```
String s1 = "How are you?";
String s2 = " I am fine";
String result = s1.concat(s2);
```

在这个例子中，字符串对象 s1 和 s2 分别包含字符串 How are you?和 I am fine。对象 s1 调用 concat()方法，对象 s2 作为其参数传入。concat()方法将对象 s2 所持有的字符串拼接在对象 s1 所持有的字符串的尾部。最终，将得到的字符串 How are you? I am fine 赋给字符串对象 result。

提示

concat()方法始终是将作为参数的字符串拼接在调用字符串的尾部。

3. replace()

String 类的 replace()方法可以将字符串中的特定字符替换成其他字符。语法如下：

```
String replace(char exist, char replacement)
```

在该语法中，字符变量 exist 指定了要被字符变量 replacement 替换掉的字符。

例如：

```
String s1 = "Good Morning";
String result = s1.replace('o', 'w');
```

在这个例子中，调用字符串 s1 中的所有字符 o 都会被替换成字符 w。替换完成之后，将得到的字符串 Gwwd Mwrning 赋给字符串对象 result。

replace()方法的另一种形式是用一个字符序列替换另一个字符序列。语法如下：

```
String replace(CharSequence exist, CharSequence replacement)
```

例如：

```
String s1 = "What are you doing?";
String result = s1.replace("doing", "eating");
```

在这个例子中，调用字符串中所有的字符序列 doing 都被替换成了 eating。最终得到的字符串是 What are you eating。

4. trim()

trim()方法可以从调用字符串中删除前导和尾随的空白字符。完成删除后，将调用字符串的副本赋给 String 类的对象。语法如下：

```
String trim()
```

例如：

```
String s1 = "    How are you?     ".trim();
```

在这个例子中，trim()方法从调用字符串 How are you 中删除所有的前导和尾随空白字符，然后将得到的字符串 How are you?赋给字符串对象 s1。

9.4.12 改变字符大小写

String 类还提供了改变字符大小写的方法。下面来逐一讨论。

1. toLowerCase()

toLowerCase()方法可以将字符串中所有的大写字符转换成小写字符。语法如下：

```
String toLowerCase()
```

例如：

```
String s1 = "John Smith".toLowerCase();
```

在这个例子中，toLowerCase()将字符串 John Smith 中的大写字符（J 和 S）转换成小写字符（j 和 s），最后得到的字符串 john smith 被赋给字符串对象 s1。

2. toUpperCase()

toUpperCase()方法可以将字符串中所有的小写字符转换成大写字符。语法如下：

```
String toUpperCase()
```

例如：

```
String s1 = "John Smith".toUpperCase();
```

在这个例子中，toUpperCase()将字符串 John Smith 中的小写字符转换成大写字符，最后得到的字符串 JOHN SMITH 被赋给字符串对象 s1。

9.4.13 字符串搜索方法

String 类提供了两个在字符串中搜索字符序列的方法，分别如下。

1. indexOf()

indexOf()方法可以在调用字符串中搜索指定字符或子串的首次出现。该方法有两种使用方式。

要搜索首次出现的单个字符，可以采用下面的用法：

```
int indexOf(char ch)
```

在该语法中，indexOf()方法搜索变量 ch 所包含字符的首次出现。

提示

在 indexOf()方法的参数列表中，也可以使用 int 类型来代替 char 类型。

要搜索首次出现的子串或字符序列，可以采用下面的用法：

```
int indexOf(String str)
```

在该语法中，indexOf()方法搜索字符串对象 str 所代表的子串的首次出现。

在 indexOf()方法中，也可以指定搜索的起点：

```
int indexOf(String str, int start)
int indexOf(char ch, int start)
```

在上述语法中，整数类型变量 start 指定了在调用字符串中的搜索起点。

2. lastIndexOf()

lastIndexOf()方法与 indexOf()方法的唯一差别在于，前者搜索的是指定字符或字符序列的最后一次出现。该方法不同的使用方式如下：

```
int lastIndexOf(char ch)
int lastIndexOf(String str)
int lastIndexOf(String str, int start)
int lastIndexOf(char ch, int start)
```

示例 9-5

下面的例子演示了 String 类的 indexOf()方法和 lastIndexOf()方法的用法。该程序使用这两个方法的多种形式来查找指定字符或子串的首次和最后一次出现。另外，还在屏幕上显示所匹配到的索引位置。

```
//编写程序，查找指定字符或子串的首次和最后一次出现

1   class searchdemo
2   {
3      public static void main(String arg[])
4      {
5          int index;
6          String s1 = "This is the demo of the methods of the String
7          class that are used for searching strings";
8          System.out.println("-------------------------------------");
9          System.out.println("indexof(char ch) and lastIndexOf(char ch)");
10         index = s1.indexOf('d');
11         System.out.println("The first occurrence is at: " +index);
12         index = s1.lastIndexOf('d');
13         System.out.println("The last occurrence is at: " +index);
14         Syst    em.out.println("-------------------------------------");
15         System.out.println("indexof(String str) and lastIndexOf(String str)");
16         index = s1.indexOf("the");
17         System.out.println("The first occurrence is at: " +index);
18         index = s1.lastIndexOf("the");
19         System.out.println("The last occurrence is at: " +index);
20         Syst    em.out.println("-------------------------------------");
21         System.out.println("indexof(String str, int start) and lastIndexOf(String str,
int start)");
22         index = s1.indexOf('d', 15);
23         System.out.println("The first occurrence is at: " +index);
24         index = s1.lastIndexOf("the", 10);
25         System.out.println("The last occurrence is at: " +index);
26     }
27  }
```

讲解

第 10 行

index = s1.indexOf('d');

在该行中，String 类的 indexOf()方法在字符串对象 s1 所持有的字符串中搜索字符 d 的首次出现。在这个例子中，字符 d 首次出现在索引为 12 的位置上。所以，indexOf()方法返回 12 并将其赋给变量 index。

第 12 行

index = s1.lastIndexOf('d');

在该行中，String 类的 lastIndexOf()方法在字符串对象 s1 所持有的字符串中搜索字符 d 的最后一次出现。在这个例子中，字符 d 最后一次出现在索引为 64 的位置上。所以，indexOf()方法返回 64 并将其赋给变量 index。

第 16 行

```
index = s1.indexOf("the");
```

在该行中，indexOf()方法在字符串对象 s1 所持有的字符串中搜索子串 the 的首次出现，然后返回匹配所在的索引位置。

第 18 行

```
index = s1.lastIndexOf("the");
```

在该行中，lastIndexOf()方法在字符串对象 s1 所持有的字符串中搜索子串 the 的最后一次出现，然后返回匹配所在的索引位置。

第 22 行

```
index = s1.indexOf('d', 15);
```

在该行中，indexOf()方法从索引为 15 的位置开始，在字符串对象 s1 所持有的字符串中搜索字符 d 的首次出现。

第 24 行

```
index = s1.lastindexOf("the", 10);
```

在该行中，lastIndexOf()方法从索引为 10 的位置开始，在字符串对象 s1 所持有的字符串中搜索子串 the 的最后一次出现。

示例 9-5 的输出如图 9-5 所示。

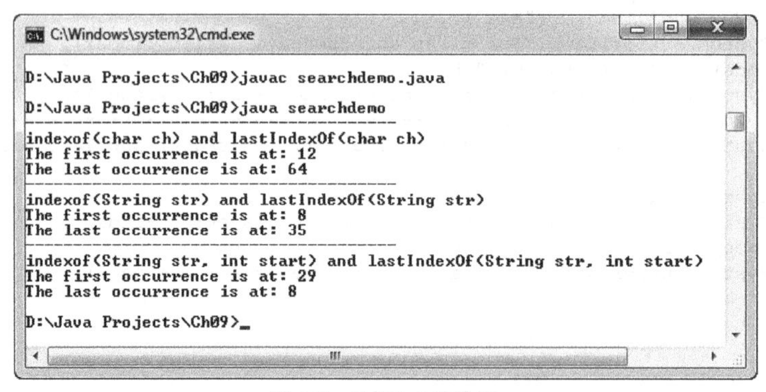

图 9-5 示例 9-5 的输出

3. valueOf()

在第 9.4.9 节中，我们已经学过了 Object 类的 toString()方法。但是 toString()方法的主要限制在于不能用它将原始类型数据描述为 String 对象。为了解决这个问题，Java 提供了静态的 valueOf()方法。该方法接受任何基本数据类型的参数，并将其转换为 String 类的对象。语法如下：

```
static String valueOf(type obj)
```

在该语法中，type 指定了原始数据类型，例如 double、int、boolean 等。valueOf()方法将 obj 的数据类型转换成 String 对象。

例如：

```
boolean i = true;
String s = String.valueOf(i);
```

在这个例子中，valueOf()方法返回字符串值 true，然后将其赋给字符串对象 s。

示例 9-6

下面的例子演示了 valueOf()方法的用法。该程序将不同类型的数据转换成字符串并在屏幕上显示结果。

```
//编写程序，将不同类型的数据转换成字符串
1    class valueOfdemo
2    {
3       public static void main(String arg[])
4       {
5           char arr[] = {'J', 'o', 'h', 'n', 'S', 'm', 'i', 't', 'h'};
6           int value = 10;
7           boolean val = true;
8           double dbl = 123.5240;
9           char ch = 'G';
10          System.out.println("String.valueOf(arr) = "+String.valueOf(arr));
11          System.out.println("String.valueOf(value) = "+String.valueOf(value));
12          System.out.println("String.valueOf(val) = "+String.valueOf(val));
13          System.out.println("String.valueOf(dbl) = "+String.valueOf(dbl));
14          System.out.println("String.valueOf(ch) = "+String.valueOf(ch));
15      }
16   }
```

讲解

第 10 行

System.out.println("String.valueOf(arr) = " +String.valueOf(arr));

在该行中，字符类型数组 arr 作为参数传入 valueOf()方法。valueOf()将数组 arr 的元素转换成单个字符串值 JohnSmith，然后将其返回并在屏幕上显示下列内容：

String.valueOf(arr) = JohnSmith

与此类似，在第 11 行～第 14 行中，valueOf()方法将不同类型的数据转换成字符串并显示在屏幕上。

示例 9-6 的输出如图 9-6 所示。

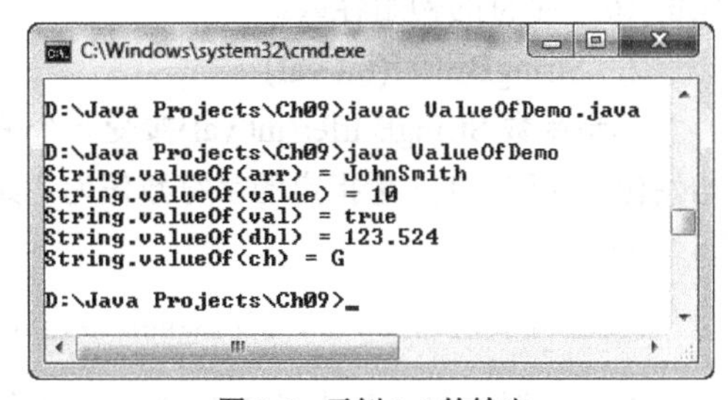

图 9-6　示例 9-6 的输出

9.4.14 获得字符串长度

可以使用 length()方法计算字符串的长度。它返回一个整数值，指明了应用该方法的字符串中所包含的字符数。语法如下：

```
char arr[] = {'S', 'm', 'i', 't', 'h'};
String obj = new String(arr);
int len = obj.length();
```

在这个例子中，length()方法返回 5，这是字符串对象 obj 的初始字符串 Smith 的长度。

9.5　StringBuffer 类

String 类是不可变的，这意味着一旦创建了该类的对象，就不能对其内容再做任何改动。如果做了改动，会生成一个新对象并将修改后的字符串保存在其中。但是在 Java 中，也可以通过 StringBuffer 类动态修改内容。分配给 StringBuffer 类对象的字符串是动态的，能够轻松修改。例如，如果 StringBuffer 类中的字符数量超过了对象的容量，对象会自动扩容以容纳多出的字符。可以像下面一样创建 StringBuffer 类的对象：

```
StringBuffer obj = new StringBuffer()
```

在该语句中，创建了 StringBuffer 类的对象 obj。其中，StringBuffer()是用于初始化对象 obj 的构造函数。

9.5.1　StringBuffer 类的构造函数

StringBuffer 类提供了如下 3 种构造函数。

1. StringBuffer()

StringBuffer()是 StringBuffer 类的默认构造函数，它不包含任何参数。该构造函数创建一个对象，不使用任何字符序列初始化，保留 16 个字符的初始容量。语法如下：

```
StringBuffer s1 = new StringBuffer();
```

在这个例子中，创建了 StringBuffer 类的对象 s1。其中，对象 s1 不做任何初始化处理，为其保留 16 个字符的初始容量。

2. StringBuffer(int val)

构造函数 StringBuffer(int val)接受一个整数类型参数。它创建一个对象，不使用任何字符序列初始化，保留 val 变量指定的字符数作为初始容量。

例如：

```
StringBuffer s1 = new StringBuffer(20);
```

在这个例子中，创建了 StringBuffer 类的对象 s1。其中，对象 s1 不做任何初始化处理，为其保留 20 个字符的初始容量（参数值为 20）。

3. StringBuffer(String obj)

构造函数 StringBuffer(String obj)接受 String 对象作为参数。它创建一个对象，使用字符串对象 obj 所持有的字符序列进行初始化，保留的初始容量为对象 obj 所持有的总字符数加上额外的 16 个字符。

例如：

```
StringBuffer s1 = new StringBuffer("Williams");
```

在这个例子中，创建了 StringBuffer 类的对象 s1。其中，对象 s1 初始化为字符序列 Willams，保留 24 个字符的初始容量（Willams 的字符数加上另外 16 字符）。

9.5.2 StringBuffer 类的方法

StringBuffer 类提供了多种处理该类对象的方法。下面逐个讨论。

1. length()

StringBuffer 类的 length()方法返回对象当前所持有的字符数量。语法如下：

```
int length()
```

例如：

```
StringBuffer s1 = new StringBuffer("Good Morning");
int i = s1.length();
```

在这个例子中，对象 s1 的初始内容为 Good Morning。其中，length()方法返回 12，因为对象 s1 当前包含了 12 个字符。

2. capacity()

StringBuffer 类的 capacity()方法返回在不扩容的情况下，对象中能够保存的字符数。语法如下：

```
int capacity()
```

例如：

```
StringBuffer s1 = new StringBuffer("Good Morning");
int i = s1.capacity();
```

在这个例子中，对象 s1 的初始内容为 Good Morning。其中，capacity()方法返回 28，因为对象 s1 中包含 12 个字符，另外还保留了 16 个字符的内存。

3. ensureCapacity()

ensureCapacity()可以确保创建 StringBuffer 类的对象之后所保留的最小容量。该方法的主要作用是保证所创建对象的容量。语法如下：

```
void ensureCapacity(int size)
```

在该语法中，ensureCapacity()方法将存储区域大小设置为整数类型变量 size 所指定的值。

例如：

```
StringBuffer s1 = new StringBuffer();
s1.ensureCapacity(85);
```

在这个例子中，ensureCapacity()方法确保对象 s1 可容纳 85 个字符。

4. setLength()

setLength()方法可用于增加或减少 StringBuffer 类的对象所持有的字符串长度。语法如下：

```
void setLength(int length)
```

在该语法中，整数类型变量 length 指定了字符串的长度。

提示

传入 setLength()方法的参数值始终应该是正数。

如果传入 setLength()方法的参数值小于字符串的现有长度，那么其中某些字符会丢失。传入 setLength()方法的参数值大于字符串的现有长度，会在原有字符串尾部追加若干个 NULL 字符。

示例 9-7

下面的例子演示了 length()和 setLength()方法的用法。该程序会显示字符串的当前长度、设置新的字符串长度并显示其新的内容。

```
//编写程序，设置新的字符串长度
1   class setLengthdemo
2   {
3      public static void main(String arg[])
4      {
5          int len;
6          StringBuffer s1 = new StringBuffer("Good Morning");
7          len = s1.length();
8          System.out.println("Current string is: " +s1.toString());
9          System.out.println("Length of the current string is: " +len);
10         s1.setLength(8);
11         len = s1.length();
12         System.out.println("New length is: " +len);
13         System.out.println("Now, the object s1 contains: "+s1.toString());
14     }
15  }
```

讲解

第 6 行

StringBuffer s1 = new StringBuffer("Good Morning");

在该行中，定义了 StringBuffer 类的对象 s1 并将其初始化为 Good Morning。

第 7 行

len = s1.length();

在该行中，length()方法返回对象 s1 的当前字符串 Good Morning 的长度（12），然后将结果赋给整数类型变量 len。

第 8 行

System.out.println("Current string is: " +s1.toString());

该行在屏幕上显示下列内容：

`Current string is: Good Morning`

第 10 行

`s1.setLength(8);`

在该行中，length()方法返回对象 s1 的新长度，然后将该值赋给整数类型变量 len。

示例 9-7 的输出如图 9-7 所示。

```
D:\Java Projects\Ch09>javac SetLengthDemo.java

D:\Java Projects\Ch09>java SetLengthDemo
Current string is: Good Morning
Length of the current string is: 12
New length is: 8
Now, the object s1 contains: Good Mor

D:\Java Projects\Ch09>
```

图 9-7　示例 9-7 的输出

5. setCharAt()

StringBuffer 类的 setCharAt()方法可以设置字符串中特定字符的值。语法如下：

```
void setCharAt(int index, char ch)
```

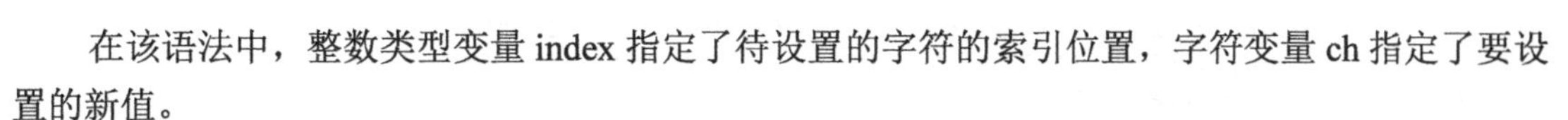

在该语法中，整数类型变量 index 指定了待设置的字符的索引位置，字符变量 ch 指定了要设置的新值。

例如：

```
char ch = 'W';
StringBuffer s1 = new StringBuffer("Talk");
s1.setCharAt(0, ch);
```

在这个例子中，setCharAt()方法从索引 0 开始，将字符串 Talk 中的 T 替换成了 W。

6. reverse()

reverse()可以颠倒调用字符串的字符顺序。语法如下：

```
StringBuffer reverse()
```

在该语法中，StringBuffer 是 reverse()方法的返回类型码，因为将调用字符串的字符顺序颠倒之后，该方法返回的是 StringBuffer 类的对象。

例如：

```
StringBuffer s1 = new StringBuffer("Good Morning");
s1.reverse();
```

在这个例子中，reverse()方法将字符串 Good Morning 颠倒为 gninroM dooG，然后返回颠倒后的字符串并将其赋给对象 s1。

7. append()

append()方法可以在 StringBuffer 类的对象所持有的字符串末尾添加不同类型的值。StringBuffer 类提供了 append()方法的 11 个重载版本。可以用它们在调用对象的字符串末尾添加任何类型的值。这 11 个版本的 append()方法的语法如下：

```
StringBuffer append(boolean bool)
StringBuffer append(char ch)
StringBuffer append(String str)
StringBuffer append(int val)
StringBuffer append(Object obj)
StringBuffer append(char[] str)
```

```
StringBuffer append(char[] str, int offset, int len)
StringBuffer append(double dbl)
StringBuffer append(float flt)
StringBuffer append(long lng)
StringBuffer append(StringBuffer sb)
```

示例 9-8

下面的例子演示了 append()方法的用法。该程序使用不同版本的 append()方法，在字符串末尾添加不同类型的数据并在屏幕上显示结果。

```
//编写程序，在字符串末尾添加不同类型的数据
1   class AppendDemo
2   {
3      public static void main(String arg[])
4      {
5          StringBuffer s1 = new StringBuffer("Good Morning");
6          char arr[] = {'J', 'o', 'h', 'n', 'S', 'm', 'i', 't', 'h'};
7          int value = 10;
8          boolean val = true;
9          double dbl = 123.5240;
10         char ch = 'G';
11         Object refer = "Object Reference";
12         String str = "How are you";
13         s1.append(" ");
14         s1.append(arr);
15         s1.append(" ");
16         s1.append(arr, 0, 4);
17         s1.append(" ");
18         s1.append(value);
19         s1.append(" ");
20         s1.append(val);
21         s1.append(" ");
22         s1.append(dbl);
23         s1.append(" ");
24         s1.append(ch);
25         s1.append(" ");
26         s1.append(refer);
27         s1.append(" ");
28         s1.append(str);
29         System.out.println("After using append(), s1 contains: "+s1);
30     }
31  }
```

讲解

第 5 行

`StringBuffer s1 = new StringBuffer("Good Morning");`

在该行中，定义了 StringBuffer 类的对象 s1 并将其初始化为 Good Morning。

第 13 行

`s1.append(" ");`

在该行中，在字符串 Good Morning 尾部添加了一个空格。

第 14 行

`s1.append(arr);`

在该行中，字符类型数组 arr 的元素 JohnSmith 被添加到字符串 Good Morning 的尾部。不过，因为原字符串经过第 13 行代码已经添加了空格，所以数组 arr 实际上是添加在空格之后。最终，对象 s1 包含下列字符串：

```
Good Morning JohnSmith
```

第 15 行～第 28 行的工作方式与第 13 行和第 14 行类似。

第 29 行

```
System.out.println("After using append(), s1 contains: "+s1);
```

该行在屏幕上显示下例内容：

```
After using append(), s1 contains: Good Morning JohnSmith John 10 true
123.524 G Object Reference How are you
```

示例 9-8 的输出如图 9-8 所示。

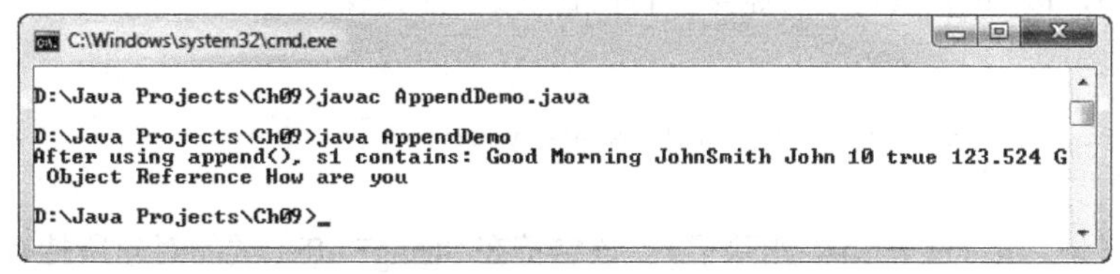

图 9-8　示例 9-8 的输出

8. insert()

insert()方法能够在调用字符串的任何位置插入不同类型数值。StringBuffer 类提供了多种类型数据的重载版本。其中部分版本的 insert()方法的语法如下：

```
StringBuffer insert(int index, int val)
StringBuffer insert(int index, float flt)
StringBuffer insert(int Index, long lng)
StringBuffer insert(int index, boolean bool)
StringBuffer insert(int index, char ch)
StringBuffer insert(int index, char[] str, int offset, int len)
StringBuffer insert(int index, String str)
StringBuffer insert(int index, Object obj)
```

在这些语法中，整数类型变量 index 指定了插入位置。

例如：

```
StringBuffer s1 = new StringBuffer("Very Morning");
s1.insert(5, "Good ");
```

在这个例子中，在字符串 Very Morning 索引为 5 的位置上插入字符串 Good。因此，对象 s1 中包含字符串 Very Good Morning。

9. delete()

delete()方法可以从 StringBuffer 类的对象所持有的字符串中删除不需要的字符。语法如下：

```
StringBuffer delete(int start, int end)
```

在该语法中，整数类型变量 start 指定了起始索引，变量 end 指定了结束索引（但不包括该索引上的字符）。delete()会删除起止索引范围内的子串。

例如：

```
StringBuffer str = new StringBuffer("How are you?");
str.delete(3, 7);
```

在这个例子中，delete()方法删除了从索引 3 到索引 6 位置上的字符。最终得到的字符串为：How you?

10. deleteCharAt()

deleteCharAt()方法可以从 StringBuffer 类的对象所持有的字符串中删除指定索引的字符。语法如下：

```
StringBuffer deleteCharAt(int location)
```

在该语法中，location 指定了待删除字符所在的索引位置。

例如：

```
StringBuffer str = new StringBuffer("How are you?");
str.deleteCharAt(8);
```

在这个例子中，deleteCharAt()删除了 y，该字符在 StringBuffer 类的对象所持有的字符串 How are you?中位于索引为 8 的位置。

11. replace()

replace()方法可以替换掉 StringBuffer 类的对象所持有的字符串中的部分字符。语法如下：

```
StringBuffer replace(int start, int end, String str)
```

在该语法中，整数类型变量 start 和 end 分别指定了子串的起止。该子串会被对象 str 所指定的字符序列替换。

例如：

```
StringBuffer s1 = new StringBuffer("Are you mad?");
s1.replace(0, 3, "Were");
```

在这个例子中，replace()方法使用 Were 替换了 Are。因此，最终得到的字符串如下：

```
Were you mad?
```

12. substring()

substring()方法可以从 StringBuffer 类的对象所持有的字符串中获取子串。语法如下：

```
String substring(int start)
```

在该语法中，整数类型变量 start 指定了子串开始的索引位置。该子串中包含的字符从调用字符串的 start 位置开始，直到结尾。

例如：

```
StringBuffer s1 = new StringBuffer("Good Morning");
```

```
String str = s1.substring(5);
```

在这个例子中，substring()方法提取到子串 Morning。该子串从索引为 5 的字符开始，一直到调用字符串的结尾。

substring()方法还有另一种用法：

```
String substring(int start, int end)
```

在该语法中，start 和 end 分别指定了要从调用字符串中提取的子串的起止索引。

例如：

```
StringBuffer s1 = new StringBuffer("Good Morning");
String str = s1.substring(5, 10);
```

在这个例子中，substring()方法提取到子串 Morni。

9.6 自我评估测试

回答以下问题，然后将其与本章末尾给出的问题答案比对。

1. String 类被声明为______类，该类是在_______包中定义的。
2. StringBuffer 类的______方法可以返回对象中当前所包含的字符数量。
3. ______构造函数用于初始化 String 类的对象。
4. String 类的______方法用于计算字符串长度。
5. ______运算符用于拼接两个字符串。
6. String 类的______方法用于检查两个字符串是否相等。
7. ______运算符用于比较 String 类的两个对象的引用。
8. String 类的______方法用于从字符串中提取单个字符。
9. ______方法可用于删除调用字符串的首尾空白字符。
10. _______方法可用于在调用字符串中搜索字符或子串的首次出现。
11. String 类的对象所持有的字符串值可以改变。（对/错）
12. StringBuffer 类的对象所持有的的字符串值不能改变。（对/错）
13. 传入 setLength()方法的值应该始终为正数。（对/错）
14. StringBuffer 类的 append()方法用于在字符串尾部添加各种类型的数值。（对/错）
15. StringBuffer 类的 width()方法可以返回当前的字符数量。（对/错）

9.7 复习题

1. 描述 String 类的不同类型的构造函数。
2. String 类的 equal()方法与 equalIgnore()方法之间有什么区别？
3. String 类与 StringBuffer 类的对象之间有什么区别？

4．解释 StringBuffer 类的 ensureCapacity()方法。

5．解释 StringBuffer 类的 replace()方法。

9.8 练习

练习 1

编写程序，演示 String 类的 toLowerCase()方法和 toUpperCase()方法的工作方式。

练习 2

编写程序，演示 String 类的 indexOf()方法和 lastIndexOf()方法的工作方式。

练习 3

编写程序，演示 StringBuffer 类的 insert()方法的工作方式。

自我评估测试答案

1．final, java.lang 2．length() 3．String(char arr[]) 4．length() 5．+ 6．equals() 7．==
8．charAt() 9．trim() 10．indexOf() 11．错 12．错 13．对 14．对 15．错

第 10 章

Applet 与事件处理

学习目标

阅读本章，我们将学习如下内容。

- Applet 类
- Applet 的生命周期
- paint()方法
- 创建 Applet
- 设置 Applet 的颜色
- 向 Applet 传递参数的概念
- getCodeBase()方法和 getDocumentBase()方法
- 事件处理
- 事件委托机制
- 事件类
- 事件源
- 事件侦听接口

10.1 概述

在本章中，我们将学习一种称为 applet 的特殊 Java 程序，这类程序不能作为独立的应用运行。applet 只能在 Web 浏览器或 appletviewer 中运行。在本章中，我们还将学习 Applet 类及其生命周期、各种 Applet 类的创建和执行。除此之外，我们还将详细讨论如何设置 applet 的颜色、向 applet 传递参数以及可应用于 applet 的各种事件处理和事件委托机制。

10.2 Applet

Applet 是一种运行在 Web 浏览器中的小型 Java 程序，可以在 Internet 上共享。由于运行在客户端，因此响应时间快。Applet 旨在嵌入 HTML 页面中，需要 JVM 才能查看。JVM 可作为 Web 浏览器插件，也可以作为单独的运行时环境。

10.2.1 Applet 类

在 java.applet 包中定义的 Applet 被视为所有 Java Applet 的基石，它提供了用于创建、控制、执行 Applet 的多种方法。Applet 类继承自 Panel 类，Panel 类则继承自 Container 类。Container 类继承自 Component 类，而后者则继承自 Object 类。Object 类、Component 类、Container 类、Panel 类均定义在 java.awt 包中，可用于创建基于窗口的图形用户界面并为其提供支持。通过这种方式，Applet 类还支持创建基于窗口的 applet。表 10-1 中列出了 Applet 类中所定义的各种方法。

表 10-1 Applet 类中所定义的方法

方法	描述
void init()	Applet 开始执行时要调用的第一个方法
void start()	当 Applet 开始执行时会调用该方法
void stop()	由浏览器或 appletviewer 调用，以停止执行 Applet
void destroy()	在 Applet 终止之前，Web 浏览器或 appletviewer 调用该方法进行清理工作
String getAppletInfo()	返回包含 Applet 描述的 String 对象
AppletContext getAppletContext()	返回 Applet 的上下文
AccessibleContext getAccessibleContext()	返回 Applet 的可访问上下文
AudioClip getAudioClip(URL url)	返回由参数 url 所指定的 AudioClip 对象
AudioClip getAudioClip(URL url, String name)	返回由参数 url 和 String 对象 name 所指定的 AudioClip 对象
URL getCodeBase()	返回 Applet 所在目录的 URL
URL getDocumentBase()	返回 Applet 所嵌入文档的 URL
Image getImage(URL url)	返回 Image 对象，其中包含图像的位置由 url 指定

续表

方法	描述
Image getImage(URL url, String name)	返回 Image 对象，其中包含图像的位置和名称分别由 url 和 String 对象 name 指定
Locale getLocale()	返回 Applet 的 Locale（如果设置过的话）。否则，返回默认的 Locale
String getParameter(String name)	返回 HTML 标记中的参数 name 的值。如果指定的参数未找到，则返回 NULL
String[ ][ ]getParameterInfo( )	返回由 Applet 识别的所以参数的信息
boolean isActive()	如果 Applet 处于活跃状态，返回 true；否则，返回 false
public static final AudioClip new AudioClip(URL url)	返回 AudioClip 对象，其中包含从 url 接收到的音频剪辑
void play(URL url)	播放由 url 指定位置上的音频剪辑
void play(URL url, String name)	播放音频剪辑，其位置和名称分别由 url 和 String 对象 name 指定
void resize(Dimension d)	根据对象 d 所指定的尺寸重新调整 Applet 的大小
void showStatus(String s1)	用于在浏览器或 appletviewer 状态窗口中显示对象 s1 的内容
void resize(int width, int height)	根据整数类型变量 width 和 height 所指定的值，重新调整 Applet 的宽度和高度
void paint(Graphics g)	用于在 Applet 上绘制图形
void update(Graphics g)	由该方法调用 paint()。你可能需要为动画和双缓冲图形（double buffering graphics）重写此方法
void setBackground(Color x)	定义背景颜色属性
void setForeground(Color x)	定义前景颜色属性
void repaint()	用于重绘 Applet 的图形

10.2.2 Applet 的生命周期

在 Java 中，每个 Applet 在其执行期间都有自己的生命周期。Applet 的生命周期要经历以下 4 个阶段。

1. init()

Applet 的生命周期始于 init()方法。这是在上传 Applet 时，由浏览器或 appletviewer 调用的第一个方法。在 init()方法内部，应该提供 Applet 所需的初始化代码。在 Applet 整个生命周期中，该方法只会被调用一次。

2. start()

start()方法紧随 init()方法之后被调用。该方法用于启动 Applet 执行。每当 Applet 挂起一段时间后恢复工作，就会调用该方法。

3. stop()

每当 Web 浏览器离开包含 Applet 的页面，转移到其他页面时，就会自动调用 stop()方法。在这个方法的帮助下，Applet 可以挂起一段时间。

4. destroy()

当包含 Applet 的浏览器或 appletviewer 完全关闭时，会调用 destory()方法。该方法在 Applet 整个生命周期中只调用一次。

10.2.3 paint()方法

paint()方法用于在 Applet 上绘制图形。该方法是在 java.awt.Component 中定义的，只包含一个 Graphics 类的对象作为参数。

paint()方法的语法如下：

```
public void paint(Graphics g)
```

在该语法中，g 是 Graphics 类的对象，包含 Applet 运行所在的图形上下文。

10.2.4 创建 Applet

在创建 Applet 之前，我们需要理解 Applet 的整体框架以及如何保存、编译、执行 Applet。Applet 有两种运行方式。

- 使用 HTML 文件。
- 不使用 HTML 文件。

1. 使用 HTML 文件

要使用 HTML 文件运行 Applet，需要创建两个文件：一个是以.java 作为扩展名的 Applet 文件，另一个是以.html 作为扩展名的 HTML 文件。下面的例子通过创建 HTML 文件，展示了 Applet 的整体框架：

```
//下面的代码用于 Appletdemo.java
import java.awt.*;
import java.applet.*;
public class Appletdemo extends Applet
{
   public void init()
   {
          //init()方法的语句
   }
   public void start()
   {
          //start()方法的语句
   }
   public void paint(Graphics g)
   {
          //paint()方法的语句
   }
   public void stop()
   {
          //stop()方法的语句
   }
   public void destroy()
   {
          //destroy()方法的语句
```

```
    }
}

//下面的代码用于 Appletdemo.html
<html>
   <applet code= "Appletdemo.class" width= "500" height= "100">
   </applet>
</html>
```

在这个示例中，创建了两个文件：一个是 Appletdemo.java，另一个是 Appletdemo.html。在 Appletdemo.java 中，前两条 import 语句用于将 Applet、Graphics 等类导入程序。只要是创建 applet，都必须将其导入。在下一条语句中，Appletdemo 类使用 extends 关键字继承了 Applet 类。在该类中，我们可以根据需要重写 init()、start()、stop()等所有方法。因为上面的方法并没有包含任何定义，所以输出的只是一个空 Applet。但是，我们可以自己添加相应的方法定义。

为了在 HTML 页面中嵌入 Applet，创建了一个包含<applet>标签的 Appletdemo.html 文件。在<applet>标签中，指定 Java 程序的类文件（如 Appletdemo.class）以及 Applet 窗口的宽度和高度。

使用适合的扩展名保存好文件之后，编译程序，生成类文件，将其放入<applet>标签内。可以像下面一样使用 javac 命令编译 Appletdemo.java：

```
javac Appletdemo.java
```

现在，使用 appleviewer 命令执行该 Applet：

```
appletviewer Appletdemo.html
```

屏幕上这时会出现一个 500×100 的 Applet 窗口，如图 10-1 所示。

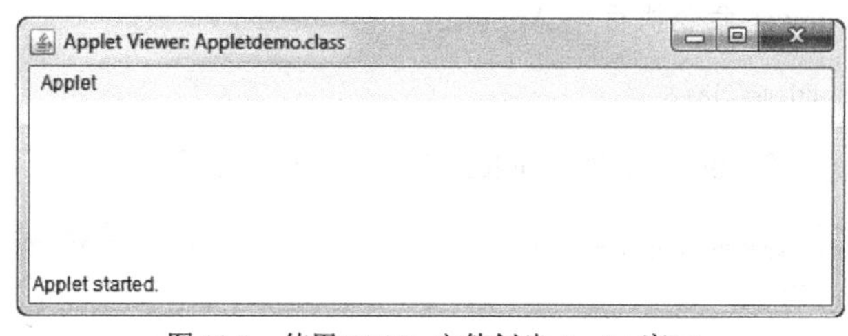

图 10-1 使用 HTML 文件创建 Applet 窗口

2. 不使用 HTML 文件

要不使用 HTML 文件执行 Applet，需要创建一个在注释中包含<applet>标签的 Applet 并编译。下面例子展示了没有 HTML 文件的 Applet 的整体框架：

```
import java.awt.*;
import java.applet.*;
//<applet code= "Appletdemo.class" width= "500" height= "100"> </applet>
public class Appletdemo extends Applet
{
   public void init()
   {
         //init()方法的语句
   }
   public void start()
```

```
    {
           //start()方法的语句
    }
    public void paint(Graphics g)
    {
           //paint()方法的语句
    }
    public void stop()
    {
           //stop()方法的语句
    }
    public void destroy()
    {
           //destroy()方法的语句
    }
}
```

在这个示例中，前两条 import 语句用于将 Applet、Graphics 等类导入程序。只要创建 AWT applet，就少不了这两句。下一条语句中包含了 HTML 标签<applet>。该标签并不属于 Java 语言，因此被视为注释。在<applet>中，指定 Java 程序的类文件（如 Appletdemo.class）以及 Applet 窗口的宽度和高度。在接下来的语句中，Appletdemo 类使用 extends 关键字继承了 Applet 类。在这个类内部，可以根据需要重写 init()、start()、stop()等所有的方法。因为上面的这些方法并没有包含任何定义，所以输出的只是一个空 Applet。但是，我们可以自己添加相应的方法定义。

代码部分编写完成之后，将文件保存为 Appletdemo.java。然后，编译程序，生成类文件，在<applet>标签内指定该文件。我们可以像下面一样使用 javac 命令编译 Appletdemo.java：

```
javac Appletdemo.java
```

现在，使用 appleviewer 命令执行该 Applet：

```
appletviewer Appletdemo.java
```

屏幕上这时会出现一个 500×100 的 Applet 窗口，如图 10-2 所示。

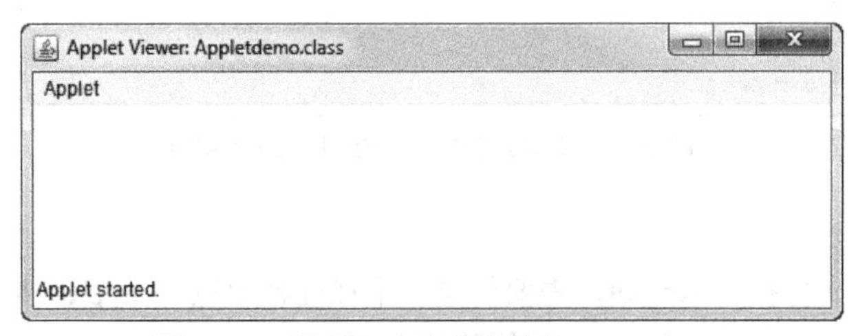

图 10-2　不使用 HTML 文件创建 Applet 窗口

示例 10-1

下面的例子演示了如何创建简单的 Applet。该程序创建了一个可以在屏幕上显示字符串的 Applet。

```
//编写程序，创建一个 Applet
1   import java.awt.*;
2   import java.applet.*;
```

```
3   //<applet code= "FirstApplet.class" width=300   height=100></applet>
4   public class FirstApplet extends Applet
5   {
6      public void paint(Graphics g)
7      {
8          g.drawString("First applet", 100, 50);
9      }
10  }
```

讲解

第 1 行和第 2 行

```
import java.awt.*;
import java.applet.*;
```

这两行使用 import 关键字导入了 java.awt.*和 java.applet.*。这两个包中定义的所有类都被包含在该程序中，全部可供 FirstApplet 类使用。

第 3 行

```
//<applet code="Firstapplet.class" width=300 height=100></applet>
```

该行中包含了 HTML 标签<applet>。Java 将这个标签视为注释。在标签内部，FisrtApplet 的类文件作为 code 的值。width 和 height 分别是 Applet 窗口的宽度（300）和高度（100）。

第 4 行

```
public class FirstApplet extends Applet
```

在该行中，将 FirstApplet 类声明为 public 类。FirstApplet 类继承了在 java.applet.*包中的 Applet 类的所有属性。

第 6 行～第 9 行

```
public void paint(Graphics g)
{
        g.drawString("First applet", 100, 50);
}
```

这几行定义了 paint()方法。该方法的参数列表中包含 Graphics 类的对象 g。这个对象定义了 Applet 运行所在的环境。在 paint()方法内部，调用了 Graphics 类的 drawString()方法。它会在坐标为(100, 50)的位置处绘制字符串 First applet。在 Java 中，Applet 窗口左上角的坐标为（0，0）。

示例 10-1 的输出如图 10-3 所示。

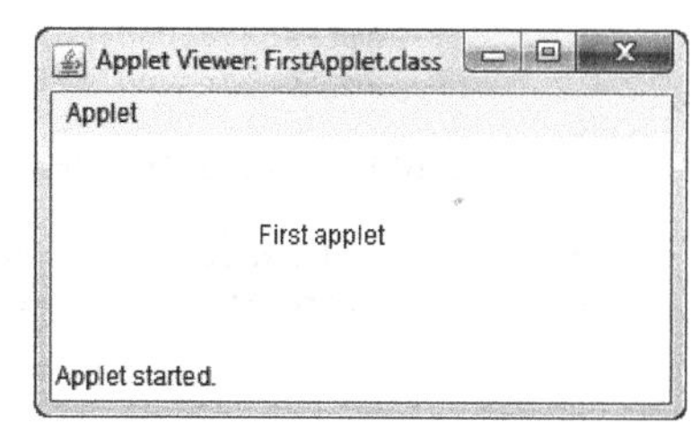

图 10-3　示例 10-1 的输出

10.2.5 设置 Applet 的颜色

可以使用下面的方法设置 Applet 的前景色和背景色：

```
setBackground(Color objColor)
setForeground(Color objColor)
```

这些方法是由 Component 类所定义的。其中，objColor 指定了新的颜色，可以是下列 Color 类的常量值：

Color.black
Color.white
Color.orange
Color.blue
Color.cyan
Color.magenta
Color.gray
Color.lightGray
Color.darkGray
Color.red
Color.green
Color.yellow
Color.pink

示例 10-2

下面的例子演示了 setBackground()和 setForeground()方法的用法。该程序修改了 Applet 的背景色和前景色。

```
//编写程序，修改 Applet 的背景色和前景色
1   import java.awt.*;
2   import java.applet.*;
3   //<applet code= "Colorsdemo.class" width=300    height=100></applet>
4   public class Colorsdemo extends Applet
5   {
6      public void init()
7      {
8          setBackground(Color.cyan);
9          setForeground(Color.blue);
10     }
11     public void paint(Graphics g)
12     {
13         g.drawString("Background color is set to cyan", 65, 30);
14         g.drawString("Foreground color is set to blue", 65, 50);
15     }
16  }
```

讲解

第 6 行～第 10 行

```
public void init()
{
        setBackground(Color.cyan);
        setForeground(Color.blue);
```

```
}
```

这几行定义了 init()方法。其中包含 setBackground(Color.cyan)和 setForeground (Color.blue)两个方法。执行这些方法时，会将 Applet 的背景色和前景色分别修改成青色和蓝色。

第 11 行～第 15 行

```
public void paint(Graphics g)
{
        g.drawString("Background color is set to cyan", 65, 30);
        g.drawString("Foreground color is set to blue", 65, 50);
}
```

这几行定义了 paint()方法。其中，调用了两次 drawString()方法，绘制了 Background color is set to cyan 和 Foreground color is set to blue 两个字符串。位置分别位于（65, 30）和（65, 50）。

示例 10-2 的输出如图 10-4 所示。

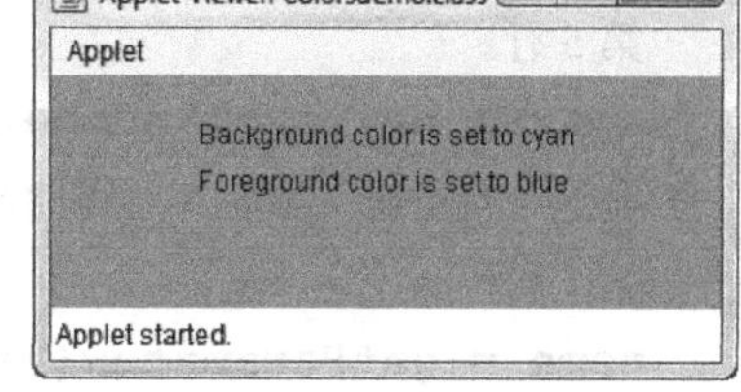

图 10-4 示例 10-2 的输出

在这个例子中，使用了两个方法修改 Applet 的背景色和前景色。如果要获取 Applet 的背景色和前景色的当前设置，则可以使用以下两个方法。

- Color getBackground()。
- Color getForeground()。

这些方法返回 Color 类的对象，该对象包含 Applet 的背景色或前景色的相关信息，具体取决于所使用的方法。

10.2.6 向 Applet 传递参数

HTML 的<applet>标签有一个选项，我们可以使用该选项将参数传递给 Applet。这里，getParameter()方法用于检索参数，它获取指定参数的值，以 String 对象的形式将其返回。

示例 10-3

下面的例子演示了向 Applet 传递参数的概念。该程序向 Applet 传递参数，另外还会检索参数值并将其显示在 Applet 窗口内。

```
//编写程序，向 Applet 传递参数
1   import java.awt.*;
2   import java.applet.*;
3   /* <applet code= "Parameterdemo.class" width=300 height=100>
4   <param name=studentname value=Williams>
5   <param name=rollnumber value=110>
6   </applet> */
7   public class Parameterdemo extends Applet
8   {
9      String name;
10     String rollnum;
11     public void start()
```

```
12     {
13         name = getParameter("studentname");
14         rollnum = getParameter("rollnumber");
15     }
16     public void paint(Graphics g)
17     {
18         g.drawString("The name of the student is: " +name, 0,20);
19         g.drawString("The roll number is: " +rollnum, 0,40);
20     }
21 }
```

讲解

第 4 行

<param name=studentname value=Williams>

该行展示了<param>标签。在此标签中，name 指定了属性名称，value 指定了该属性的值。这里，属性名称是 studentname，属性值是 Willams。

第 5 行

<param name=rollnumber value=110>

在这个<param>标签中，属性名称是 rollnumber，属性值是 110。

第 13 行

name = getParameter("studentname");

在该行中，属性 studentname 作为参数传入 getParameter()方法。getParameter()获得并返回 studentname 属性的值 Willams，然后将其赋给字符串对象 name。

第 14 行

rollnum = getParameter("rollnumber");

在该行中，属性 rollnumber 作为参数传入 getParameter()方法。这里，属性 rollnumber 包含的是一个整数值。getParameter()以 String 类的对象形式获得并返回 rollnumber 属性的值。整数值 110 因此被视为字符串对象值，然后将其赋给字符串对象 rollnum。

示例 10-3 的输出如图 10-5 所示。

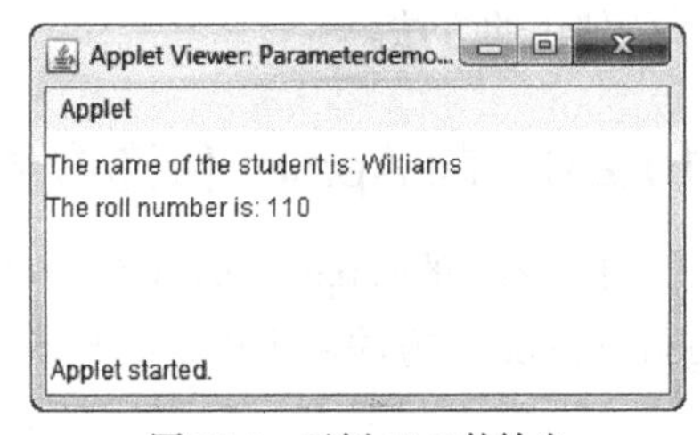

图 10-5 示例 10-3 的输出

10.2.7 getCodeBase()与 getDocumentBase()方法

在程序中，getCodeBase()方法返回 Applet 所在目录的 URL，getDocumentBase()方法返回 Applet 所嵌入文档的 URL。要使用这些方法，首先需要将 java.net 包导入程序。

示例 10-4

下面的例子演示了 getCodeBase()和 getDocumentBase()方法的用法。该程序通过这两个方法获得 applet 的 URL 并将其显示在 Applet 窗口中。

```
// 编写程序，演示 getCodeBase()和 getDocumentBase()方法的用法
1   import java.awt.*;
```

```
2   import java.applet.*;
3   import java.net.*;
4   //<applet code= "CodeDocumentBase.class" width=525 height=100></applet>
5   public class CodeDocumentBase extends Applet
6   {
7      String code;
8      URL url;
9      public void paint(Graphics g)
10     {
11        url = getCodeBase();
12        code = "The getCodeBase() returns: " + url.toString();
13        g.drawString(code, 0, 20);
14        url = getDocumentBase();
15        code = "The getDocumentBase() returns: " +url.toString();
16        g.drawString(code, 0, 50);
17     }
18  }
```

讲解

第 8 行

`URL url;`

在该行中，声明了 URL 类的对象 url。

第 11 行

`url = getCodeBase();`

在该行中，getCodeBase()方法返回 applet 所在目录的 URL，然后将其赋给对象 url。getCodeBase()返回的 URL 如下：

file:/D:/Java%20Projects/Ch10/

第 12 行

`code = "The getCodeBase() returns: " + url.toString();`

在该行中，toString()方法将对象 url 描述为字符串对象，然后用此对象与字符串 The getCodeBase() returns:拼接，结果赋给字符串对象 code。

第 14 行

`url = getDocumentBase();`

在该行中，getDocumentBase()方法返回 Applet 所嵌入文件的 URL，然后将结果赋给对象 url。getDocumentBase()返回的 URL 如下：

file:/D:/Java%20Projects/Ch10/CodeDocumentBase.java

示例 10-4 的输出如图 10-6 所示。

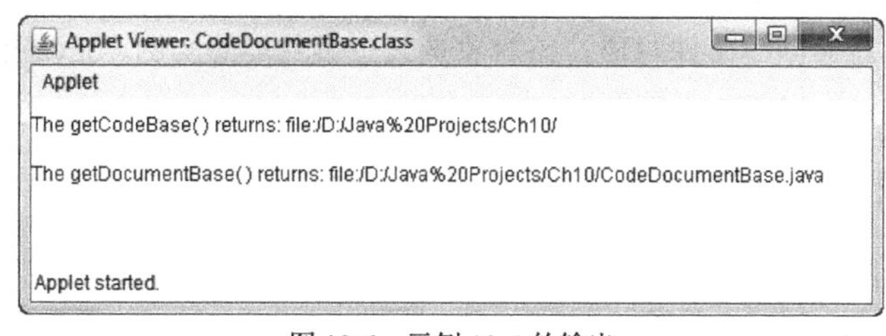

图 10-6　示例 10-4 的输出

10.3　事件处理

在本章先前部分中，我们学习了 Applet 及其功能。在本节中，我们将了解到另一个称为事件处理的重要概念。Java Applet 是一种事件驱动程序，拥有与最终用户交互的图形用户界面。当最终用户以不同方式与 GUI 交互时（如单击鼠标按键、移动鼠标或在文本框中输入文本），Applet 生成相应的事件。要处理这些事件，需要在程序中使用事件处理命令。java.awt.event 和 java.util 包中包含了支持事件处理机制的类。

在本节中，我们将学习事件处理机制、事件类、常量以及事件类方法。

10.3.1　事件处理机制

在 Java 中，较为简单的事件处理方法称为委托事件模型（delegation event model）。在该模型中，事件从生成到处理的整个过程是一致的。委托事件模型中用到了 3 个主要组件。

1. 事件源

事件源是最终用户能与之交互的 GUI 组件，例如按钮、鼠标和键盘等。只要组件的内部状态发生变化，就会产生一个或多个事件。

2. 事件对象

当事件发生时会创建事件对象。该事件封装了诸如事件类型、事件源、发生的事件等所有信息。

3. 事件侦听器

事件侦听器是事件发生时由事件源所通知的对象。它对事件进行相应的处理。每个事件侦听器都应该使用事件源注册。

下面描述了委托事件模型的工作方式以及以上 3 个组件在其中扮演的角色。

- 使用下列语法为事件源注册侦听器：

```
public void addTypeListener(TypeListener ref)
```

在该语法中，Type 是事件名称，ref 是事件侦听器的引用。只要完成注册，侦听器就会一直等待事件发生。有关此方法的更多内容，可参见第 11 章。

- 当事件发生时，会向事件侦听器传入一个事件对象。
- 当事件侦听器接收到事件对象时，就开始处理事件，执行特定任务。

10.3.2　事件类

只要产生事件，就会创建事件对象。该对象是某个事件类的实例。Java 提供了下列事件类。

- EventObject。
- AWTEvent。
- ActionEvent。
- ItemEvent。
- AdjustmentEvent。

- TextEvent。
- ComponentEvent。
- InputEvent。
- KeyEvent。
- MouseEvent。
- FocusEvent。
- ContainerEvent。
- WindowEvent。

下面对上述事件类进行逐一讨论。

1. EventObject 类

EventObject 类是在 java.util 包中定义的。该类位于 Java 事件类层次结构的根部，其他所有的事件类均是由它派生而来的。EventObject 定义了下列构造函数：

```
EventObject(Object source)
```

在该语法中，source 代表产生事件的对象（或 GUI 组件）。

EventObject 类还包含 getSource()和 toString()这两个方法。

getSource()方法返回事件源对象。语法如下：

```
Object getSource()
```

toString()方法返回事件对象的字符串描述。语法如下：

```
String toString()
```

2. AWTEvent 类

AWTEvent 类是在 java.awt 包中定义的。在事件类的层次结构中，该类位于 EventObject 类之下，因此被视为 EventObject 类的子类。但它同时也是所有基于 AWT 事件的父类。

3. ActionEvent 类

当操作 GUI 组件时，例如按下按钮、选中菜单项等，就会生成 ActionEvent 类的事件对象。ActionEvent 类包含 3 种构造函数。

（1）ActionEvent(Object source, int id, String cmd)

在该语法中，source 代表产生事件的对象（或 GUI 组件）。整数类型变量 id 指定了事件类型，字符串对象指定了事件命令。

（2）ActionEvent(Object source, int id, String cmd, int modifiers)

在该语法中，前 3 个参数与上一个构造函数中的意义一样。整数类型变量 modifiers 是第 4 个参数，指定了产生事件时应用的辅助键（modifier keys）。

（3）ActionEvent(Object source, int id, String cmd, long time, int modifier)

在该语法中，参数 time 指定了事件发生的时间段。

ActionEvent 类定义了 ALT_MASK、CTRL_MASK、META_MASK 和 SHIFT_MASK 共 4 个

整数常量，它们用于标识产生事件时所按下的辅助键。

ActionEvent 包含 getActionCommand()、getModifiers()和 getWhen()方法。

getActionCommand()方法返回与事件关联的命令字符串。语法如下：

```
String getActionCommand()
```

getModifiers()方法返回一个整数值，代表在事件产生期间的辅助键。语法如下：

```
String getModifiers()
```

getWhen()方法返回事件产生时的时间戳。语法如下：

```
long getWhen()
```

4. ItemEvent 类

当选中或取消选中单选框或下拉列表时，会产生 ItemEvent 类的事件对象。该类定义了下列整数常量。

- DESELECTED。
- SELECTED。
- ITEM_STATE_CHANGED。

这里，常量 DESELECTED 和 SELECTED 用于具有两种选项的事件，常量 ITEM_STATE_CHANGED 指定某选项的状态是否改变。

ItemEvent 类的构造函数如下：

```
ItemEvent(ItemSelectable source, int id, Object item, int state)
```

在该构造函数中，source 代表产生事件的对象，整数类型变量 id 代表所产生事件的类型，item 对象指定了受该事件影响的选项，整数类型变量 state 代表选项的当前状态。

ItemEvent 类包含 getItem()、getStateChange()和 getItemSelectable()方法。

getItem()方法返回产生事件的选项的引用。语法如下：

```
Object getItem()
```

getStateChange()方法返回一个整数值，指示事件的状态更改（选中或取消选中）。语法如下：

```
int getStateChange()
```

getItemSelectable()方法返回发起事件的 ItemSelectable 对象的引用。语法如下：

```
ItemSelectable getItemSelectable()
```

5. AdjustmentEvent 对象

AdjustmentEvent 类的事件对象是由可调整对象（如滚动条）产生的。该类定义了下列整数常量。

- BLOCK_INCREMENT。
- BLOCK_DECREMENT。
- TRACK。
- UNIT_DECREMENT。

- UNIT_INCREMENT。
- ADJUSTMENT_VALUE_CHANGED。

前 5 个常量用于标识 5 种调整事件，最后一个常量 ADJUSTMENT_VALUE_CHANGED 表示调整值是否改变。

AdjustmentEvent 类包含下列构造函数：

```
AdjustmentEvent(Adjustable source, int id, int type, int curvalue)
```

在该语法中，source 代表产生 AdjustmentEvent 类型事件的 Adjustable 对象，整数类型变量 id、type、curvalue 分别指定了事件类型、调整类型、调整的当前值。

AdjustmentEvent 类包含 getAdjusetable()、getValue()和 getAdjustmentType()方法。

getAdjustable()方法返回产生事件的 Adjustable 对象。语法如下：

```
Adjustable getAdjustable()
```

getValue()方法返回调整事件做出的调整量。语法如下：

```
int getValue()
```

getAdjustmentType()方法返回在事件期间进行的调整类型。该方法返回由 AdjustmentEvent 类定义的整数常量。语法如下：

```
int getAdjustmentType()
```

6. TextEvent 类

TextEvent 类的事件对象是由文本字段组件（如文本框和文本区域等）产生的。当最终用户在文本字段中输入文字时就会触发这种事件。TextEvent 类定义了一个整数常量 TEXT_VALUE_CHANGED，用于告知文本区域中的文本是否有变化。

TextEvent 类包含下列构造函数：

```
TextEvent(Object source, int id)
```

在该语法中，source 代表产生事件的对象，整数类型对象 id 代表事件类型。

7. ComponentEvent 类

当组件被移动、改变大小或者可见性发生变化时，就会产生 ComponentEvent 类的事件对象。该类定义了 4 个整数常量。

- COMPONENT_HIDDEN。
- COMPONENT_MOVED。
- COMPONENT_RESIZED。
- COMPONENT_SHOWN。

这些整数常量用于标识由 ComponentEvent 类生成的 4 种不同类型的组件事件。

ComponentEvent 类包含下列构造函数：

```
ComponentEvent(Component source, int id)
```

在该语法中，source 代表产生事件的 ComponentEvent 类的对象，整数类型对象 id 代表事件类型。

ComponentEvent 类包含 getComponent()方法。

getComponent()方法返回产生事件的 Component 对象。语法如下：

```
Component getComponent()
```

8. InputEvent 方法

ComponentEvent 类是 InputEvent 类的直接父类。该类定义了下列整数常量。

- ALT_MASK。
- ALT_GRAPH_MASK。
- BUTTON1_MASK。
- BUTTON2_MASK。
- BUTTON3_MASK。
- CTRL_MASK。
- META_MASK。
- SHIFT_MASK。

InputEvent 类包含 getModifiers()、isAltDown()和 boolean isAltDown()方法。

getModifiers()方法返回所有的修改标志。语法如下：

```
int getModifiers()
```

根据是否在事件期间中按下 Alt 键，isAltDown()方法返回 true 或 false。语法如下：

```
boolean isAltDown()
```

与 isAltDown()方法一样，InputEvent 类还有其他方法，这些方法根据是否在事件期间按下辅助键来返回 true 或 false：

```
boolean isAltGraphDown()
boolean isControlDown()
boolean isMetaDown()
boolean isShiftDown()
```

9. KeyEvent 类

当键位被按下、释放、键入时，会产生 KeyEvent 类的事件对象。该类定义了 3 个整数常量。

- KEY_PRESSED。
- KEY_RELEASED。
- KEY_TYPED。

这些整数常量用于标识 KEY_PRESSED、KEY_RELEASED、KEY_TYPED 这 3 种不同的按键事件。

当按键被按下时，产生 KEY_PRESSED 事件；当按键被释放时，产生 KEY_RELEASED 事件。只要按下按键，就会生成虚拟按键代码（virtual key code），标识键盘上所对应的按键。例如，当按下 Alt 键时，会生成其虚拟键代码 VK_ALT，并且产生 KEY_PRESSED 事件。以下是一些常量 VK 所指定的虚拟键代码。

- VK_0 through VK_9　　数字键（0～9）。
- VK_A through VK_Z　　字母键（A～Z 以及 a～z）。
- VK_ALT　　Alt 键。
- VK_CONTROL　　Ctrl 键。
- VK_DOWN　　下箭头键。
- VK_UP　　上箭头键。
- VK_RIGHT　　右箭头键。
- VK_LEFT　　左箭头键。
- VK_SHIFT　　Shift 键。

当在文本字段中输入内容的时候会产生 KEY_TYPED 事件。但是，在这种情况下，并不是所有按下的键都会生成字符。例如，当按下 Alt 键的时候，就不会生成任何字符。

KeyEvent 类包含下列构造函数：

```
KeyEvent(Component source, int id, long time, int modifiers, int code, char chr)
```

在该语法中，source 代表产生事件的 Component 方法。int 类型变量 id 指定了事件类型，long 类型变量 time 指定了按下按键的时间，int 类型变量 modifiers 代表事件产生期间按下的按键，int 类型变量 code 代表所按下键的虚拟按键代码。但是在 KEY_TYPED 事件中，虚拟按键代码包含的是 VK_UNDEFINED。char 类型变量 chr 代表事件中生成的字符。如果生成的字符是无效的 unicode 字符，则将 CHAR_UNDEFINED 赋给 chr。

KeyEvent 类包含 getKeyCode()、getKeyChar()和 getKeyText(int keycode)等常用的方法。

getKeyCode()方法返回事件产生期间所按下键的虚拟按键代码。语法如下：

```
int getKeyCode()
```

getKeyChar()方法返回事件产生期间所按下键的 unicode 字符。语法如下：

```
char getKeyChar()
```

getKeyText(int keycode)方法返回参数 keycode 所对应的字符串。语法如下：

```
String getKeyText(int keycode)
```

10. MouseEvent 类

当移动、拖拽、按下、释放、移入、移出和单击鼠标时，就会产生 MouseEvent 类的事件对象。该类定义了下列整数常量。

- MOUSE_CLICKED。
- MOUSE_DRAGGED。
- MOUSE_ENTERED。
- MOUSE_EXITED。
- MOUSE_MOVED。
- MOUSE_PRESSED。

- MOUSE_RELEASED。

所有这些常量均用于标识鼠标事件。

MouseEvent 类包含下列构造函数：

```
MouseEvent(Component source, int id, long time, int modifiers, int x, int y, int count, boolean
popuptrigger)
```

在该语法中，source 代表产生事件的 Component 对象。int 类型变量 id 指定了事件类型，long 类型变量 time 指定了事件发生的时间，int 类型变量 modifiers 代表产生鼠标事件时按下的辅助键，int 类型变量 x 和 y 代表鼠标位置的坐标，int 类型变量 count 指定了鼠标的单击数。如果事件是由弹出菜单产生的，则 boolean 类型变量 popuptrigger 返回 true。

MouseEvent 类包含 getX()、getY()、getPoint()、translatePoint()、getClickCount()、isPopupTrigger()和 getButton()方法。

getX()方法返回产生事件时鼠标指针相对于源组件的 x 坐标的位置。语法如下：

```
int getX()
```

getY()方法返回产生事件时鼠标指针相对于源组件的 y 坐标的位置。语法如下：

```
int getY()
```

getPoint()方法返回 Point 类的对象。该对象分别在其实例变量 x 和 y 中保存了鼠标指针的 x 坐标和 y 坐标。其位置是相对于产生事件时的源组件的位置。语法如下：

```
Point getPoint()
```

translatePoint()通过将作为参数传递给方法的值添加到事件中来更改事件的 x 坐标和 y 坐标。语法如下：

```
void translatePoint(int x, int y)
```

在该语法中，变量 x 和 y 的值分别添加到 x 坐标和 y 坐标中。

getClickCount()方法返回与事件关联的鼠标单击数。语法如下：

```
int getClickCount()
```

如果事件是由弹出菜单产生的，isPopupTrigger()方法返回 true。否则，返回 false。语法如下：

```
boolean isPopupTrigger()
```

getButton()方法返回鼠标按键或产生事件的鼠标按键的已改动状态。语法如下：

```
int getButton()
```

getButton()方法返回下列值。

- NOBUTTON。
- BUTTON1。
- BUTTON2。

- BUTTON3。

11. FocusEvent 类

当组件获得或失去输入焦点时，就会产生 FocusEvent 类的事件对象。FocusEvent 类定义了 FOCUS_GAINED 和 FOCUS_LOST 两个整数常量。这两个常量用于标识两种焦点事件。

FocusEvent 类包含下列构造函数：

```
FocusEvent(Component source, int id)
```

在该语法中，source 代表产生事件的 Component 对象，int 类型变量 id 代表所产生的事件类型。

```
FocusEvent(Component source, int id, boolean temporary)
```

在该语法中，source 代表产生事件的 Component 对象，int 类型变量 id 代表所产生的事件类型，boolean 类型变量 temporary 用于检查焦点的变化是临时性的还是永久性的。如果焦点是临时性改变，该变量设为 true；否则，设为 false。

FocusEvent 类包含 isTemporary()方法。

如果焦点事件是临时性的，isTemporary()方法返回 true；否则，返回 false。语法如下：

```
boolean isTemporary()
```

12. ContainerEvent 类

如果容器的内容发生改变，就会产生 ContainerEvent 类的事件对象。换句话说，当对容器添加或删除组件时，将生成此类的事件对象。ContainerEvent 类定义了 COMPONENT_ADDED 和 COMPONENT_REMOVED 两个整数常量。这两个常量用于标识容器事件。

ContainerEvent 包含下列构造函数：

```
ContainerEvent(Component source, int id, Component obj)
```

在该语法中，source 代表产生事件的 Component 对象。这里，组件就是容器。int 类型变量 id 代表所产生的事件类型，对象 obj 代表对容器添加或删除的组件。

ContainerEvent 类包含 getContainer()和 getChild()方法。

getContainer()方法返回产生事件的 Container 对象。语法如下：

```
Container getContainer()
```

getChild()方法返回对容器添加或删除的 Component 对象。语法如下：

```
Component getChild()
```

13. WindowEvent 类

当窗口对象被激活、失效、最小化、恢复、打开、关闭、获得焦点、失去焦点和即将关闭时，就会产生 WindowEvent 类的事件对象。为了识别这些事件，WindowEvent 类定义了下列整数常量。

- WINDOW_ACTIVATED。
- WINDOW_DEACTIVATED。
- WINDOW_ICONIFIED。

- WINDOW_DEICONIFIED。
- WINDOW_OPENED。
- WINDOW_CLOSED。
- WINDOW_CLOSING。
- WINDOW_GAINED_FOCUS。
- WINDOW_LOST_FOCUS。
- WINDOW_STATE_CHANGED。

WindowEvent 类包含下列构造函数：

```
WindowEvent(Window source, int id)
```

在该语法中，source 代表产生事件的 Window 对象，int 类型变量 id 代表事件类型：

```
WindowEvent(Window source, int id, int previousstate, int newstate)
```

在该语法中，source 代表产生事件的 Window 对象，int 类型变量 id 代表事件类型，Window 类的 opponent 对象代表窗口事件中涉及的其他窗口：

```
WindowEvent(Window source, int id, Window opponent)
```

在该语法中，source 代表产生事件的 Window 对象，int 类型变量 id 代表事件类型，Window 类的 opponent 对象代表窗口事件中涉及的其他窗口：

```
WindowEvent(Window source, int id, Window opponent, int previousstate, int newstate)
```

在该语法中，source 代表产生事件的 Window 对象，int 类型变量 id 代表事件类型，Window 类的 opponent 对象代表窗口事件中涉及的其他窗口，int 类型变量 previousstate 和 newstate 分别代表先前的窗口状态和新的窗口状态。

WindowEvent 类包含 getWindow()、getOppositeWindow()、getOldState()、getNewState()方法。

getWindow()返回产生事件的 Window 对象。语法如下：

```
Window getWindow()
```

getOppositeWindow()方法返回窗口事件中涉及的其他窗口。语法如下：

```
Window.getOppositeWindow()
```

getOldState()方法返回窗口先前的状态。语法如下：

```
int getOldState()
```

getNewState()方法返回窗口新的状态。语法如下：

```
int getNewState()
```

10.3.3 事件源

事件源基本上是产生事件的图形用户界面（Graphical User Interface，GUI）组件，主要包括以下几种。

- Button。
- TextField。
- TextArea。
- List。
- Choice List。
- Check Box。
- Scroll Bar。
- Menu Item。

有关这些组件的更多信息和相关概念将在第 11 章中介绍。

10.3.4 创建事件侦听器

在第 10.3.3 节中，我们对事件侦听器已经有所了解。在本节，我们将学习如何创建事件侦听器。这可以通过 java.awt.event 包所定义的一个或多个接口来实现。

1. ActionListener 接口

ActionListener 接口只用于处理行为事件（如单击按键）。该接口定义了下列方法：

```
void actionPerformed(ActionEvent eventobj)
```

只要出现行为事件，事件源就会调用 actionPerformed()方法，并将事件对象作为方法参数传入。该方法内部的语句指定了出现行为事件时要执行的任务。

2. ItemListener 接口

ItemListener 接口只用于处理选项事件（如选择单选框、选择下拉列表）。该接口定义了下列方法：

```
void itemStateChanged(ItemEvent eventobj)
```

只要出现选项事件，事件源就会调用 itemStateChanged()方法，并将事件对象作为方法参数传入。

3. AdjustmentListener 接口

AdjustmentListener 接口只用于处理调整事件（如拖动滚动条）。该接口定义了下列方法：

```
void adjustmentValueChanged(AdjustmentEvent eventobj)
```

只要出现调整事件，事件源就会调用 adjustmentValueChanged()方法，并将事件对象作为方法参数传入。

4. ComponentListener 接口

ComponentListener 接口只用于处理组件事件（如调整组件大小、移动组件）。该接口定义了下列方法：

```
void componentResized(ComponentEvent eventobj)
void componentMoved(ComponentEvent eventobj)
void componentShown(ComponentEvent eventobj)
void componentHidden(ComponentEvent eventobj)
```

只要出现组件事件（调整组件大小、移动组件、显示组件、隐藏组件），事件源就会调用与该事件对应的方法，并将事件对象作为方法参数传入。

5. ContainerListener 接口

ContainerListener 接口只用于处理容器事件（如在容器中添加组件）。该接口定义了下列方法：

```
void componentAdded(ContainerEvent eventobj)
void componentRemoved(ContainerEvent eventobj)
```

只要出现容器事件（对容器添加或删除组件），事件源就会调用与该事件对应的方法，并将事件对象作为方法参数传入。

6. KeyListener 接口

KeyListener 接口只用于处理按键事件（如 keyPressed、keyReleased、keyTyped）。该接口定义了下列方法。

- void keyPressed(KeyEvent eventobj)。
- void keyReleased(KeyEvent eventobj)。
- void keyTyped(KeyEvent eventobj)。

只要出现按键事件，事件源就会调用与该事件对应的方法，并将事件对象作为方法参数传入。

7. FocusListener 接口

FocusListener 接口只用于处理焦点事件（如获得焦点、失去焦点）。该接口定义了下列方法。

- void focusGained(FocusEvent eventobj)。
- void focusLost(FocusEvent eventobj)。

8. MouseListener 接口

MouseListener 接口只用于处理鼠标事件（如单击鼠标、按下鼠标和释放鼠标）。该接口定义了下列方法。

- void mouseEntered(MouseEvent eventobj)。
- void mousePressed(MouseEvent eventobj)。
- void mouseReleased(MouseEvent eventobj)。
- void mouseExited(MouseEvent eventobj)。
- void mouseClicked(MouseEvent eventobj)。

9. MouseMotionListener 接口

MouseMotionListener 接口只用于处理鼠标运动事件（如移动鼠标、拖拽鼠标）。该接口定义了下列方法。

- void mouseMoved(MouseEvent eventobj)。
- void mouseDragged(MouseEvent eventobj)。

10. WindowListener 接口

WindowListener 接口只用于处理窗口事件（如窗口激活、窗口失效、窗口最小化和窗口恢复）。该接口定义了下列方法。

- void windowActivated(WindowEvent eventobj)。

- void windowDeactivated(WindowEvent eventobj)。
- void windowIconified(WindowEvent eventobj)。
- void windowDeiconified(WindowEvent eventobj)。
- void windowOpened(WindowEvent eventobj)。
- void windowClosed(WindowEvent eventobj)。
- void windowClosing(WindowEvent eventobj)。

11. TextListener 接口

TextListener 只用于处理文本事件（如修改文本区域的内容）。该接口定义了下列方法：

```
void textChanged(TextEvent eventobj)
```

提示

我们会在第 11 章中学习更多有关这些方法实现的知识。

10.4 自我评估测试

回答以下问题，然后将其与本章末尾给出的问题答案比对。

1. 只能运行在 Web 浏览器内或 appletviewer 内的程序称为________。
2. Applet 类是在_______包中定义的。
3. Applet 的生命周期是从______方法开始的。
4. ______可用于在 applet 中绘制图形。
5. 在创建 Applet 时，必须将_____和______包导入程序。
6. 事件委托机制的 3 个主要组件分别是_______、________、________。
7. _______类位于 Java 事件类层次结构的顶端。
8. _______类是 InputEvent 类的直接父类。
9. FocusEvent 类所定义的整数常量是_______和_______。
10. Applet 类的 destroy()方法可用于清理进程。（对/错）
11. getParameter()方法以字符串对象形式返回值。（对/错）
12. getCodeBase()方法返回 Applet 所嵌入文件的 URL。（对/错）
13. 在 KeyEvent 类中，常量 VK 指定了虚拟按键代码。（对/错）
14. WindowEvent 类的 getWindow()方法返回 Container 类的对象。（对/错）

10.5 复习题

1. 什么是 Applet？
2. 解释 Applet 的生命周期。

3．解释 setBackground()和 setForeground()的工作方式。

4．getCodeBase()和 getDocumentBase()方法之间有什么区别？

5．解释不同的事件类。

10.6 练习

练习 1

编写程序，创建一个 Applet，在坐标（20, 50）的位置上显示字符串 Good Morning。

练习 2

编写程序，将 Applet 的前景色设为深灰色，背景色设为青色。

自我评估测试答案

1．Applet 2．java.applet 3．init() 4．paint() 5．java.awt.*, java.applet.*

6．事件源，事件对象，事件侦听器 7．EventObject 8．ComponentEvent

9．FOCUS_GAINED, FOCUS_LOST 10．对 11．对 12．错 13．对 14．错

第11章

抽象窗口工具包

学习目标

阅读本章，我们将学习如下内容。

- 使用 AWT 窗口
- 应用 AWT 图形
- 使用 AWT 控件
- 使用布局管理器

11.1 概述

在第10章中，我们学习了Applet、Applet类、事件委托机制。事件委托机制的3个主要组件是事件源、事件对象和事件侦听器。在本章，我们将了解到事件源如何生成事件对象以及事件侦听器如何处理该对象。另外，还会学习抽象窗口工具包（Abstract Window Toolkit）的有关知识。

11.2 AWT窗口

当Applet或窗口应用执行时，就会显示AWT窗口。AWT常用的窗口是Applet窗口和框架窗口（frame window）。Applet窗口在Applet执行时显示，框架窗口在窗口应用时显示。java.awt.Frame类支持框架窗口，在本节中，我们将详细学习框架窗口。

框架窗口

框架窗口是图形用户界面中第二常用的窗口。这种窗口派生自Frame类，包含标题栏、菜单栏、边框以及窗口调整按钮。另外，它也能够用在Applet窗口内。框架窗口可以通过创建Frame类的对象来生成。在本节中，我们将学习Frame类的构造函数、如何创建框架窗口，并使用各种方法在框架上应用不同的窗口设置。

1. Frame类的构造函数

Frame类的构造函数可用于创建框架窗口。Frame类拥有下列构造函数：

```
Frame()
Frame(GraphicsConfiguration gc)
Frame(String title)
Frame(String title, GraphicsConfiguration gc)
```

其中，第一个构造函数Frame()会创建出一个标题栏中没有内容的框架窗口，第二个构造函数Frame(GraphicsConfiguration gc)会创建出一个包含GraphicsConfiguration的框架窗口，第三个构造函数Frame(String title)创建出的框架窗口的标题栏中包含由字符串对象title所指定的内容，第四个构造函数Frame(String title, GraphicsConfiguration gc)会创建出一个包含标题和GraphicsConfiguration的框架窗口。

2. 设置框架窗口的大小

可以使用setSize()方法设置框架窗口的大小。语法如下：

```
void setSize(int width, int height)
void setSize(Dimension size)
```

在第一种语法中，框架窗口的宽度和高度分别由整数类型变量width和height指定；在第二种语法中，框架窗口的大小由size的width和height字段指定。

可以使用getSize()方法获得框架窗口的大小。语法如下：

```
Dimension getSize()
```

在该语法中，getSize()方法返回 Dimension 类的对象。该对象的 width 和 height 字段包含框架窗口的当前大小。

3. 设置框架窗口的可见性

创建好框架窗口之后，可以使用 setVisible()方法设置窗口的可见性。语法如下：

```
void setVisible(boolean val)
```

在该语法中，如果 setVisible()方法的 boolean 类型参数值为 true，则框架窗口可见；否则，框架窗口不可见。

4. 设置框架窗口的标题

Frame 类的构造函数能够设置框架窗口的标题。也可以使用 setTitle()方法修改框架窗口的标题。语法如下：

```
void setTitle(String title)
```

在该语法中，字符串对象 title 代表框架窗口的新标题。

5. 关闭框架窗口

可以使用 WindowListener 的 WindowClosing()方法关闭框架窗口。为此，必须在该方法的主体中编写相应的代码。更多信息可参见本章后续部分。

6. 创建框架窗口

在本节中，我们将学习如何创建一个框架窗口。

示例 11-1

下面的例子演示了框架窗口的创建方法。该程序将创建一个框架窗口并在其中显示字符串。另外，还会在屏幕上显示该框架窗口。

```
//编写程序，创建一个框架窗口
1   import java.awt.*;
2   import java.awt.event.*;
3   class FirstFramedemo extends WindowAdapter
4   {
5      public void windowClosing (WindowEvent event)
6      {
7          System.exit (0);
8      }
9   }
10  class FirstFrame extends Frame
11  {
12     private FirstFramedemo obj1;
13     FirstFrame()
14     {
15         obj1 = new FirstFramedemo();
16         setTitle("First Frame");
17         setSize(300, 200);
18         addWindowListener (obj1);
19         setVisible(true);
20     }
21     public void paint(Graphics g)
22     {
```

```
23          g.drawString("First Frame Window", 100,110);
24      }
25      public static void main(String arg[])
26      {
27          Frame f1;
28          f1 = new FirstFrame();
29      }
30  }
```

讲解

第 3 行

class FirstFramedemo extends WindowAdapter

在该行中，FirstFramedemo 类继承了 WindowAdapter 类的属性。

第 5 行～第 8 行

```
public void windowClosing (WindowEvent event)
{
        System.exit (0);
}
```

这几行定义了 WindowListener 接口的 windowClosing()方法。该方法的参数列表包含一个 WindowEvent 类的对象 event。只要程序中产生了 close 事件，事件对象就会传给 event。然后，该方法执行 System.exit(0)语句来处理事件。这条语句将从屏幕上移除窗口。

第 10 行

class FirstFrame extends Frame

在该行中，FirstFrame 类继承了 Frame 类。

第 12 行

private FirstFramedemo obj1;

在该行中，声明了 FirstFramedemo 类的对象 obj1。该对象用于处理窗口事件。

第 13 行～第 20 行

```
FirstFrame()
{
        obj1 = new FirstFramedemo();
        setTitle("First Frame");
        setSize(300, 200);
        addWindowListener (obj1);
        setVisible(true);
}
```

这几行定义了 FirstFrame 类的构造函数 FirstFrame()。在构造函数内部，第 15 行语句使用 new 运算符将 obj1 定义为 FirstFramedemo 类的对象。在第 16 行语句中，setTitle()方法将字符串 First Frame 设置为框架窗口的标题。然后，setSize()方法将帧窗口的宽度和高度分别设置为 300 和 200。接下来，注册 FirstFramedemo 类的 obj1 对象以接收窗口事件。在第 19 行语句中，setVisible()方法包含 boolean 值 true，使得框架窗口在屏幕上可见。

第 21 行～第 24 行

```
public void paint(Graphics g)
{
        g.drawString("First Frame Window", 100,110);
}
```

这几行定义了 paint()方法。在该方法内部，使用 drawString()方法在坐标（100, 110）处绘制字符串 First Frame Window。

第 27 行

```
Frame f1;
```

在该行中，声明了 Frame 类的对象 f1。

第 28 行

```
f1 = new FirstFrame();
```

在该行中，将 FirstFrame 类的对象的引用赋给对象 f1。这里，调用了构造函数 FirstFrame()，控制转移到该构造函数的定义处。

按照下面的语句编译并执行该程序：

D:\Java Projects\Ch11>javac FirstFrame.java

D:\Java Projects\Ch11>java FirstFrame

示例 11-1 的输出如图 11-1 所示。

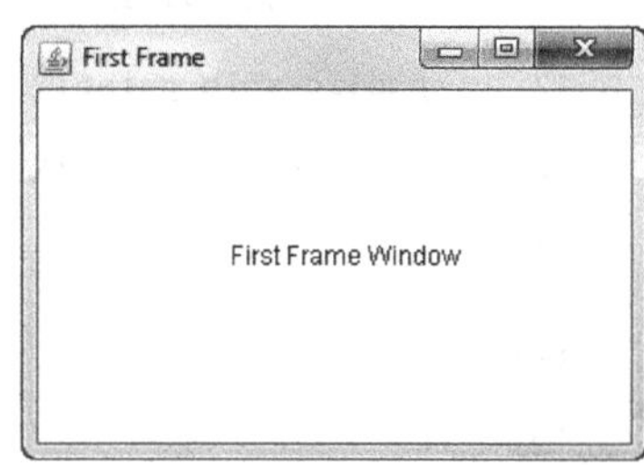

图 11-1 示例 11-1 的输出

7. 在 Applet 中创建框架窗口

在示例 11-1 中，我们看到了框架窗口是作为独立应用程序的顶层窗口。但是，我们也可以在 Applet 中创建一个作为子窗口的框架窗口。

示例 11-2

下面的程序演示了在 Applet 中创建框架窗口的方法。该程序在 Applet 中创建了一个框架窗口并在其中显示字符串。另外，在屏幕上同时显示 Applet 窗口和框架窗口。

```
//编写程序，在 Applet 中创建框架窗口
1   import java.awt.*;
2   import java.awt.event.*;
3   import java.applet.*;
4   //<applet code="Appletframedemo" width=300 height=100></applet>
5   class childframe extends Frame
6   {
7      childframe()
8      {
9          setTitle("Child Frame");
10         windowadapterdemo adapter = new windowadapterdemo();
11         addWindowListener(adapter);
12     }
13     public void paint(Graphics g)
14     {
```

```
15          g.drawString("Child Frame Window", 10,40);
16      }
17  }
18  class windowadapterdemo extends WindowAdapter
19  {
20      public void windowClosing (WindowEvent event)
21      {
22          System.exit(0);
23      }
24  }
25  public class Appletframedemo extends Applet
26  {
27      Frame frm;
28      public void init()
29      {
30          frm = new childframe();
31          frm.setSize(200, 100);
32          frm.setVisible(true);
33      }
34      public void start()
35      {
36          frm.setVisible(true);
37      }
38      public void stop()
39      {
40          frm.setVisible(false);
41      }
42      public void paint(Graphics g)
43      {
44          g.drawString("Applet Window", 10,40);
45      }
46  }
```

讲解

第27行

Frame frm;

在该行中，声明了Frame类的对象frm。

第28行～第33行

```
public void init()
{
        frm = new childframe();
        frm.setSize(200, 100);
        frm.setVisible(true);
}
```

AppletFramedemo类中重写了Applet类的init()方法。在该方法内部，将childframe类的对象的引用赋给Frame类的frm对象。这里，调用了构造函数childframe()。接下来，控制转移到构造函数childframe()，在其中，框架窗口的标题被设置为Child Frame。init()方法的下一个语句将框架窗口的宽度和高度分别设置为200和100。第32行语句使框架窗口在屏幕上可见。

第34行～第37行

```
public void start()
```

```
{
        frm.setVisible(true);
}
```

AppletFramedemo 类中重写了 Applet 类的 start()方法。在该方法内部，setVisible()方法所包含的参数 true 使得框架窗口在屏幕上可见。只要调用了 start()方法，屏幕上就会出现一个 Applet 窗口和一个框架窗口。

第 38 行～第 41 行

```
public void stop()
{
        frm.setVisible(false);
}
```

AppletFramedemo 类中重写了 Applet 类的 stop()方法。在该方法内部，setVisible()方法所包含的参数 false 使得框架窗口在屏幕上不可见。只要调用了 stop()方法，就会隐藏屏幕上的 Applet 窗口和框架窗口。

第 42 行～第 45 行

```
public void paint(Graphics g)
{
        g.drawString("Applet Window", 10,40);
}
```

这几行定义了 paint()方法。在该方法内部，使用 drawString()方法在坐标（10, 40）处绘制字符串 Applet Window。

按照下面的语句编译并执行该程序：

D:\Java Projects\Ch11>javac Appletframedemo.java

D:\Java Projects\Ch11>appletviewer Appletframedemo.java

示例 11-2 的输出如图 11-2 所示。

图 11-2 示例 11-2 的输出

11.3 使用图形

AWT 支持多种方法来处理直线、矩形等图形对象。在 Java 中，可以在窗口中（如 Applet、框架窗口和子框架窗口）绘制这些图形。在本节，我们将学习如何在窗口内绘制图形。

11.3.1 绘制线条

可以使用 Graphics 类的 drawLine()方法在窗口内绘制线条。语法如下：

```
drawLine(int x, int y, int x1, int y1)
```

在该语法中，整数类型变量 x 和 y 代表线条相对于窗口坐标的起点坐标，变量 x1 和 y1 代表线条相对于窗口坐标的终点坐标。

提示

这里的 x 和 y 所代表的坐标单位是像素。

示例 11-3

下面的例子演示了 drawLine()方法的用法。该程序会在 Applet 窗口内部指定位置绘制一些线条并在屏幕上显示此窗口。

```
//编写程序，在 Applet 窗口内部绘制线条
1   import java.awt.*;
2   import java.applet.*;
3   //<applet code="DrawLinedemo.class" width=400   height=200></applet>
4   public class DrawLinedemo extends Applet
5   {
6      public void paint(Graphics g)
7      {
8          g.drawLine(200, 0, 200, 200);
9          g.drawLine(0, 100, 400, 100);
10         g.drawLine(0, 0, 400, 200);
11         g.drawLine(400, 0, 0, 200);
12     }
13  }
```

讲解

第 8 行

g.drawLine(200, 0, 200, 200);

在该行中，用 drawLine()方法绘制了一段线条，起点坐标为(200, 0)，终点坐标为(200, 200)，如图 11-3 所示。

第 9 行～第 11 行的工作方式类似于第 8 行。

示例 11-3 的输出如图 11-4 所示。

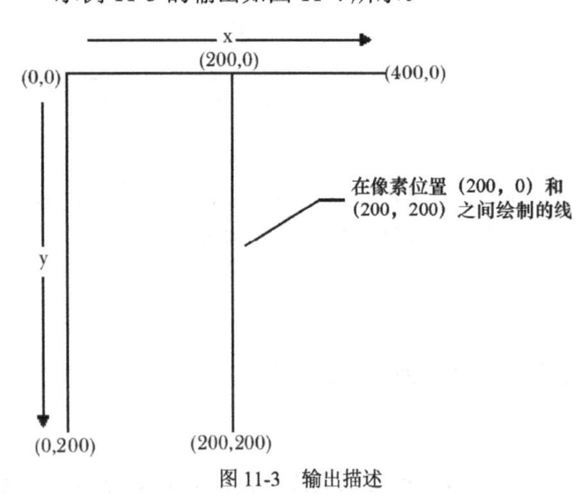

图 11-3　输出描述

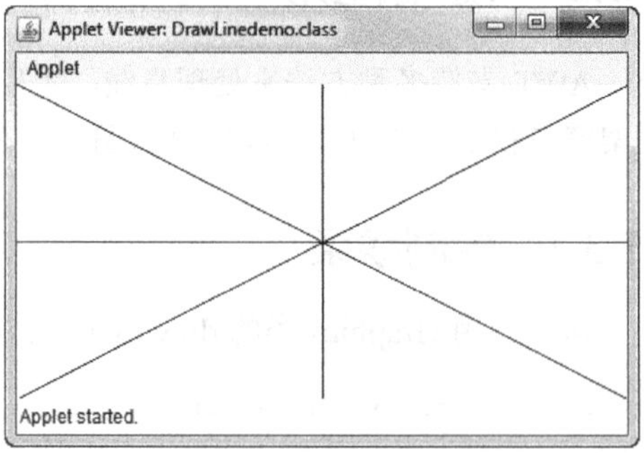

Applet Viewer: DrawLinedemo.class
Applet
Applet started.

图 11-4　示例 11-3 的输出

11.3.2 绘制矩形

可以使用 drawRect()在窗口内绘制矩形。语法如下：

```
drawRect(int x, int y, int wid, int hgt)
```

在该语法中，整数类型变量 x 和 y 指定了起点，整数类型变量 wid 和 hgt 分别指定了矩形的宽度和高度。

例如：

```
g.drawRect(10, 10, 150, 100);
```

在这个例子中，drawRect()方法使用指定的参数在窗口内绘制了一个矩形，如图 11-5 所示。

从这个例子中可以看出，drawRect()方法只能绘制出矩形的轮廓。但如果要填充矩形，则可以使用 Graphics 类的 fillRec()方法。语法如下：

```
fillRect(int x, int y, int wid, int hgt)
```

在该语法中，整数类型变量 x 和 y 指定了起点（矩形的左上角），整数类型变量 wid 和 hgt 分别指定了矩形的宽度和高度。

例如：

```
g.drawRect(10, 10, 150, 100);
g.fillRect(10, 10, 150, 100);
```

在这个例子中，drawRect()方法使用指定的尺寸绘制了一个矩形，并通过 fillRect()方法将其填充为黑色，如图 11-6 所示。

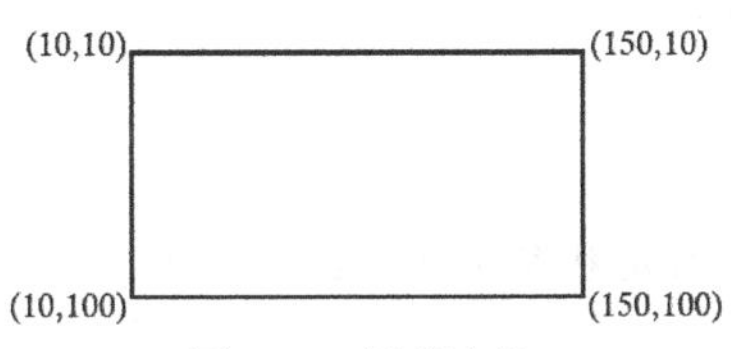

图 11-5 矩形轮廓

图 11-6 填充完颜色的矩形

也可以使用 Graphics 类的 drawRoundRect()方法绘制圆角矩形。语法如下：

```
drawRoundRect(int x, int y, int wid, int hgt, int arcwid, int archgt)
```

在该语法中，整数类型变量 x 和 y 指定了起点（矩形的左上角），整数类型变量 wid 和 hgt 分别指定了矩形的宽度和高度，整数类型变量 arcwid 和 archgt 分别指定了弧的水平和垂直直径。

也可以使用 Graphics 类的 fillRoundRect()方法填充圆角矩形。语法如下：

```
fillRoundRect(int x, int y, int wid, int hgt, int arcwid, int archgt)
```

在该语法中，整数类型变量 x 和 y 指定了起点（矩形的左上角），整数类型变量 wid 和 hgt 分别指定了矩形的宽度和高度，整数类型变量 arcwid 和 archgt 分别指定了弧线的水平和垂直直径。

示例 11-4

下面的例子演示了 Graphics 类的 drawRect()、fillRect()、drawRoundRect()、fillRoundRect()方

法的用法。该程序在Applet窗口内绘制并填充矩形，然后在屏幕上显示此窗口。

```
//编写程序，绘制并填充矩形
1   import java.awt.*;
2   import java.applet.*;
3   //<applet code= "RectangleDemo.class" width=275 height=150></applet>
4   public class RectangleDemo extends Applet
5   {
6      public void paint(Graphics g)
7      {
8          g.drawRect(10, 10, 100, 50);
9          g.fillRect(120, 10, 140, 50);
10         g.drawRoundRect(10, 70, 100, 70, 10, 10);
11         g.fillRoundRect(120, 70, 140, 70, 10, 10);
12     }
13  }
```

该程序的工作方式与示例11-3类似。

示例11-4的输出如图11-7所示。

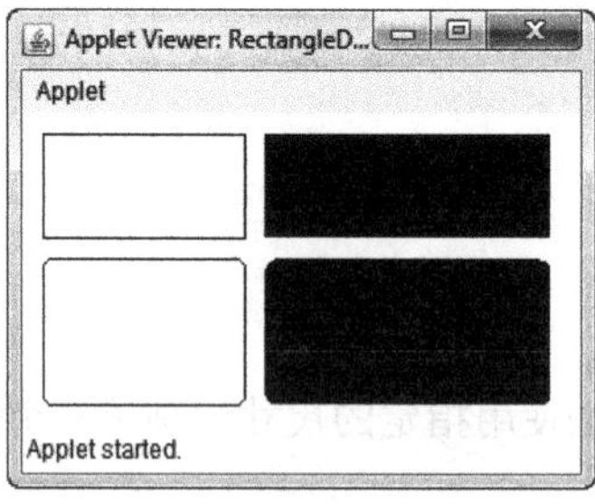

图11-7 示例11-4的输出

11.3.3 绘制圆形和椭圆形

可以使用Graphics类的drawOval()方法在窗口内绘制圆形和椭圆形。语法如下：

```
drawOval(int x, int y, int wid, int hgt)
```

drawOval()方法用于在矩形或正方形内绘制圆形和椭圆形，其起点（左上角）位置由整数类型变量x和y指定，边界区域的宽度和高度分别由整数类型变量wid和hgt指定。

和矩形一样，可以使用Graphics类的fillOval()方法填充圆形和椭圆形。语法如下：

```
fillOval(int x, int y, int wid, int hgt)
```

其中，变量x、y、wid、hgt的含义与drawOval()方法中的一样。

示例11-5

下面的例子演示了drawOval()和fillOval()方法的用法。该程序在Applet窗口内绘制并填充圆形和椭圆形，然后在屏幕上显示此窗口。

```
//编写程序，绘制并填充圆形和椭圆形
1   import java.awt.*;
```

```
2   import java.applet.*;
3   //<applet code= "EllipseCircleDemo.class" width=310 height=300></applet>
4   public class EllipseCircleDemo extends Applet
5   {
6      public void paint(Graphics g)
7      {
8          g.drawOval(10, 10, 100, 100);
9          g.drawOval(150, 10, 100, 70);
10         g.fillOval(10, 130, 140, 140);
11         g.fillOval(150, 90, 150, 100);
12     }
13  }
```

讲解

第 8 行

`g.drawOval(10, 10, 100, 100);`

在该行中，整数值 10、10、100、100 指定了正方形边界区域的绘制起点（10, 10）以及宽度（100）和高度（100）。drawOval()方法将在此边界区域内绘制一个圆形，如图 11-8 所示。注意，在这种情况下，绘制在 Applet 窗口内的只有圆形，而非边界区域。

第 9 行

`g.drawOval(150, 10, 100, 70);`

在该行中，整数值 150、10、100、70 指定了矩形边界区域的绘制起点（150, 10）以及宽度（100）和高度（70）。drawOval()方法将在此边界区域内绘制一个椭圆形，如图 11-9 所示。

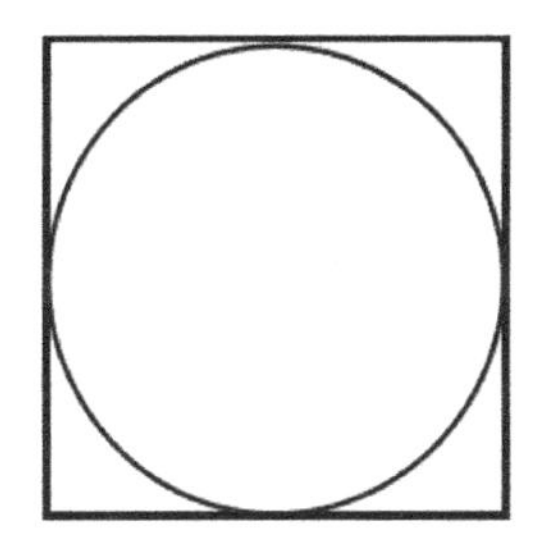

图 11-8　边界区域内的圆形

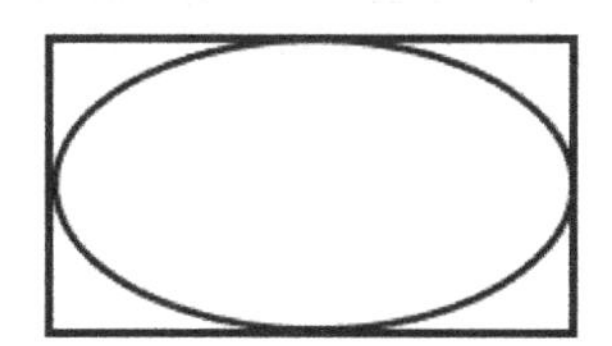

图 11-9　边界区域内的椭圆形

第 10 行

`g.fillOval(10, 130, 140, 140);`

在该行中，fillOval()方法将填充边界区域内的圆形。

第 11 行

`g.fillOval(150, 90, 150, 100);`

在该行中，fillOval()方法将填充边界区域内的椭圆形。

示例 11-5 的输出如图 11-10 所示。

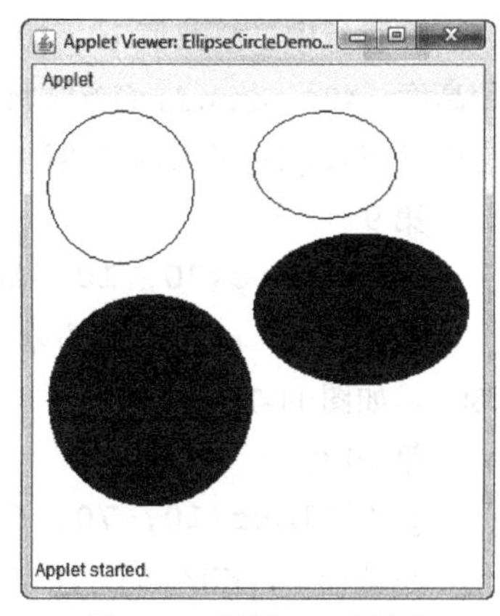

图 11-10　示例 11-5 的输出

11.3.4　绘制弧线

可以使用 Graphics 类的 drawArc()方法绘制圆弧或椭圆弧。语法如下：

```
drawArc(int x, int y, int wid, int hgt, int startangle, int arcangle)
```

drawArc()方法用于在矩形内绘制弧线，其起点（左上角）位置由整数类型变量 x 和 y 指定，矩形的宽度和高度分别由整数类型变量 wid 和 hgt 指定，整数类型变量 startangle 指定了弧线的起点，arcangle 指定了弧线相对于起始角度的角范围（angular extent）。

注意，drawArc()方法只能绘制出弧线轮廓。要填充弧线对应的扇形或椭圆扇形，可以使用 Graphics 类的 fillArc()方法。语法如下：

```
fillArc(int x, int y, int wid, int hgt, int startangle, int arcangle)
```

其中，变量 x、y、wid、hgt、startangle、arcangle 的含义与 drawArc()方法中的一样。

示例 11-6

下面的例子演示了 drawArc()和 fillArc()方法的用法。该程序在 Applet 窗口内绘制弧线并在屏幕上显示此窗口。

```
//编写程序，绘制弧线对应的扇形或椭圆扇形
1   import java.awt.*;
2   import java.applet.*;
3   //<applet code="arcdemo.class" width=250 height=200></applet>
4   public class arcdemo extends Applet
5   {
6      public void paint(Graphics g)
7      {
8          g.drawArc(10, 10, 50, 40, 0, 105);
9          g.drawArc(70, 10, 100, 100, 0, 180);
10         g.fillArc(10, 70, 50, 80, 0, 105);
11         g.fillArc(70, 100, 100, 110, 0, 180);
12     }
13  }
```

讲解

第 8 行

g.drawArc(10, 10, 50, 40, 0, 105);

在该行中，整数值 10、10、50、40 指定了矩形边界区域的绘制起点（10, 10）以及宽度（50）和高度（40）。drawArc()方法将在该边界区域内绘制 0°～105°的弧线，如图 11-11 所示。注意，这里仅在 Applet 窗口内部绘制弧线，而非边界区域。

第 9 行

g.drawArc(70, 10, 100, 100, 0, 180);

在该行中，drawArc()方法在边界区域内绘制了一条弧线。这条弧线从 0°开始，向上延伸至 180°，如图 11-12 所示。

第 10 行

g.fillArc(10, 70, 50, 80, 0, 105);

在该行中，fillArc()方法在边界区域内填充弧线对应的椭圆扇形。这里的弧线从 0°开始，向上延伸至 105°，如图 11-13 所示。

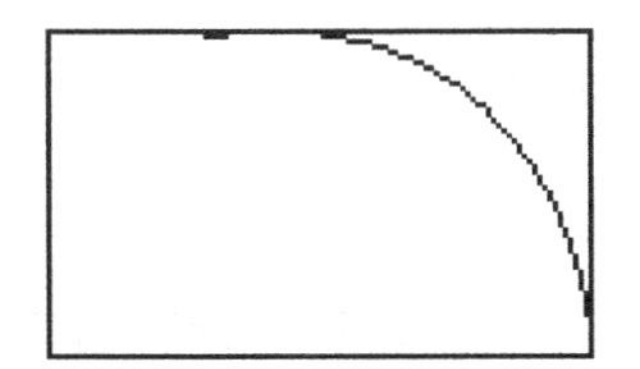

图 11-11 边界区域内角度为 105°的弧线

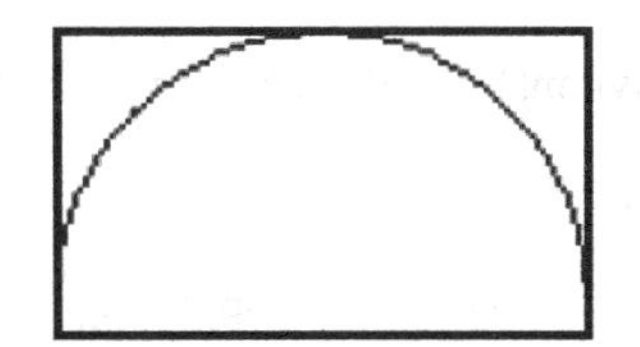

图 11-12 边界区域内角度为 180°的弧线

第 11 行

g.fillArc(70, 100, 100, 110, 0, 180);

在该行中，fillArc()方法在边界区域内填充弧线对应的椭圆扇形。这里的弧线从 0°开始，向上延伸至 180°，如图 11-14 所示。

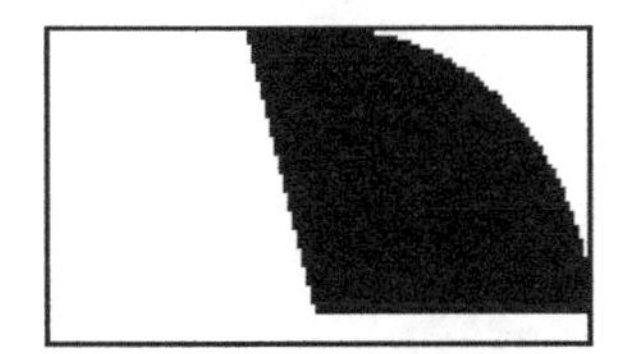

图 11-13 填充边界区域内角度为 105°的弧形

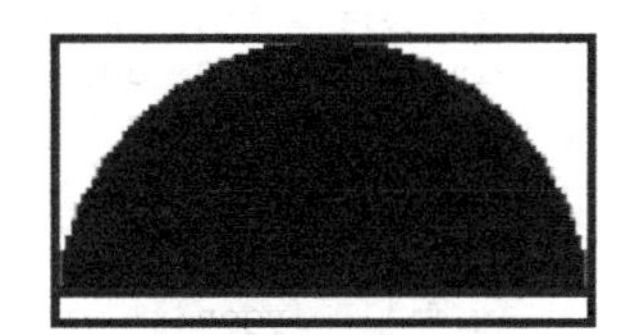

图 11-14 填充边界区域内角度为 180°的弧形

示例 11-6 的输出如图 11-15 所示。

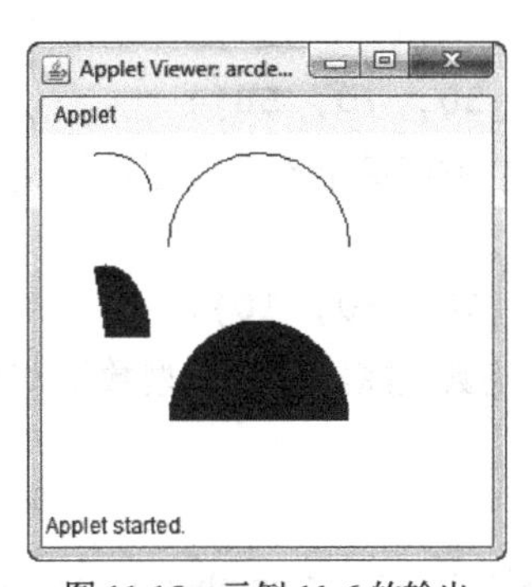

图 11-15 示例 11-6 的输出

11.3.5 绘制多边形

可以使用 Graphics 类的 drawPolygon()在窗口内绘制不同形状的多边形。语法如下：

```
drawPolygon(int x[], int y[], int numberpoints)
```

在该语法中，整数类型数组 x 和 y 包含着定义多边形端点的坐标，整数类型变量 numberpoints 指定了数组 x 和 y 所定义的坐标对的总数量。

drawPolygon()方法只绘制多边形（端点由数组 x 和 y 定义）的封闭轮廓。可以使用 fillPolygon()方法填充多边形。语法如下：

```
fillPolygon(int x[], int y[], int numberpoints)
```

fillPolygon()方法中的参数含义与 drawPolygon()方法中的一样。

示例 11-7

下面的例子演示了 drawPolygon()和 fillPolygon()方法的用法。该程序在 Applet 窗口内绘制并填充多边形，然后在屏幕上显示此窗口。

```
//编写程序，绘制并填充多边形
1   import java.awt.*;
2   import java.applet.*;
3   //<applet code= "polygondemo.class" width=200   height=150></applet>
4   public class polygondemo extends Applet
5   {
6      public void paint(Graphics g)
7      {
8          int x[] = {30, 10, 30, 50, 70, 50};
9          int y[] = {10, 30, 50, 50, 30, 10};
10         int numberpoints = 6;
11         g.drawPolygon(x, y, numberpoints);
12         int x1[] = {100, 80, 100, 120, 140, 120};
13         int y1[] = {10, 30, 50, 50, 30, 10};
14         g.fillPolygon(x1, y1, numberpoints);
15     }
16  }
```

讲解

第 8 行

`int x[] = {30, 10, 30, 50, 70, 50};`

在该行中，将作为坐标的 6 个整数值赋给整数类型数组 x[]。

第 9 行

`int y[] = {10, 30, 50, 50, 30, 10};`

在该行中，将作为坐标的 6 个整数值赋给整数类型数组 y[]。

第 10 行

`int numberpoints = 6;`

在该行中，将整数值 6 赋给整数类型变量 numberpoints。这个值指定了数组 x 和 y 所定义的端点数量。

第 11 行

`g.drawPolygon(x, y, numberpoints);`

在该行中，整数类型数组 x 和 y 以及整数类型变量 numberpoints 被作为参数传入 drawPolygon()方法。该方法根据数组 x 和 y 所定义的端点((30, 10), (10, 30), (30, 50), (50, 50), (70, 30), (50, 10))绘制出了一个封闭多边形。

第 14 行

`g.fillPolygon(x1, y1, numberpoints);`

在该行中，整数类型数组 x1 和 y1 以及整数类型变量 numberpoints 被作为参数传入 fillPolygon()

方法。该方法根据数组 x1 和 y1 所定义的端点((100, 10), (80, 30), (100, 50), (120, 50), (140, 30), (120, 10))对封闭多边形进行了填充。

示例 11-7 的输出如图 11-16 所示。

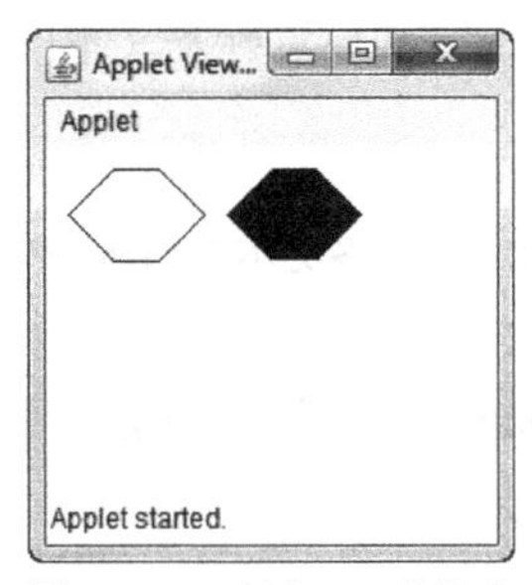

图 11-16　示例 11-7 的输出

11.4　AWT 控件

在使用 AWT 设计 GUI 时，有各种控件可供使用。我们接下来讨论常用的控件。

11.4.1　标签控件

标签控件（Label control）是 Label 类的对象，用于在容器内放置文字。标签文本是只读的，用户无法直接修改。但是，可以使用应用程序修改标签文本。

1. Label 类的构造函数

Label 类提供了下列构造函数，可用于创建标签对象。

```
Label()
Label(String txt)
Label(String txt, int align)
```

构造函数 Label()可创建一个包含空字符串的标签对象，这种标签对象也称为空白标签。构造函数 Label(String txt)可创建一个带有左对齐字符串的标签对象，其中的字符串由字符串对象 txt 指定。构造函数 Label(String txt, int align)可创建一个带有字符串的标签对象，其中的字符串由字符串对象 txt 指定，字符串的对齐方式由整数类型变量 align 指定。变量 align 可以采用下列取值：

```
Label.LEFT      //左对齐
Label.RIGHT     //右对齐
Label.CENTER    //居中
```

2. 设置标签对象的文本

创建好标签对象之后，可以使用 Label 类的 setText()方法设置标签文本。语法如下：

```
void setText(String txt)
```

在该语法中，字符串对象 txt 指定了标签对象的文本。

也可以使用 Label 类的 getText()方法获取标签文本。语法如下：

```
String getText()
```

在该语法中，返回标签对象的文本。

3. 设置文本对齐方式

可以使用 Label 类的 setAlignment()方法设置标签文本的对齐方式。语法如下：

```
void setAlignment(int align)
```

在该语法中，整数类型变量 align 指定了标签文本的对齐方式。变量 align 的值可以是 Label.LEFT(0)、Label.RIGHT(2)、Label.CENTER(1)。

也可以使用 Label 类的的 getAlignment()方法获得标签文本的当前对齐方式。语法如下：

```
int getAlignment()
```

在该语法中，返回标签对象的文本对齐方式。

示例 11-8

下面的例子演示了如何创建标签对象。另外，在这个例子中，还用到了 setText()、getText()、setAlignment()、getAlignment()方法。该程序创建了 3 个标签文本并将其添加到 Applet 窗口中。

```
//编写程序，创建 3 个标签
1    import java.awt.*;
2    import java.awt.event.*;
3    class close extends WindowAdapter
4    {
5       public void windowClosing (WindowEvent event)
6       {
7           System.exit (0);
8       }
9    }
10   public class LabelDemo extends Frame
11   {
12      public LabelDemo()
13      {
14          close obj = new close();
15          addWindowListener(obj);
16          Label l1 = new Label("First label left aligned", Label.LEFT);
17          Label l2 = new Label("Second label center aligned", Label.CENTER);
18          Label l3 = new Label("Third Label", Label.LEFT);
19          String text = l3.getText();
20          int align = l3.getAlignment();
21          l3.setText("Third label right aligned");
22          l3.setAlignment(Label.RIGHT);
23          add(l1);
24          add(l2);
25          add(l3);
26          System.out.println("Before change, the third label text is "+text);
27          System.out.println("Before change, the third label alignment is " +align);
28          setTitle("Label Demo");
29          setSize(450, 200);
30          setLayout(new GridLayout(3,1));
31          setVisible(true);
32      }
33      public static void main(String args[])
34      {
35          LabelDemo l=new LabelDemo();
```

```
36        }
37    }
```

讲解

第 16 行

`Label l1 = new Label("First label left aligned", Label.LEFT);`

在该行中，l1 是 Label 类的对象，创建了标签文本 First label left aligned，其对齐方式为 LEFT。

第 17 行和第 18 行的工作方式类似于第 16 行。

第 19 行

`String text = l3.getText();`

在该行中，使用标签对象 l3 调用了 getText()方法。该方法返回标签对象 l3 的当前文本，然后将其赋给字符串对象 text。

第 20 行

`int align = l3.getAlignment();`

在该行中，使用标签对象 l3 调用了 getAlignment()方法。该方法返回标签对象 l3 的当前对齐方式。因为标签文本是左对齐，所以返回 0。然后，将其赋给整数类型变量 align。

第 21 行

`l3.setText("Third label right aligned");`

在该行中，使用标签对象 l3 调用了 setText()方法。因此，l3 的旧标签文本 Third label 会被替换成新的字符串 Third label right aligned。

第 22 行

`l3.setAlignment(Label.RIGHT);`

该行调用了标签对象 l3 的 setAlignment()方法。因此，l3 的对齐方式被设置为 Label.RIGHT。

第 23 行

`add(l1);`

在该行中，add()方法将添加标签对象 l1，后者作为方法参数传入。

第 24 行和第 25 行的工作方式类似于第 23 行。

第 30 行

`setLayout(new GridLayout(3,1));`

在该行中，setLayout()方法将窗口布局设置为 GridLayout。这里，网格包含三行一列。我们将在本章随后学习有关此方法的更多信息。

示例 11-8 的输出如图 11-17 所示。

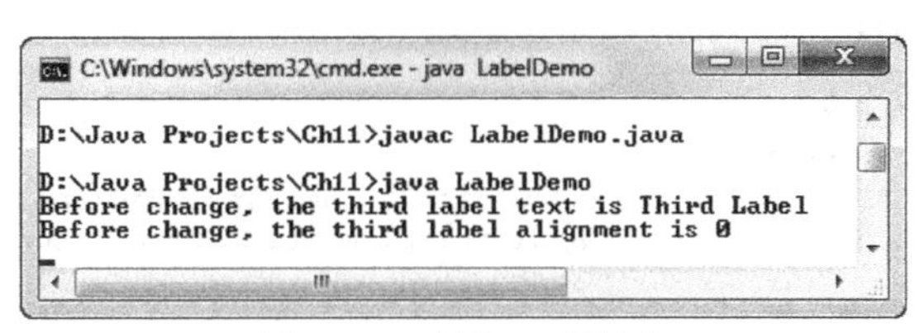

图 11-17　示例 11-8 的输出

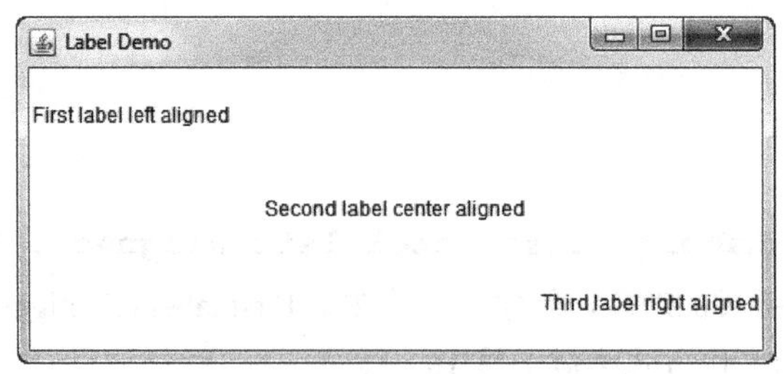

图 11-17 示例 11-8 的输出（续）

11.4.2 按钮控件

按钮控件（Button control）是 GUI 应用程序中常用的组件。创建按钮要用到 Button 类。因为这些按钮包含标签，所以它们被称为标签按钮。只要按下按钮，它就会产生事件，应用程序据此执行相应的操作。

1. Button 类的构造函数

Button 类提供了下列构造函数，可用于创建按钮对象。

- Button()。
- Button(String text)。

其中，构造函数 Button()可创建没有标签的按钮。构造函数 Button(String text)可创建包含标签的按钮，其中的标签由字符串对象 text 指定。

2. 设置按钮标签

创建好按钮之后，可以使用 Button 类的 setLabel()方法设置按钮标签。语法如下：

```
void setLabel(String txt)
```

在该语法中，字符串对象 txt 指定了按钮标签。

也可以使用 Button 类的 getLabel()方法获得按钮的当前标签。语法如下：

```
String getLabel()
```

在该语法中，getLabel()方法返回按钮的标签。

示例 11-9

下面的例子演示了如何创建按钮以及处理按钮产生的时间。该程序创建出两个按钮并将其加入 Applet 窗口，并且显示输出。

```
//编写程序，创建出两个按钮
1   import java.awt.*;
2   import java.applet.*;
3   import java.awt.event.*;
4   //<applet code= "ButtonDemo.class" width=200 height=100></applet>
5   public class ButtonDemo extends Applet implements ActionListener
6   {
7      Button btn1, btn2;
8      public void init()
```

```
9       {
10          btn1 = new Button("Red");
11          btn2 = new Button("Cyan");
12          add(btn1);
13          add(btn2);
14          btn1.addActionListener(this);
15          btn2.addActionListener(this);
16      }
17      public void actionPerformed(ActionEvent e)
18      {
19          String str = e.getActionCommand();
20          if(str.equals("Red"))
21          {
22             btn1.setBackground(Color.red);
23          }
24          else if(str.equals("Cyan"))
25          {
26             btn2.setBackground(Color.cyan);
27          }
28      }
29  }
```

讲解

第 5 行

`public class ButtonDemo extends Applet implements ActionListener`

在该行中，ButtonDemo 类继承了 Applet 类并实现了 ActionListener 接口。该接口定义了 actionPerformed()方法，当按钮产生行为事件时会调用此方法。

第 7 行

`Button btn1, btn2;`

在该行中，声明了 Button 类的对象 btn1 和 btn2。

第 10 行

`btn1 = new Button("Red");`

在该行中，创建了作为按钮的 btn1 对象，其标签为字符串 Red。

第 11 行

`btn2 = new Button("Cyan");`

在该行中，创建了作为按钮的 btn2 对象，其标签为字符串 Cyan。

第 12 行

`add(btn1);`

在该行中，add()方法向 Applet 窗口内添加了按钮 btn1，后者以方法参数的方式传入。

第 13 行

`add(btn2);`

在该行中，add()方法向 Applet 窗口内添加了按钮 btn2，后者以方法参数的方式传入。

第 14 行

`btn1.addActionListener(this);`

在该行中，addActionListener()方法为按钮 btn1 添加了事件侦听器。该侦听器能够接收到按钮 btn1 产生的动作事件通知。其中，this 代表当前侦听器。

第15行

```
btn2.addActionListener(this);
```

在该行中，addActionListener()方法为按钮btn2添加了事件侦听器。该侦听器能够接收到按钮btn2产生的动作事件通知。其中，this代表当前侦听器。

第17行～第28行

```
public void actionPerformed(ActionEvent e)
{
        String str = e.getActionCommand();
        if(str.equals("Red"))
        {
                btn1.setBackground(Color.red);
        }
        else if(str.equals("Cyan"))
        {
                btn2.setBackground(Color.cyan);
        }
}
```

这几行定义了actionPerformed()方法。只要产生事件，就会调用该方法，同时将ActionEvent类的对象作为方法参数传入。该参数包含产生事件的按钮引用及标签。

例如，当单击红色的标签按钮时，将产生事件并调用actionPerformed()方法。接下来，ActionEvent类的对象e中包含btn1按钮的Red标签。在方法内部，getActionCommand()方法会返回产生事件的按钮的标签，该标签被赋给字符串对象str。在if语句中，使用equals()方法比较字符串对象str的值与字符串Red。如果两者相等，则将btn1按钮的背景设置为红色；否则，执行else if语句，将btn2按钮的背景将设置为青色。

示例11-9的输出如图11-18所示。

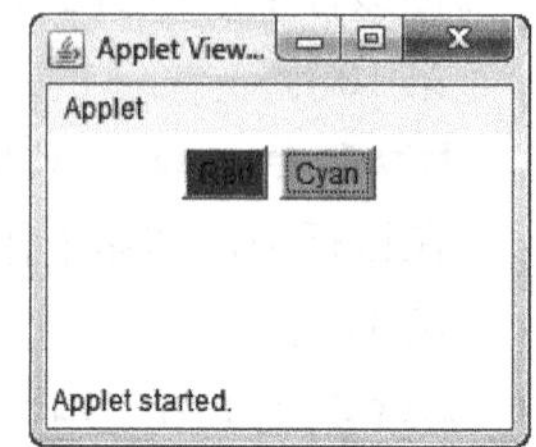

图11-18 示例11-9的输出

11.4.3 文本字段控件

文本字段（TextField）是可供用户输入文本的单行文本区域组件。由于文本字段中的文本是可编辑的，因此用户可以直接进行编辑。TextField类用于实现文本字段。

1. TextField类的构造函数

TextField类提供了下列构造函数，可用于创建文本字段对象。

- TextField()。
- TextField(int columns)。
- TextField(String str)。
- TextField(String str, int columns)。

构造函数 TextField()可创建默认规格的文本字段。构造函数 TextField(int columns)所创建的文本字段，最大宽度由整数类型变量 columns 指定。这里，所谓的最大宽度指的是用户最多能够在文本字段中输出多少字符。构造函数 TextField(String str)所创建的文本字段中包含由字符串对象 str 指定的字符串。构造函数 TextField(String str, int columns)所创建的文本字段，包含由字符串对象 str 指定的字符串以及由整数类型变量 columns 指定的最大宽度。

2. 选择文本字段中的部分文本

可以使用 select()方法选择文本字段中的部分文本。语法如下：

```
void select(int start, int end)
```

在该语法中，start 和 end 指定了所选文本的起止位置。

也可以使用 getSelectedText()方法选择文本字段中的部分文本。语法如下：

```
String getSelectedText()
```

在该语法中，getSelectedText()方法返回所选定的文本。

3. 检查文本字段中的文本

可以使用 isEditable()方法检查文本字段中的文本是否能够编辑。语法如下：

```
boolean isEditable()
```

在该语法中，如果文本字段中的文本可编辑，则 isEditable()返回 true；否则，返回 false。

4. 在文本字段中设置特殊字符

可以使用 setEchoChar()方法为某些类型的机密文本（如密码）设置特殊字符。语法如下：

```
void setEchoChar(char ch)
```

在该语法中，文本字段中的内容是以字符变量 ch 所指定的特殊字符形式显示的。

示例 11-10

下面的例子演示了如何创建文本字段以及处理文本字段所产生的事件。该程序创建两个文本字段并将其添加到 Applet 窗口中。

```
//编写程序，创建两个文本字段
1   import java.awt.*;
2   import java.applet.*;
3   import java.awt.event.*;
4   //<applet code= "TextFieldDemo.class" width=600 height=150></applet>
5   public class TextFieldDemo extends Applet implements ActionListener
6   {
7      Label login, pass;
8      TextField loginid, password;
9      public void init()
10     {
11         login = new Label("Login ID");
12         pass = new Label("Password");
13         loginid = new TextField(20);
14         password = new TextField(20);
15         password.setEchoChar('#');
```

```
16          add(login);
17          add(loginid);
18          add(pass);
19          add(password);
20          password.addActionListener(this);
21      }
22      public void actionPerformed(ActionEvent e)
23      {
24          if(e.getSource()==password)
25          {
26             repaint();
27             password.setText(loginid.getSelectedText());
28          }
29      }
30      public void paint(Graphics g)
31      {
32          g.drawString("The login ID entered by you is:   "+loginid.getText(), 10, 100);
33          g.drawString("The password assigned to you is:  "+password.getText(), 10, 120);
34      }
35  }
```

讲解

第 13 行

loginid = new TextField(20);

在该行中，创建了 TextField 类的对象 loginid。该文本字段的最大宽度为 20 列。

第 14 行的工作方式与第 13 行类似。

第 15 行

password.setEchoChar('#');

在该行中，setEchoChar()方法将文字字段 password 中的文本设置为特殊字符#。这样，此文本字段中的所有内容均以#形式显示。

第 20 行

password.addActionListener(this);

在该行中，为文本字段 password 添加了事件侦听器。它会接收到此文本字段所产生的动作事件通知。其中，this 代表当前事件侦听器。

第 22 行～第 29 行

```
public void actionPerformed(ActionEvent e)
{
        if(e.getSource()==password)
        {
                repaint();
                password.setText(loginid.getSelectedText());
        }
}
```

这几行定义了 actionPerformed()方法。当选中文本字段密码中的特定部分或全部文本时，将调用此方法。接着按下 Enter 键。生成事件时，控制会转移到 actionPerformed()方法并执行其主体部分语句。在其中，if 语句使用 getSource()方法检查事件源。然后，将事件源与文本字段 password 进行比较。如果比较结果为 true，则执行 if 语句的主体。在 if 语句中，repaint()方法在屏幕上再次绘制 Applet 窗口。最后，setText()方法设置从文本字段 loginid 和 password 中选择的文本。

示例 11-10 的输出如图 11-19 所示。

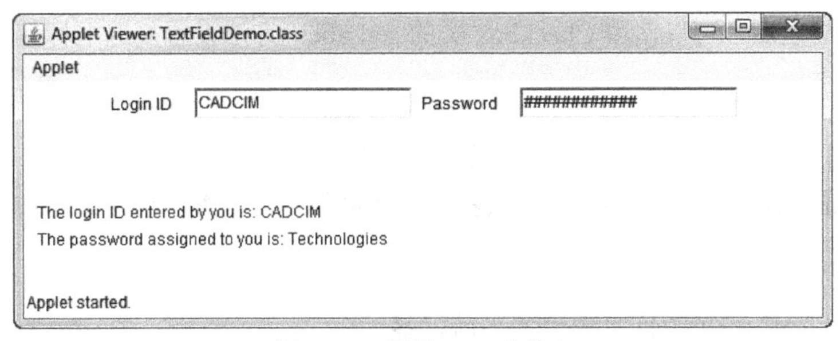

图 11-19　示例 11-10 的输出

11.4.4 复选框控件

复选框（Check Box）是一种图形组件，具有选中（on）和未选中（off）两种状态。每个复选框都包含一个标签，该标签描述复选框所代表的选项。选中复选框后，框内会显示选择标记。该标记表示已接受复选框包含的选项。可以使用 Checkbox 类创建复选框。

1. Checkbox 类的构造函数

Checkbox 类提供了下列构造函数，用于创建复选框对象。

- Checkbox()。
- Checkbox(String str)。
- Checkbox(String str, boolean state)。
- Checkbox(String str, boolean state, CheckboxGroup grp)。

其中，构造函数 Checkbox()可创建一个没有标签字符串的复选框。构造函数 Checkbox(String str)所创建的复选框中包含由字符串对象 str 指定的标签字符串。构造函数 Checkbox(String str,boolean state)可创建一个带有标签字符串的复选框，其中的标签由字符串对象 str 指定，复选框的初始状态由 boolean 类型变量 state 指定。如果变量 state 为 true，则复选框一开始就处于选中状态；否则，处于未选状态。构造函数 Checkbox(String str,boolean state,CheckboxGroup grp)可创建一个带有标签字符串的复选框，其中的标签由字符串对象 str 指定，复选框的初始状态由 boolean 类型变量 state 指定。这里，checkboxGroup 类的 grp 对象代表复选框所在的组。如果复选框未在组中，则 grp 对象的值将为 null。

2. 设置复选框状态

可以使用 Checkbox 类的 setState()方法设置复选框的状态。语法如下：

```
void setState(boolean state)
```

在该语法中，复选框的状态由 boolean 类型变量 state 指定。

也可以使用 Checkbox 类的 getState()方法获得复选框的当前状态。语法如下：

```
boolean getState()
```

在该语法中，getState()返回复选框的当前状态。

3. 设置复选框标签

创建好复选框之后，可以使用 Checkbox 类的 setLabel()方法设置复选框标签。语法如下：

```
void setLabel(String str)
```

在该语法中，复选框的标签由字符串对象 str 指定。

可以使用 Checkbox 类的 getLabel()方法获得复选框的当前标签。语法如下：

```
String getLabel()
```

在该方法中，getLabel()返回复选框的当前标签。

示例 11-11

下面的例子演示了如何创建复选框以及处理复选框产生的时间。该程序创建两个复选框并将其加入 Applet 窗口，并且在屏幕上显示输出。

```
//编写程序，创建两个复选框
1   import java.awt.*;
2   import java.applet.*;
3   import java.awt.event.*;
4   //<applet code="CheckboxDemo.class" width=300 height=150></applet>
5   public class CheckboxDemo extends Applet implements ItemListener
6   {
7      String str = "You have selected: ";
8      String msg = " ";
9      Checkbox cbmusic, cbvideo;
10     public void init()
11     {
12         cbmusic = new Checkbox("Music");
13         cbvideo = new Checkbox("Video", false);
14         add(cbmusic);
15         add(cbvideo);
16         cbmusic.addItemListener(this);
17         cbvideo.addItemListener(this);
18     }
19     public void itemStateChanged(ItemEvent e)
20     {
21         repaint();
22     }
23     public void paint(Graphics g)
24     {
25         int x = 10, y =100;
26         if(cbmusic.getState()==false && cbvideo.getState()==false)
27         {
28            g.drawString("No option Selected", x, y);
29         }
30         else
31         {
32            if(cbmusic.getState() == true)
```

```
33              {
34                  msg = cbmusic.getLabel();
35                  g.drawString(str+msg, x, y);
36              }
37              if(cbvideo.getState() == true)
38              {
39                  msg = cbvideo.getLabel();
40                  g.drawString(str+msg, x, y+20);
41              }
42          }
43      }
44  }
```

讲解

第 5 行

public class CheckboxDemo extends Applet implements ItemListener

在该行中，CheckboxDemo 类继承了 Applet 类，并实现了 ItemListener 接口。

第 9 行

Checkbox cbmusic, cbvideo;

在该行中，声明了 Checkbox 类的对象 cbmuisc 和 cbvideo。

第 12 行

cbmusic = new Checkbox("Music");

在该行中，创建了带有 Muisc 标签的复选框。因为在构造函数中并未指定其初始状态，所以此复选框默认是未选中状态。

第 13 行

cbvideo = new Checkbox("Video", false);

在该行中，创建了带有 Video 标签的复选框，其初始状态是未选中。

第 14 行和第 15 行

add(cbmusic);

add(cbvideo);

在这两行中，使用 add()方法将复选框 cbmusic 和 cbvideo 加入 Applet 窗口。

第 16 行

cbmusic.addItemListener(this);

在该行中，为复选框 cbmusic 添加事件侦听器。它处理由复选框 cbmusic 产生的所有选项事件。

第 17 行的工作方式与第 16 行类似。

第 19 行～第 22 行

```
public void itemStateChanged(ItemEvent e)
{
        repaint();
}
```

这几行定义了 ItemListener 接口的 itemStateChanged()方法。只要用户选中或取消某个选项，就会调用此方法。在方法内部，调用 repaint()方法重新绘制 Applet 窗口。

第 26 行～第 29 行

```
if(cbmusic.getState()==false && cbvideo.getState()==false)
{
       g.drawString("No option Selected", x, y);
}
```

这里，在 if 语句中，getState()方法返回复选框 cbmusic 和 cbvideo 的当前状态。如果两个复选框的当前均未选中，drawString()方法会在坐标（10,100）处绘制字符串 No option Selected；否则，跳过与 if 语句关联的语句，将控制权转移到 else 语句块。

第 30 行～第 42 行

```
else
{
     if(cbmusic.getState() == true)
     {
            msg = cbmusic.getLabel();
            g.drawString(str+msg, x, y);
     }
     if(cbvideo.getState() == true)
     {
            msg = cbvideo.getLabel();
            g.drawString(str+msg, x, y+20);
     }
}
```

当 if 语句（第 26 行）中给出的条件评估为 false 时，执行 else 语句块；否则，跳过 else 语句块。在 else 块中，第一个 if 语句检查复选框 cbmusic 的状态是否为 true。如果该条件为 true，则控制转移到 if 语句内，其中，getLabel()方法返回复选框 cbmusic 的当前标签 Music，然后将其赋给字符串对象 msg。在第 35 行中，drawString()方法将在坐标位置（10,100）处绘制字符串 You have selected: Music。第二条 if 语句的工作方式与第一条 if 语句一样。

不选择任何复选框的示例 11-11 的输出如图 11-20 所示。

在该窗口中，如果选择了 Muisc 复选框，就会产生选项事件并调用 itemStateChanged()方法。Applet 窗口也会随之被修改，如图 11-21 所示。

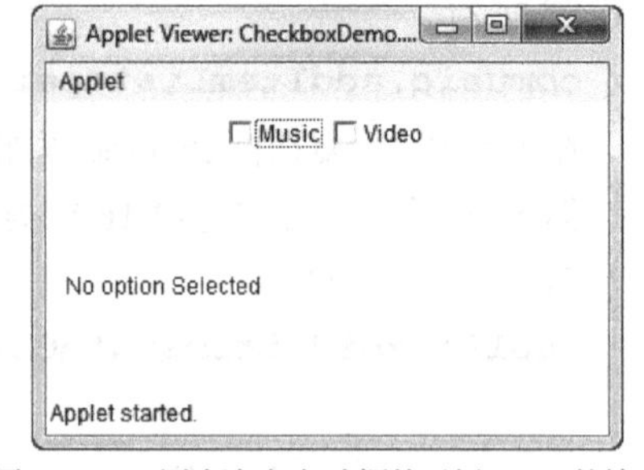

图 11-20　不选择任何复选框的示例 11-11 的输出

在图 11-21 中，仅选中了 Muisc 复选框。如果接着选中 Video 复选框，则会再次产生选项事件并调用 itemStateChanged()方法。Applet 窗口又会随之被修改，如图 11-22 所示。

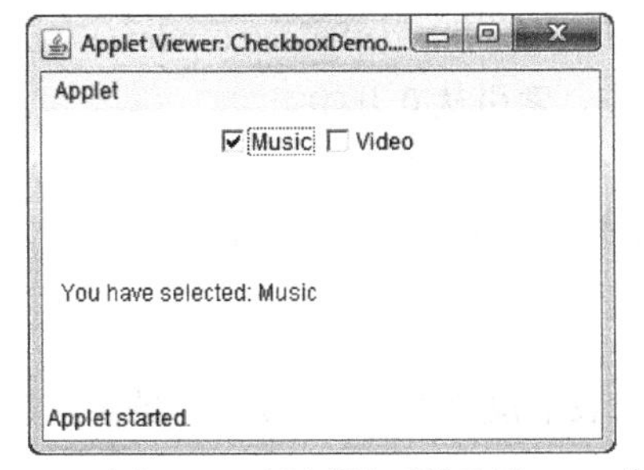

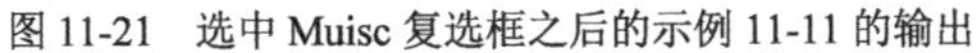
图 11-21 选中 Muisc 复选框之后的示例 11-11 的输出

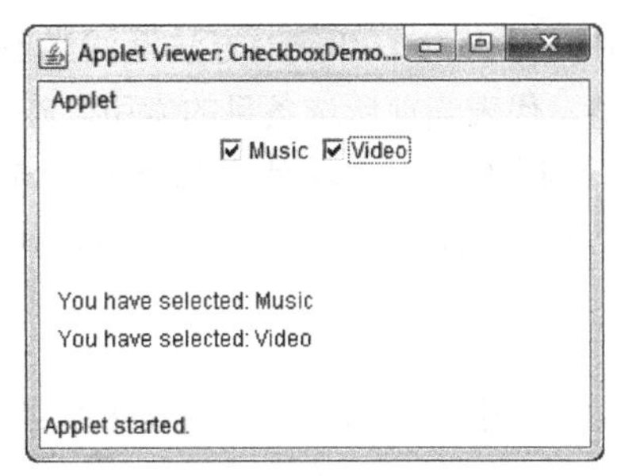

图 11-22 选中 Video 复选框之后的示例 11-11 的输出

11.4.5 下拉列表控件

下拉列表控件（Choice control）是一个包含多个条目的弹出式菜单。可以使用 Choice 类来创建这种控件。在该控件中，用户一次只能选择一个条目。每当用户单击下拉列表控件时，在弹出的条目列表中，所显示的当前标题就是用户所选的条目。在 Choice 控件中，每个条目都由标签字符串表示。

1. Choice 类的构造函数

Choice 类提供了下列默认的构造函数，可用于创建一个空列表：

```
Choice()
```

例如：

```
Choice ch = new Choice();
```

在这个例子中，ch 被定义为一个包含空列表的新下拉列表控件。

2. 向下拉列表控件中添加条目

可以使用 Choice 类的 add()方法向下拉列表控件中添加条目。语法如下：

```
void add(String label)
```

在该语法中，由字符串对象 label 所代表的条目被添加到下拉列表控件中。

例如：

```
Choice ch = new Choice();
ch.add("Item1");
```

在这个例子中，新创建了一个包含空列表的下拉列表控件 ch。接下来，使用 add()方法将 Item1 所代表的条目添加到该下拉列表控件中。

3. 获得当前所选的下拉列表控件条目

可以使用 getSelectedItem()或者 getSelectedIndex()方法获得当前所选的下拉列表控件条目。两者的语法如下：

```
String getSelectedItem()
int getSelectedIndex()
```

其中，getSelectedItem()方法返回当前所选条目的标签字符串，getSelectedIndex()方法返回一个整数值，代表当前所选条目的索引。在下拉列表控件中，索引从 0 开始。

4. 获得下拉列表控件中的条目数量

可以使用 getItemCount()方法获得下拉列表控件中所包含的条目数量。语法如下：

```
int getItemCount()
```

在该语法中，getItemCount()方法返回一个整数值，代表下拉列表控件中所包含的条目数量。

5. 设置当前选中的条目

可以使用 select(String label)或 select(int index)方法将某个条目设置为选中项。语法如下：

```
void select(String label)
void select(int index)
```

其中，select()的第一种形式可以将标签字符串为 label 的条目设置为当前项，第二种形式可以将索引为 index 的条目设置为当前项。

6. 获得特定条目的标签字符串

可以使用 getItem()方法获得特定条目的标签字符串。语法如下：

```
String getItem(int index)
```

在该语法中，getItem()方法返回索引为 index 的条目的标签字符串。

示例 11-12

下面的例子演示了如何创建下拉列表控件以及处理下拉列表控件条目所产生的事件。该程序创建一个下拉列表控件并将其加入 Applet 窗口，而且在屏幕上显示输出。

```
//编写程序，创建下拉列表控件
1   import java.awt.*;
2   import java.applet.*;
3   import java.awt.event.*;
4   //<applet code="ChoicelistDemo" width=300 height=150> </applet>
5   public class ChoicelistDemo extends Applet implements ItemListener
6   {
7      Label lblname, lblage;
8      Choice name, age;
9      String str = "The name is: ";
10     String str1 = "The age is: ";
11     public void init()
12     {
13         lblname = new Label("Name:");
14         lblage = new Label("Age:");
15         name = new Choice();
16         age = new Choice();
17         name.add("Williams");
18         name.add("John");
19         name.add("Smith");
20         name.add("Tom");
21         age.add("1-20");
22         age.add("21-40");
23         age.add("41-60");
```

```
24          age.add("61-80");
25          age.add("81-100");
26          age.add("> 100");
27          add(lblname);
28          add(name);
29          add(lblage);
30          add(age);
31          name.addItemListener(this);
32          age.addItemListener(this);
33      }
34      public void itemStateChanged(ItemEvent e)
35      {
36          repaint();
37      }
38      public void paint(Graphics g)
39      {
40          g.drawString(str + name.getSelectedItem(), 10, 100);
41          g.drawString(str1 + age.getSelectedItem(), 10, 120);
42      }
43  }
```

讲解

第 15 行和第 16 行

```
name = new Choice();
age = new Choice();
```

在这两行中，创建了下拉列表控件 name 和 age。两者所包含的条目列表均为空。

第 17 行～第 20 行

```
name.add("Williams");
name.add("John");
name.add("Smith");
name.add("Tom");
```

在这几行中，创建了 4 个条目（标签字符串分别为 Willams、John、Smith、Tom），并将其添加到下拉列表控件 name 中。索引为 0 的标签字符串 Willams 作为当前默认的选中项显示。

第 21 行～第 26 行

```
age.add("1-20");
age.add("21-40");
age.add("41-60");
age.add("61-80");
age.add("81-100");
age.add("> 100");
```

在这几行中，创建了 6 个条目（标签字符串分别为 1-20、21-40、41-60、61-80、81-100、>100），并将其添加到下拉列表控件 age 中。索引为 0 的标签字符串 1-20 作为当前默认的选中项显示。

第 28 行

```
add(name);
```

在该行中，将下拉列表控件 name 加入 Applet 窗口。

第 30 行

```
add(age);
```

在该行中，将下拉列表控件 age 加入 Applet 窗口。

第 31 行

```
name.addItemListener(this);
```

在该行中，下拉列表控件 name 注册了 ItemListener。只要 name 的条目产生了事件，事件侦听器就会得知。接下来，由事件侦听器执行指定操作来处理事件。

第 32 行的工作方式与第 31 行类似。

第 34 行～第 37 行

```
public void itemStateChanged(ItemEvent e)
{
        repaint();
}
```

这几行重写了 ItemListener 接口的 itemStateChanged()方法，用以处理选中下拉列表控件 name 或 age 的条目时所产生的条目事件。在方法内部，调用 repaint()方法重新绘制 Applet 窗口。

第 40 行

```
g.drawString(str + name.getSelectedItem(), 10, 100);
```

在该行中，getSelectedItem()方法获得下拉列表控件 name 的当前条目，然后将结果绘制在坐标位置（10,100）处。

带有默认选择的示例 11-12 的输出如图 11-23 所示。

在图 11-23 中，默认选中的是 Williams 和 1-20，因为两者的索引均为 0，所以如果选择了下拉列表控件 name 或 age 中的其他条目（如 John，Smith，21-40，41-60），就会产生条目事件。接下来，调用 itemStateChanged()方法，由其再调用 repaint()方法，重新绘制 Applet 窗口。

选择其他条目之后的示例 11-12 的输出如图 11-24 所示。

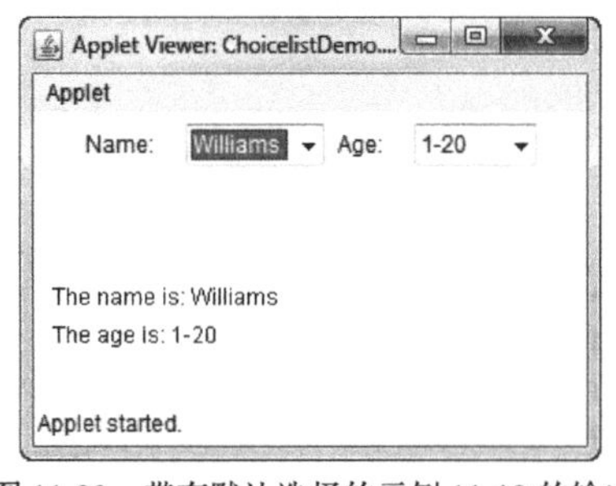

图 11-23 带有默认选择的示例 11-12 的输出

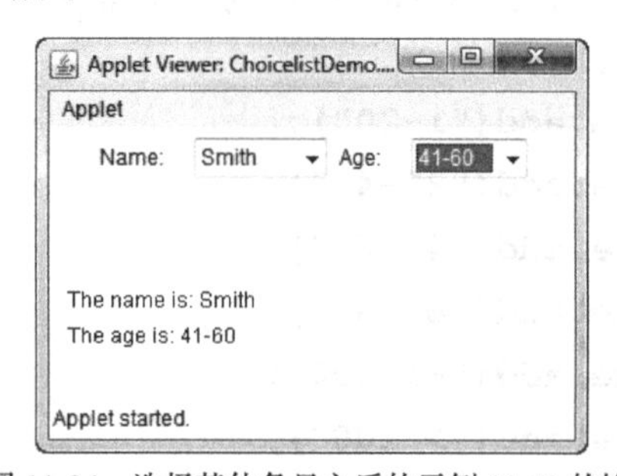

图 11-24 选择其他条目之后的示例 11-12 的输出

11.4.6 列表控件

列表控件（List control）是文本条目的滚动列表，用户可以从中选择一项或多项。因此，列表控件也称为多选列表。可以使用 List 类的对象创建列表控件。

1. List 类的构造函数

List 类提供了下列构造函数，用于创建列表控件。

- List()。
- List(int total_items)。
- List(int total_items, boolean multiple_selection)。

其中，构造函数 List()可以创建单选列表，允许用户一次选择一项。在默认情况下，只有前 4 项条目会出现在窗口的可见区域内。在构造函数 List(int total_items)中，整数类型变量 total_items 的值指定了能够出现在窗口的可见区域内条目数量。在构造函数 List(int total_items, boolean multiple_selection)中，如果 boolean 类型变量 multiple_selection 的值为 true，则用户可以一次选择多项；否则，该列表等同于单选列表。

例如：

```
List lstfirst = new List()
List lstsecond = new List(6)
List lstthird = new List(6, true)
```

在这个例子中，第一条语句创建的单选列表仅在窗口的可见区域内显示前 4 项条目；第二条语句创建的单选列表会在窗口的可见区域内显示前 6 项条目；第三条语句创建的是多选列表，在窗口的可见区域内显示前 6 项条目。

2. 向列表控件中添加条目

可以使用 List 类的 add()方法向列表控件中添加条目。该方法有两种用法：

```
add(String label)
add(String label, int position)
```

其中，第一条语句在列表末尾添加由 label 指定的文本条目，第二条语句将 label 指定的文本条目添加到 position 所指定的索引位置。在列表控件中，索引从 0 开始。

例如：

```
List name = new List();
name.add("William");
name.add("Smith", 2);
name.add("John", 1);
```

在这个例子中，创建了列表控件 name，并向其中添加了文本条目 William、Smith、John。其中，文本条目 Smith 和 John 分别被添加到索引 2 和索引 1 的位置。

3. 设置列表控件的当前条目

可以使用 List 类的 select()方法设置列表控件的当前条目。语法如下：

```
void select(int position)
```

在该语法中，整数类型变量 position 所指定的索引位置上的文本条目将成为列表控件的当前条目。

例如：

```
List name = new List();
name.add("William");
name.add("Smith");
name.add("John");
name.select(1);
```

在这个例子中，select()方法将文本条目 Smith（索引为 1）设置为列表控件 name 的当前条目。

4. 获得列表控件的当前条目

可以使用 getSelectedItem()和 getSelectedIndex()方法获得列表控件当前条目的文本标签或索引。语法如下：

```
String getSelectedItem()
int getSelectedIndex()
```

其中，getSelectedItem()方法返回当前条目的文本标签。如果将此方法应用于上一个例子，则返回文本标签 Smith。getSelectedIndex()方法返回当前条目的索引。例如，如果将此方法应用于上一个例子，则返回整数值 1。

这两个方法仅用于一次只能选择一项的单选列表。对于多选列表，应使用 getSelectedItems()和 getSelectedIndexes()方法。语法如下：

```
String [] getSelectedItems()
int [] getSelectedIndexes()
```

getSelectedItems()方法返回一个字符串类型的数组，其中包含当前所选所有条目的文本标签。getSelectedIndexes()一个整数类型的数组，其中包含当前所选所有条目的索引位置。

5. 获得列表控件中的特定条目

可以使用 List 类的 getItem()方法获得列表控件中的特定条目。语法如下：

```
String getItem(int position)
```

在该语法中，整数类型变量 postion 指定了索引位置，getItem()方法返回此位置上条目的文本标签。

例如：

```
List name = new List();
name.add("William");
name.add("Smith");
name.add("John");
----------;
----------;
String str = name.getItem(2);
```

在这个例子中，getItem()方法返回了文本标签 John（索引为 2），并将其赋给字符串对象 str。

6. 获得列表控件中的条目数量

可以使用 List 类的 getItemCount()方法获得列表控件中的条目数量。语法如下：

```
int getItemCount()
```

在该语法中，getItemCount()方法返回一个整数值，指明了列表控件中的条目数量。

例如：

```
List name = new List();
name.add("William");
name.add("Smith");
name.add("John");
int total = name.getItemCount();
```

在这个例子中，getItemCount()方法返回整数值 3，因为列表控件 name 中包含 3 项条目。

示例 11-13

下面的例子演示了如何创建列表控件以及处理列表控件条目所产生的事件。该程序创建一个列表控件并将其加入 Applet 窗口，而且在屏幕上显示输出。

```
//编写程序，创建列表控件
1   import java.awt.*;
2   import java.applet.*;
3   import java.awt.event.*;
4   //<applet code= "ListDemo.class" width=300 height=150></applet>
5   public class ListDemo extends Applet implements ActionListener
6   {
7      List colors;
8      int i;
9      public void init()
10     {
11         colors = new List ();
12         colors.add("Red");
13         colors.add("Dark Green");
14         colors.add("Blue");
15         colors.add("Dark Gray");
16         colors.add("Magenta");
17         add(colors);
18         colors.addActionListener(this);
19     }
20     public void actionPerformed(ActionEvent e)
21     {
22         repaint();
23     }
24     public void paint(Graphics g)
25     {
26         int i = colors.getSelectedIndex();
27         String str = colors.getSelectedItem();
28         switch(i)
29         {
30            case 0:
31            {
32                colors.setForeground(Color.red);
33                setForeground(Color.red);
34                g.drawString("You have selected: " +str,10,100);
35                break;
36            }
37            case 1:
38            {
39                colors.setForeground(Color.green);
40                setForeground(Color.green);
41                g.drawString("You have selected: " +str,10,100);
42                break;
43            }
```

```
44              case 2:
45              {
46                  colors.setForeground(Color.blue);
47                  setForeground(Color.blue);
48                  g.drawString("You have selected: " +str,10,100);
49                  break;
50              }
51              case 3:
52              {
53                  colors.setForeground(Color.gray);
54                  setForeground(Color.gray);
55                  g.drawString("You have selected: " +str,10,100);
56                  break;
57              }
58              case 4:
59              {
60                  colors.setForeground(Color.magenta);
61                  setForeground(Color.magenta);
62                  g.drawString("You have selected: " +str,10,100);
63                  break;
64              }
65              default:
66              {
67                  colors.setForeground(Color.cyan);
68                  setForeground(Color.cyan);
69                  g.drawString("Please select an item from the list",10,100);
70              }
71          }
72      }
73  }
```

讲解

第 11 行

colors = new List();

在该行中，创建了单选列表控件 colors，最终用户一次只能从中选择一项。默认情况下，colors 只在可见区域内显示前 4 项。

第 12 行～第 16 行

colors.add("Red");

colors.add("Dark Green");

colors.add("Blue");

colors.add("Dark Gray");

colors.add("Magenta");

在这几行中，使用 add()方法将文本条目 Red、Dark Green、Blue、Dark Gray、Magenta 分别添加到列表控件 colors 中。

第 17 行

add(colors);

在该行中，使用 add()方法将列表控件 colors 加入 Applet 窗口。

第 18 行

colors.addActionListener(this);

在该行中，列表控件注册了 ActionListener。只要列表控件 colors 的文本条目产生事件，事件侦听器就会执行相应的处理。每当最终用户双击列表控件 colors 的文本条目，就会产生动作事件。事件侦听器会调用 actionPerformed()方法，处理各种动作事件。

第 20 行～第 23 行

```
public void actionPerformed(ActionEvent e)
{
        repaint();
}
```

这几行定义了 actionPerformed()方法。只要产生事件，就会调用该方法进行处理。在方法内部，调用 repaint()方法，重新在屏幕上绘制 Applet 窗口。

第 26 行

```
int i = colors.getSelectedIndex();
```

在该行中，getSelectedIndex()方法返回列表控件 colors 当前条目的索引，然后将其赋给整数类型变量 i。

第 27 行

```
String str = colors.getSelectedItem();
```

在该行中，getSelectedItem()方法返回列表控件 colors 当前条目的标签字符串，然后将其赋给字符串对象 str。

第 28 行

```
switch(i)
```

在该行中，用到了 switch 语句，整数类型变量 i（包含当前条目的索引）作为控制变量。变量 i 的值与 switch 语句块中不同的 case 语句匹配。如果找到匹配，就执行与该 case 语句关联的语句并跳过剩余的 case 语句；如果没有找到匹配，则执行与 default 关联的语句。

第 30 行～第 36 行

```
case 0:
{
       colors.setForeground(Color.red);
       setForeground(Color.red);
       g.drawString("You have selected: " +str,10,100);
       break;
}
```

如果变量 i 的值等于 0，就执行与 case 关联的这几条语句。其中，前两条语句将列表控件 colors 和 applet 窗口的前景色设为红色。因此，applet 窗口内的全部文本都以红色显示。接下来，drawString()方法在坐标（10，100）的位置处显示字符串：

```
You have selected: Red
```

最后一条 break 语句将控制权转移到 switch 语句块之外，跳过剩余的所有 case 语句。

case1～case4 的工作方式与 case0 类似。

第 65 行～第 70 行

```
default:
{
        colors.setForeground(Color.cyan);
        setForeground(Color.cyan);
        g.drawString("Please select an item from the list",10,100);
}
```

如果找不到匹配的 case 语句，则执行 default 分支。在第一次显示 applet 窗口时，就会执行该分支，因为列表控件 colors 中尚未选择任何条目。其工作方式与 case 0 一样。

带有默认前景色的示例 11-13 的输出如图 11-25 所示。在 applet 窗口中，没有选中列表控件 colors 的任何文本条目。因此，执行 default 分支，将 applet 窗口的前景色设置为青色。当用户通过双击从列表控件中选中 Red 时，会产生事件。接下来，将调用 actionPerformed()方法，该方法再调用 repaint()方法。repaint()方法依次调用 paint()方法。在 paint()方法中，getSelectedIndex()方法返回索引值 0，该值将赋给变量 i。这里，变量 i 值与 case 0 匹配，因此将执行与其关联的语句。结果就是重绘 applet 窗口，如图 11-26 所示。

与此类似，当双击列表控件中的其他文本条目时，也会产生事件，Applet 窗口会被重新绘制并显示在屏幕上。

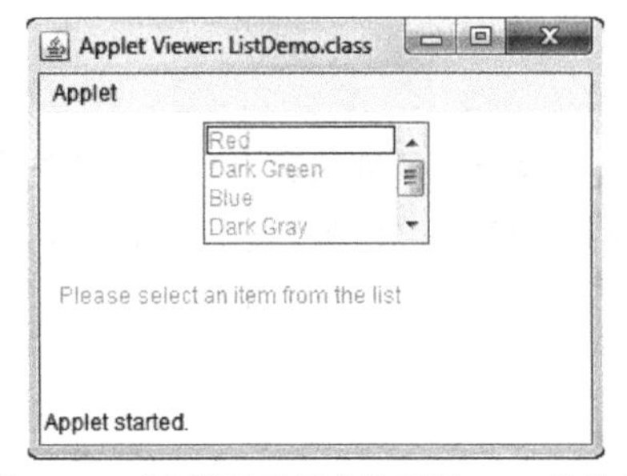

图 11-25 使用默认前景色的示例 11-13 的输出

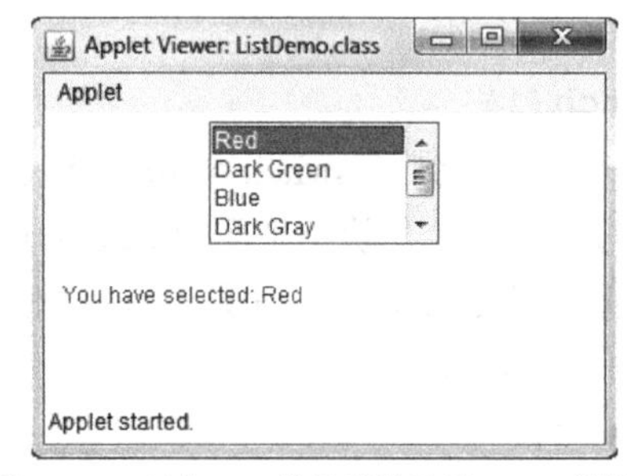

图 11-26 双击 Red 条目后的示例 11-13 的输出

11.4.7 滚动条控件

当要查看的信息超出窗口的可见区域时，需要使用滚动条控件（scroll bar control）。出现在窗口底部的滚动条称为水平滚动条，出现在窗口右侧显示的滚动条称为垂直滚动条。 每个滚动条包含一个滑块和滚动箭头。可以使用 Scrollbar 类的对象创建滚动条控件。

Scrollbar 类提供了下列构造函数，用于创建滚动条控件。

- Scrollbar()。
- Scrollbar(int orientation)。
- Scrollbar(int orientation, int val, int size, int min, int max)。

其中，构造函数 Scrollbar()可创建出一个垂直滚动条。Scrollbar(int orientation)根据整数类型变量 orientation 的值创建滚动条。例如，如果该变量的值是 Scrollbar.HORIZONTAL，创建的是水平滚动条；如果该变量的值是 Scrollbar.VERTICAL，则创建的是垂直滚动条。对于构造函数 Scrollbar (int orientation, int val, int size, int min, int max)，orientation 指定了滚动条的方向，val 指定了滚动条的初始值，min 和 max 指定了 val 的最小值和最大值，size 指定了滚动条的可见区域大小。

示例 11-14

下面的例子演示了如何创建水平滚动条以及处理移动滑块或单击滚动条箭头时所产生的事件。该程序创建一个水平滚动条并将其加入 Applet 窗口，而且在屏幕上显示输出。

```
//编写程序，创建一个水平滚动条
1   import java.applet.*;
2   import java.awt.*;
3   import java.awt.event.*;
4   //<applet code= "ScrollbarDemo" width=400 height=100></applet>
5   public class ScrollbarDemo extends Applet implements AdjustmentListener
6   {
7      Scrollbar hori;
8      public void init()
9      {
10         hori = new Scrollbar(Scrollbar.HORIZONTAL, 1, 1, 1, 100);
11         hori.addAdjustmentListener(this);
12         add(hori);
13         setLayout(new GridLayout(4,2));
14     }
15     public void adjustmentValueChanged(AdjustmentEvent e)
16     {
17         repaint();
18     }
19     public void paint(Graphics g)
20     {
21         int val = hori.getValue();
22         g.drawString("Slider is moved to position: " +val, 10, 75);
23     }
24  }
```

讲解

第 5 行

`public class scrollbardemo extends Applet implements AdjustmentListener`

在该行中，scrolldemo 类继承了 Applet 类，并使用 implements 关键字实现了 AdjustmentListener。

第 10 行

`hori = new Scrollbar(Scrollbar.HORIZONTAL, 1, 1, 1, 100);`

在该行中，创建了水平滚动条 hori，其初始值为 1，可见区域大小为 1，最小尺寸为 1，最大尺寸为 100。

第 11 行

`hori.addAdjustmentListener(this);`

在该行中，Scrollbar 类的对象 hori 注册了 AdjustmentListener。只要滚动条产生了事件，事件侦听器就会执行相应的操作，处理该事件。

第 12 行

```
add(hori);
```

在该行中，使用 add()方法将水平滚动条 hori 加入 Applet 窗口。

第 15 行～第 18 行

```
public void adjustmentValueChanged(AdjustmentEvent e)
{
        repaint();
}
```

这几行定义了 adjustmentValueChanged()方法。只要移动了滚动条滑块或者单击了滚动条箭头，就会产生事件并由事件侦听器调用该方法。然后再接着调用 repaint()方法，后者调用 paint()方法重新绘制 Applet 窗口。

第 19 行～第 23 行

```
public void paint(Graphics g)
{
        int val = hori.getValue();
        g.drawString("Slider is at position: " +val, 10, 100);
}
```

在 paint()方法中，getValue()方法返回指明滑动块位置的整数值，接着将该值赋给变量 val。

设置过滑动块初始位置的示例 11-14 的输出如图 11-27 所示。

在图 11-27 中，滑动块的初始位置为 1。如果直接移动滑动块或者使用鼠标单击箭头，则会产生事件，Applet 窗口也会被重绘，如图 11-28 所示。

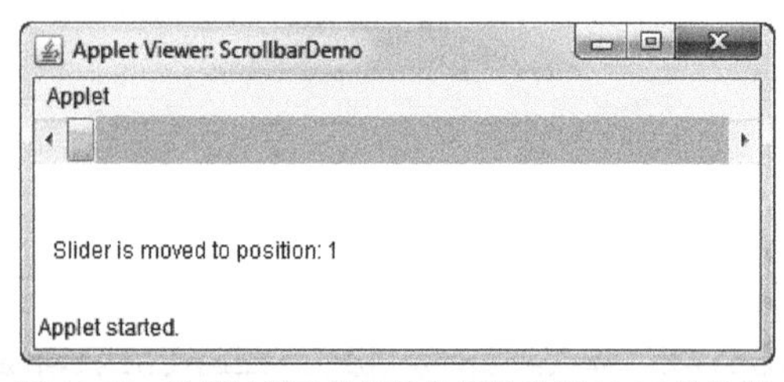

图 11-27 设置过滑动块初始位置的示例 11-14 的输出

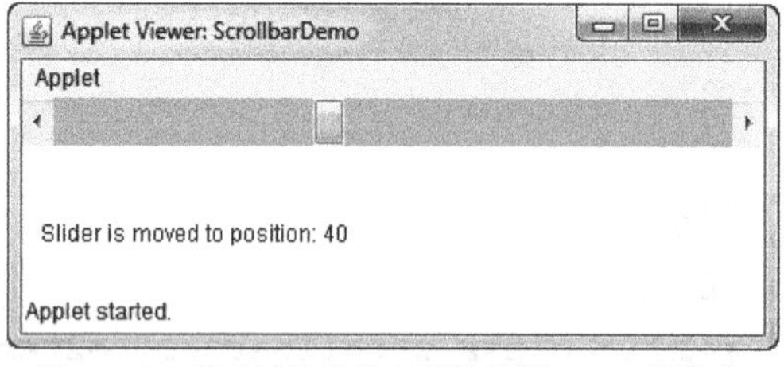

图 11-28 移动过滑动块之后的示例 11-14 的输出

11.4.8 文本区域控件

如前所述，文本字段包含单行文本，但在某些情况下，单行文本不足以容纳完整的文本内容。为了输入多行文本，Java 提供了另一个 AWT 控件——文本区域控件（TextArea control）。文本区域是一个多行区域，可以在其中输入或编辑多行文本。TextArea 类的对象可用于创建文本区域控件。

TextArea 类提供了下列构造函数，用于创建文本区域控件。

- TextArea()。

- TextArea(String str)。
- TextArea(int rows, int columns)。
- TextArea(String str, int rows, int columns)。
- TextArea(String str, int rows, int columns, int scrollbar)。

其中，第一个构造函数可创建一块空白的文本区域。第二个构造函数创建的文本区域中包含由字符串对象 str 指定的文本。第三个构造函数创建的文本区域的行数和列数分别由变量 rows 和 columns 指定。第四个构造函数所创建的文本区域中包含由字符串对象 str 指定的文本，行数和列数分别由变量 rows 和 columns 指定。最后一个构造函数可创建指定内容、指定尺寸的文本区域，另外还包括由整数类型变量 scrollbar 指定的滚动条，scrollbar 变量可以包含以下 4 个常量中的任何一个值：

```
SCROLLBARS_BOTH or 0
SCROLLBARS_VERTICAL_ONLY or 1
SCROLLBARS_HORIZONTAL_ONLY or 2
SCROLLBARS_NONE or 3
```

示例 11-15

下面的例子演示了如何创建文本区域。该程序创建了一个包含字符串 Hello 的 10 行 50 列的文本区域。另外，该文本区域包含水平方向和垂直方向的滚动条，将其加入 Applet 窗口并在屏幕上显示输出。

```
//编写程序，创建一个文本区域
1   import java.awt.*;
2   import java.applet.*;
3   //<applet code= "TextAreaDemo.class" width=500 height=200></applet>
4   public class TextAreaDemo extends Applet
5   {
6      TextArea ar;
7      public void init()
8      {
9          ar = new TextArea("Hello", 10, 50, 0);
10         add(ar);
11     }
12  }
```

讲解

第 9 行

ar = new TextArea("Hello", 10, 50, 0);

在该行中，创建了新的文本区域 ar。该文本区域共计 10 行 50 列，包含水平方向和垂直方向的滚动条，另外还有字符串 Hello。

第 10 行

add(ar);

在该行中，使用 add()方法向 Applet 窗口加入了文本区域 ar。

示例 11-15 的输出如图 11-29 所示。

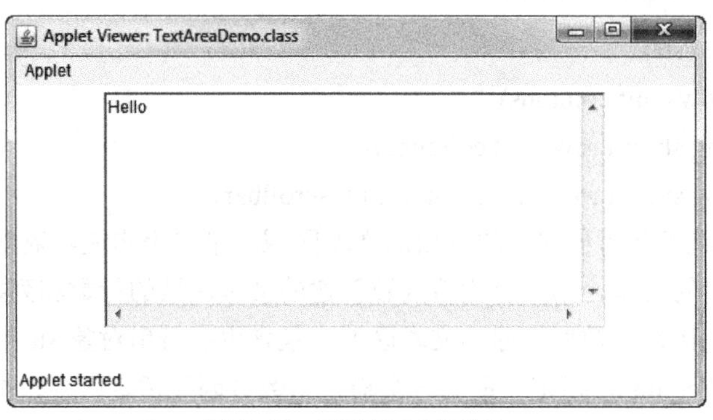

图 11-29 示例 11-15 的输出

11.5 布局管理器

在 Java 中，布局管理器定义了如何将各种组件（如按钮和文本字段等）添加到 Applet、框架等容器之中。布局管理器是实现 LayoutManager 接口的类的对象。布局管理器控制着加入容器中的组件的位置和大小。每当使用容器时，都采用默认布局定位其中的组件。但是，当容器的默认布局不符合要求时，可以轻松地为其设置另一种布局管理器。AWT 提供下列布局管理器。

- FlowLayout。
- BorderLayout。
- GridLayout。
- CardLayout。
- GridBagLayout。

其中，FlowLayout、BorderLayout、GridLayout 是常用的布局管理器。本节中，我们将学习这 3 种管理器。CardLayout、GridBagLayout 超出了本书的范围。

11.5.1 FlowLayout

FlowLayout 是 Applet 的默认布局管理器。这种布局管理器在容器中将组件从左到右摆放，就像文本编辑器中单词一样。其中，组件放置在从容器左上角开始的单独行中。当一行放满时，从下一行开始放置其余的组件。默认情况下，此布局在任意两个连续组件之间保留 5 个像素的空白空间。每行默认居中对齐。通过调整、扩大或缩小容器的尺寸，可以轻松了解在此类布局中组件的摆放。在这样做时，组件会根据容器的宽度从一行移动到另一行。

java.awt.FlowLayout 提供了下列构造函数，用于创建新布局。

- FlowLayout()。
- FlowLayout(int align)。
- FlowLayout(int align, int hori, int vert)。

其中，第一个构造函数使用默认规格（如行居中对齐、两个组件之间的水平和垂直方向相隔 5 个像素）创建布局。第二个构造函数按照整数类型变量 align 指定的对齐方式创建布局，变量 align 可以使用 FlowLayout.LEFT、FlowLayout.RIGHT、FlowLayout.CENTER、FlowLayout.LEADING、FlowLayout.TRAILING 这 5 个值中的任意一个。

此构造函数同样在两个组件之间的水平和垂直方向提供了 5 个像素的间隔。第三个构造函数使用整数类型变量 align 指定的对齐方式，分别使用整数类型变量 hori 和 vert 指定水平和垂直方向的间隔距离。

示例 11-16

下面的例子演示了 FlowLayout 布局管理器的用法。该程序将框架窗口的布局设置为 FlowLayout，布局的对齐方式设置为左对齐并在屏幕上显示该容器。

```
//编写程序，将框架窗口的布局设置为 FlowLayout
1   import java.awt.*;
2   import java.awt.event.*;
3   class layoutdemo extends WindowAdapter
4   {
5      public void windowClosing (WindowEvent event)
6      {
7          System.exit (0);
8      }
9   }
10  class flowlayoutdemo extends Frame
11  {
12     Button btn1, btn2, btn3, btn4, btn5;
13     flowlayoutdemo()
14     {
15         setLayout(new FlowLayout(FlowLayout.LEFT));
16         layoutdemo obj = new layoutdemo();
17         addWindowListener(obj);
18         setTitle("Flow Layout Demo");
19         btn1 = new Button("Button 1");
20         btn2 = new Button("Button 2");
21         btn3 = new Button("Button 3");
22         btn4 = new Button("Button 4");
23         btn5 = new Button("Button 5");
24         setSize(250,200);
25         add(btn1);
26         add(btn2);
27         add(btn3);
28         add(btn4);
29         add(btn5);
30         setVisible(true);
31     }
32     public static void main(String arg[])
33     {
34         flowlayoutdemo obj1 = new flowlayoutdemo();
35     }
36  }
```

讲解

第 15 行

setLayout(new FlowLayout(FlowLayout.LEFT));

在该行中，setLayout()方法将框架窗口的布局设置为 FlowLayout，布局对齐方式设置为左对齐。这样，添加到该窗口中的所有组件全都按照左对齐排列。

示例 11-16 的输出如图 11-30 所示。

在该框架窗口中，由于窗口的宽度，按钮排列成了两行。如果调整（加宽）窗口大小，则原本在第二行的按钮就会移动到第一行，如图 11-31 所示。

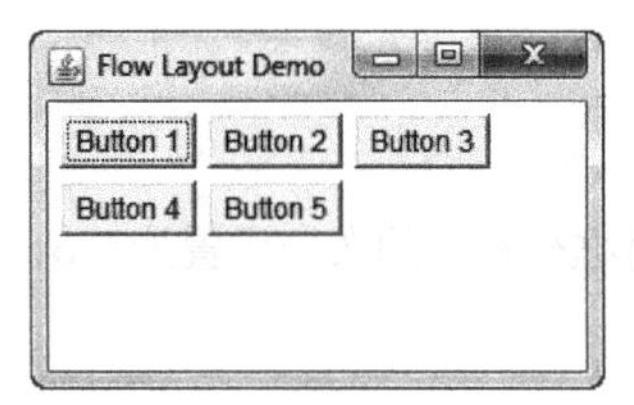

图 11-30 示例 11-16 的输出

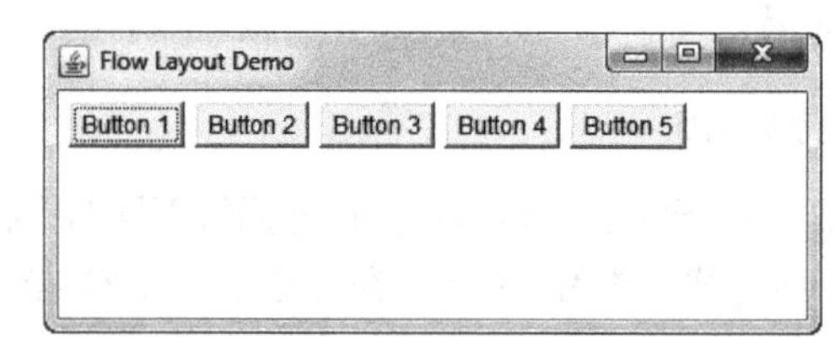

图 11-31 调整窗口宽度后的示例 11-16 的输出

11.5.2 BorderLayout

BorderLayout 是框架或窗口的默认布局管理器。这种布局提供了北、南、东、西、中心 5 个区域。在特定区域，一次只能放置一个组件。南北区域的组件是水平放置的，东西区域的组件是垂直放置的。剩余的空白部分（水平区域和垂直区域之间）由中心区域的组件填充。BorderLayout 管理器提供了下列常量，可用于选择容器窗口中的特定区域。

- BorderLayout.NORTH。
- BorderLayout.SOUTH。
- BorderLayout.EAST。
- BorderLayout.WEST。
- BorderLayout.CENTER。

可以使用 add()方法向特定区域中添加组件。语法如下：

```
add(Component obj, Object region)
```

在该语法中，Component 类的对象 obj 代表按钮、文本字段等组件，region 指定了要放置组件 obj 的特定区域。

示例 11-17

下面的例子演示了 BorderLayout 布局管理器的用法。该程序将 Applet 窗口的布局设置为 BorderLayout，在其不同的区域中添加了 5 个按钮，最后在屏幕上显示该 Applet 窗口。

```
//编写程序，将 Applet 窗口的布局设置为 BorderLayout
1   import java.awt.*;
2   import java.applet.*;
3   //<applet code= "BorderLayoutDemo" width=300 height=150></applet>
4   public class BorderLayoutDemo extends Applet
5   {
6      Button btn1, btn2, btn3, btn4, btn5;
7      public void init()
8      {
9          setLayout(new BorderLayout());
10         btn1 = new Button("Button 1");
```

```
11          btn2 = new Button("Button 2");
12          btn3 = new Button("Button 3");
13          btn4 = new Button("Button 4");
14          btn5 = new Button("Button 5");
15          add(btn1, BorderLayout.NORTH);
16          add(btn2, BorderLayout.SOUTH);
17          add(btn3, BorderLayout.EAST);
18          add(btn4, BorderLayout.WEST);
19          add(btn5, BorderLayout.CENTER);
20      }
21  }
```

讲解

第 9 行

setLayout(new BorderLayout());

在该行中，使用 setLayout()方法将 Applet 窗口的布局设置为 BorderLayout。

第 10 行

btn1 = new Button("Button 1");

在该行中，创建了新的按钮控件 btn1，其标签为 Button 1。

第 11 行～第 14 行的工作方式与第 10 行类似。

第 15 行

add(btn1, BorderLayout.NORTH);

在该行中，add()方法将按钮 btn1 放置在由常量 BorderLayout.NORTH 所指定的北边区域。

第 16 行～第 19 行的工作方式与第 15 行类似。

示例 11-17 的输出如图 11-32 所示。

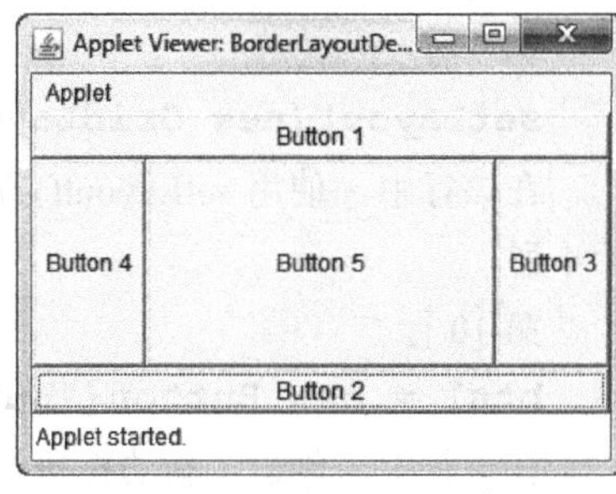

图 11-32 示例 11-17 的输出

11.5.3 GridLayout

GridLayout 布局管理器将容器划分为网格并将所有组件放入其中。网格就像包含行和列的二维数组。在网格中，所有放置组件的高度和宽度都相等。

java.awt.BorderLayout 提供了下列构造函数，用于创建 GridLayout：

```
GridLayout()
GridLayout(int rows, int columns)
GridLayout(int rows, int columns, int horspace, int vertspace)
```

其中，第一个构造函数使用默认规格创建布局，网格只包含一列。第二个构造函数可创建由变量 row 和 columns 指定行数和列数的网格。第三个构造函数可创建指定行数和列数的网格，其中水平方向和垂直方向的间隔由整数类型变量 horspace 和 vertspace 指定。

示例 11-18

下面的例子演示了 GridLayout 布局管理器的用法。该程序将 Applet 窗口的布局设置为 GridLayout，在其不同的区域中添加了 5 个按钮，最后在屏幕上显示该 Applet 窗口。

```
//编写程序，将 Applet 窗口的布局设置为 GridLayout
1   import java.awt.*;
2   import java.applet.*;
3   //<applet code= "GridLayoutDemo" width=300 height=150></applet>
4   public class GridLayoutDemo extends Applet
5   {
6      Button btn1, btn2, btn3, btn4, btn5;
7      public void init()
8      {
9          setLayout(new GridLayout(3, 2));
10         btn1 = new Button("Button 1");
11         btn2 = new Button("Button 2");
12         btn3 = new Button("Button 3");
13         btn4 = new Button("Button 4");
14         btn5 = new Button("Button 5");
15         add(btn1);
16         add(btn2);
17         add(btn3);
18         add(btn4);
19         add(btn5);
20     }
21  }
```

讲解

第 9 行

setLayout(new GridLayout(3, 2));

在该行中，使用 setLayout()方法将 Applet 窗口的布局设置为 GridLayout。这里，网格包含 3 行 4 列。

第 10 行

btn1 = new Button("Button 1");

在该行中，创建了新的按钮控件 btn1，其标签为 Button 1。

第 11 行～第 14 行的工作方式与第 10 行类似。

第 15 行

add(btn1);

在该行中，使用 add()方法将按钮 btn1 放置在左上角的网格中。

第 16 行～第 19 行的工作方式与第 15 行类似。

示例 11-18 的输出如图 11-33 所示。

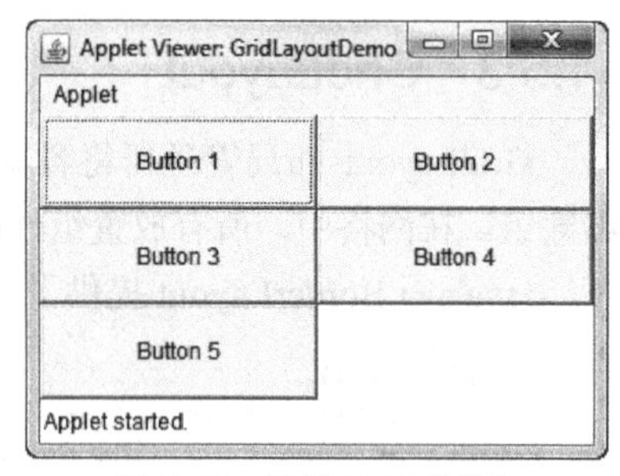

图 11-33 示例 11-18 的输出

11.6 自我评估测试

回答以下问题，然后将其与本章末尾给出的问题答案比对。

1. ________方法可用于设置框架窗口的大小。
2. Graphics 类的________方法可用于在窗口内绘制线段。
3. 标签控件的文本仅是______文本。
4. ________方法用于设置标签控件文本的对齐方式。

5. Label 类的 3 个常量是______、_______、________。
6. 只要按下按钮，就会产生_______事件。
7. 由类实现_______接口来处理动作事件。
8. _______控件提供了能够让用户输入文本的单行文本字段。
9. 图形组件______具备______和_______两种状态。
10. _______控件是一种包含条目列表的弹出菜单。
11. Graphics 类的 drawLine()方法的参数列表包含 5 个参数。（对/错）
12. 标签控件不产生任何事件。（对/错）
13. 文本字段控件会产生条目事件。（对/错）
14. 框架窗口的默认布局管理器是 BorderLayout。（对/错）
15. 在 GridLayout 布局管理器中，容器内所有组件的大小都一样。（对/错）

11.7 复习题

1. 解释用于设置框架窗口大小、标题、可见性的方法。
2. 解释用于创建和填充矩形的方法。
3. 解释用于设置标签文本和对齐方式的方法。
4. 解释如何创建下拉列表控件并给出一个例子。
5. 什么是布局管理器？

11.8 练习

练习 1

编写程序，创建一个 Applet 窗口，只要按下 Click 按钮，它就会接受用户输入的值并在屏幕上显示该值。

练习 2

编写程序，创建一个 Applet 窗口，其中包含一个 3 行 3 列的网格以及 9 个按钮，按钮的标签为 1～9。

自我评估测试答案

1. setSize() 2. drawLine() 3. 只读 4. setAlignment() 5. Label.LEFT, Label.RIGHT, Label.CENTER 6. 动作 7. ActionListener 8. 文本区域 9. 复选框, on, off 10. 下拉列表 11. 错 12. 对 13. 错 14. 对 15. 对

第 12 章

Java I/O 系统

学习目标

阅读本章，我们将学习如下内容。

- Stream 类
- 字节流类
- 字符流类
- Reader 类
- Writer 类
- File 类
- 随机访问类

12.1 概述

在本章中，我们将学习 Java 中的输入/输出（Input/Output，I/O）文件。另外还将了解到 Java 中的 I/O 操作以及用于文件处理的类。本章详细讨论了有助于对象将数据写入流并再次读回的序列化过程，介绍了包括随机访问文件在内的一些文件系统操作。这里介绍的大多数类来自 java.io 包或 java.util 包。本章中用于执行输入/输出操作的大多数类出自于此。

12.2 与流相关的类

在 Java 术语中，流意味着数据的流动（flow of data）。流始终应该有源头和目标。流是长度不定的信息（字节）序列来自源头或送往目标。Java 中与流相关的类负责将信息从外部源（如文本文件）交给 Java，或者从 Java 交给外部源/目标。

大部分与流相关的类属于 java.io 包。有各种 I/O Stream 类可用于处理 Java 中的 I/O 操作。这些类可分为以下两种。

- 字节流类。
- 字符流类。

12.2.1 字节流类

字节流类按照字节执行 I/O 操作。可以使用字节流类读写流和文件中的字节。这种类的一个限制是只能在一个方向上传输数据。这意味着使用此类的数据流是单向的。字节流类包含以下两个类。

- InputStream 类。
- OutputStream 类。

1. InputStream 类

InputStream 类用于从流中读取字节，也可以用于从输入源中读取字节或字节数组。输入源可以是文件、字符串或者包含待读取数据的位置。如果创建了一个输入流，它会自动被打开。读取完成之后，不需要自己动手关闭该输入流，因为如果对象发现已经无数据可读，会暗中将其关闭。不过，也可以调用 InputStream 类的 close()方法，明确关闭输入流。

InputStream 类能够读取下列源。

- 字节数组。
- 文件。
- 管道。

InputStream 类支持多种与输入相关的子类。图 12-1 展示了 InputStream 类的各个子类。

这些类继承自 java.io 包所提供的 InputStream 类。

InputStream 类定义了一些方法，可用于读取字节或字节数组、跳过输入字节、重置流中字节的当前位置、标记流中的位置、查找可读取的字节数。下面对这些方法进行讨论。

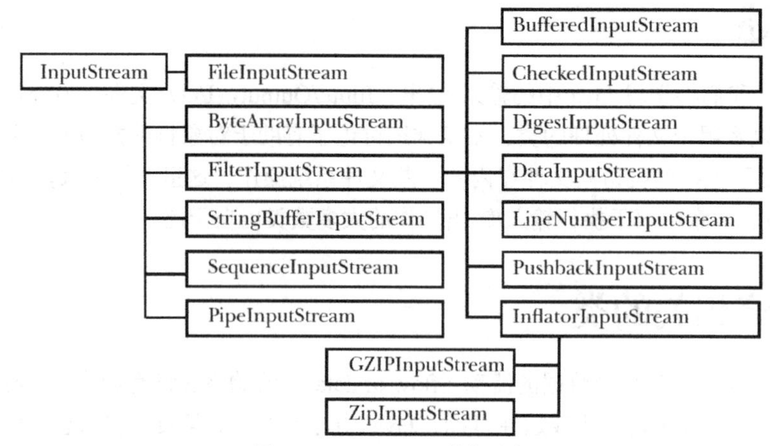

图 12-1 InputStream 类的子类

（1）available()方法

该方法返回可以从输入流中读取或跳过的字节数，而不会阻塞下一次对输入流的调用。

（2）close()方法

该方法用于关闭输入流，释放与其相关的资源。

（3）mark()方法

该方法用于标记输入流的当前位置。其语法如下：

```
mark(int read_limit)
```

在该语法中，read_limit 参数是一个整数值，代表在标记位置失效之前能够读取的字节最大数量。

（4）marksupported()方法

该方法用于测试输入流是否支持 InputStream 类的 mark()和 reset()方法。如果流实例支持这两个方法，则返回 True；否则，返回 False。

（5）read()方法

该方法从输入流中读取下一个字节。字节值以范围为 0～255 的整数值返回。如果没有可读的字节或者已经到达流的末尾，则返回-1。

（6）read(byte[] byt)方法

该方法从输入流中读取若干字节，并将其保存在缓冲数组 byt 中。它返回的整数值等于所读取的字节数。如果没有可读的字节或者已经到达流的末尾，则返回-1。如果 byt 为 null，抛出 NullPointerException 异常。如果 byt 长度为 0，则返回 0。

（7）read(byte[] byt, int start, int len)方法

该方法从输入流中读取 len 个字节，并将其保存在缓冲数组 byt 中。它返回的整数值等于所读取的字节数。如果没有可读的字节或者已经到达流的末尾，则返回-1。如果 byt 为 null，抛出

NullPointerException 异常。如果 byt 长度为 0，则返回 0。如果 start 或 len 为负数，或者 start 和 len 之和大于缓冲数组 byt 的长度，抛出 IndexOutOfBoundsException 异常。

（8）reset()方法

该方法将输入流的指针重新定位到最后一次调用 mark()方法时的位置。

（9）skip()方法

该方法跳过或丢弃输入流中的部分字节。skip()方法返回跳过的实际字节数。

语法如下：

```
skip(long n)
```

在该语法中，n 代表要跳过的字节数。如果 n 为负数，则不跳过任何字节。

2. OutputStream 类

OutputStream 类用于写入内存字节。该类可以向输出源写入若干字节。输出源可以是文件、字符串或者包含数据的内存位置。如果创建了一个输出流，它会自动被打开。写入完成之后，不需要自己动手关闭该输出流，因为如果对象发现已无数据，会暗中将其关闭。不过，也可以调用 OutputStream 类的 close()方法，明确关闭输出流。

OutputStream 类能够写入下列源。

- 字节数组。
- 文件。
- 管道。

OutputStream 类支持多种与输出相关的子类。图 12-2 展示了 OutputStream 类的各个子类。

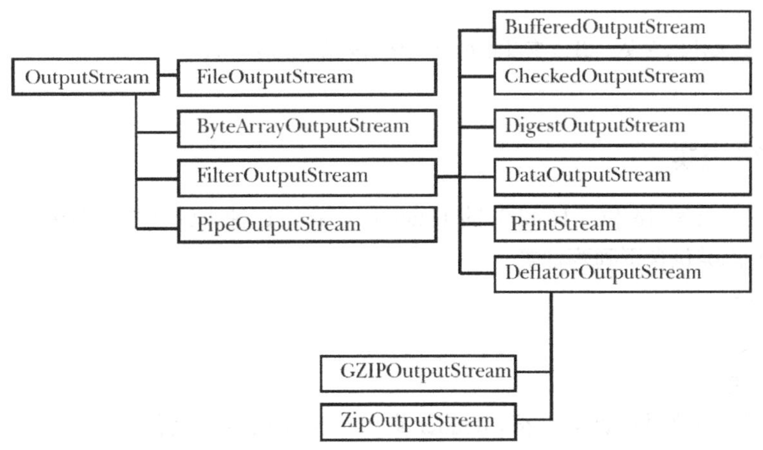

图 12-2　OutputStream 类的子类

这些类继承自 java.io 包所提供的 OutputStream 类。

OutputStream 类定义了一些方法，可用于向流中写入字节或字节数组以及冲洗（flushing out）流。输出流在创建之时会自动打开。可以明确使用 close()方法关闭输出流，或者在对象发现没有数据的时候将其暗中关闭。下面讨论 OutputStream 类提供的方法。

（1）write(int b)方法

该方法用于将指定的字节写入输出流中。一般来说，此方法的作用就是向输出流中写入一个字节。

（2）write(byte[] b)方法

该方法将字节数组b中的所有字节写入输出流中。b是缓冲数组，其中保存着要写入的数据。

（3）write(byte[] byt, int start, int len)方法

在该方法中，byt代表要写入输出流中的数据；start是一个整数值，代表缓冲数组byt中的起始位置；len代表要写入的字节数。

OutputStream 类的 write()方法将字节数组中从 start 位置开始的 len 个字节写入输出流中。write(byt, start, len)的一般用户是将数组byt中的部分字节写入输出流，其写入顺序为byt[start]、byt[start + 1]……直到最后一个字节byt[start + len − 1]。

如果byt为null，则抛出NullPointerException异常。如果byt的长度为0，write()方法返回0。如果start或len为负数，或者start和len之和大于缓冲数组byt的长度，则抛出IndexOutOfBoundsException异常。

（4）flush()方法

flush()方法强制将缓冲的字节写入输出流。调用该方法表明，需要将先前由输出流缓冲起来的数据立即写入目标。

（5）close()方法

该方法用于关闭输出流，并释放其占用的系统资源。

提示

关闭输出文件很重要，因为有时候缓冲数据未必会被完全冲洗。

12.2.2 字符流类

字符流类用于读写16位（16-bit）的Unicode字符。这种类的功能类似于字节流类。与字节流类一样，字符流类包含下列两种类。

- Reader类。
- Writer类。

1. Reader类

Reader类用于从文件中读取字符。Reader类与InputStream类类似，唯一的不同在于后者处理字节，而前者处理字符。实际上，两种类都使用相同的方法。

Reader类的层次结构如图12-3所示。

2. Writer类

Writer类用于向文件中写入字符。Writer类与OutputStream类类似，唯一的不同在于后者处理字节，而前者处理字符。实际上，两种类都使用相同的方法。

Writer 类的层次结构如图 12-4 所示。

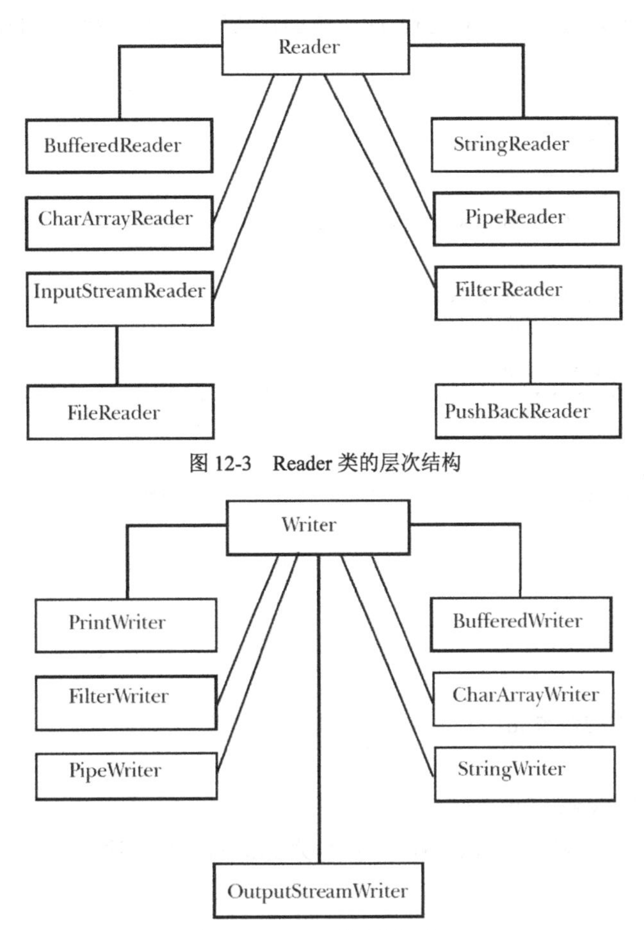

图 12-3 Reader 类的层次结构

图 12-4 Writer 类的层次结构

12.3 File 类

在 Java 中，File 类用于创建文件和目录。它属于 java.io 包。该类执行与文件处理相关的各种操作。File 类可以创建、打开、关闭、删除文件。我们也可以通过其获得文件的名称和大小。

12.3.1 创建文件应遵循的命名约定

在创建文件时，必须遵守一些命名约定。

- 文件名应该唯一且选用字符串类型。
- 文件名可以分为两部分，例如 test.text 和 test.dat。
- 使用文件之前，应该清楚要干什么，是打算写还是读，或是两者皆有。
- 明确文件操作要处理的数据类型，是字节还是字符。

示例 12-1

下面的例子演示如果通过 java.io 包在 Java 中创建文件。该程序会在项目的当前目录下创建一个文本文件。

```
//编写程序，创建文本文件
1   import java.io.*;
2   public class NewFile
3   {
4      public static void main(String[] args) throws IOException
5      {
6           File nf;
7           nf=new File("NewFile.txt");
8           if(!nf.exists())
9           {
10             nf.createNewFile();
11             System.out.println("A file with the name \"NewFile.txt\" is created in your
current directory");
12          }
13          else
14          System.out.println("The file with the name \"NewFile.txt\" already exists");
15     }
16  }
```

讲解

第 6 行

File nf;

该行声明了 File 类的对象 nf。

第 7 行

nf=new File("NewFile.txt");

该行创建了 nf 对象，将文件名 NewFile.txt 作为 File 的字符串参数传入。

第 8 行～第 14 行

```
if(!nf.exists())
{
        nf.createNewFile();
        System.out.println("A file with the name \"NewFile.txt\" is
created in your current directory");
}
else
System.out.println("The file with the name \"NewFile.txt\" already
exists");
```

在这几行语句中，如果当前目录下没有名为 NewFile.txt 的文件，则创建该文件；如果已经存在同名文件，则控制转向第 14 行，显示消息 The file with the name “NewFile.txt” already exists。exists()方法用于检查文件 NewFile.txt 是否存在于当前目录下。createNewFile()方法用于创建新文件。

示例 12-1 的输出如图 12-5 所示。

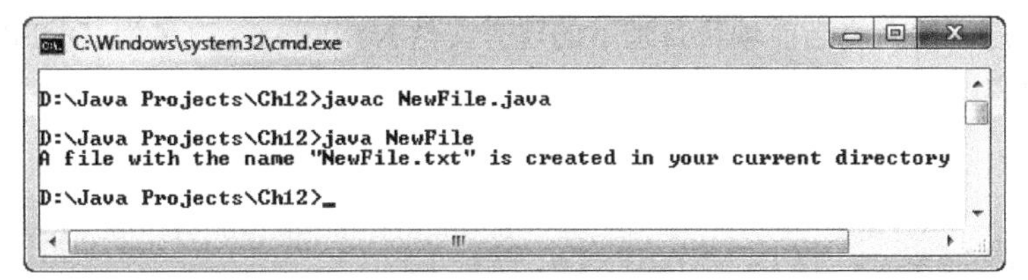

图 12-5　示例 12-1 的输出

12.3.2　读写字符文件

FileReader 类和 FileWriter 类可用于读写字符文件。下面通过例子来了解按照字符读写文件的概念。

示例 12-2

下面的例子演示了如何使用 FileReader 类和 FileWriter 类按照字符读写文件。该程序打开并读取现有的文件，然后使用相同的内容创建另一个文件。

```
// 编写程序，打开并读取现有的文件，然后使用相同的内容创建另一个文件
1   import java.io.*;
2   class Characters
3   {
4      public static void main(String args[ ])
5      {
6          File OldFile=new File("OldFile.txt");
7          File NewFile=new File("NewFile.txt");
8          FileReader OldF=null;
9          FileWriter NewF=null;
10         try
11         {
12            OldF=new FileReader(OldFile);
13            NewF=new FileWriter(NewFile);
14            int ch;
15            while((ch=OldF.read())!=-1)
16            {
17            NewF.write(ch);
18            }
19            System.out.println("A file with the name \"NewFile.txt\" is created and
written from the file \"OldFile.txt\" in your current directory.");
20         }
21         catch(IOException e)
22         {
23            System.out.println(e);
24             System.exit(-1);
25         }
26         finally
27         {
28             try
29             {
30                OldF.close();
31                NewF.close();
32             }
33         catch(IOException e) {}
34         }
35     }
36  }
```

在运行该程序之前，将当前项目目录下的现有文件 NewFile.txt 改名为 OldFile.txt。另外，在其中添加一些内容。

讲解

第6行

```
File OldFile=new File("OldFile.txt");
```

该行创建了 File 类的对象 OldFile，并将现有文件名 OldFile.txt 作为字符串参数传入 File 类的构造函数。

第7行

```
File NewFile=new File("NewFile.txt");
```

该行创建了 File 类的另一个对象 NewFile，并将新文件名 NewFile.txt 作为字符串参数传入 File 类的构造函数。

第8行

```
FileReader OldF=null;
```

该行声明了 FileReader 类的对象 OldF，并将其初始化为 null。

第9行

```
FileWriter NewF=null;
```

该行声明了 FileReader 类的对象 NewF，并将其初始化为 null。

第12行

```
OldF=new FileReader(OldFile);
```

该行创建了对象 OldF，并将 OldFile 对象作为参数传入 FileReader 类。

第13行

```
NewF=new FileWriter(NewFile);
```

该行创建了对象 NewF，并将 NewFile 对象作为参数传入 FileReader 类。

第15行～第18行

```
while((ch=OldF.read())!=-1)
{
        NewF.write(ch);
}
```

在这几行中，先读取现有文件 OldFile.txt，然后将该文件的内容写入 NewFile.txt 文件中。文件的读写过程基于字符，一直进行到文件末尾。

第21行

```
catch(IOException e)
```

如果在文件 I/O 处理过程中出现任何错误，则抛出 I/O 异常。

第30行

```
OldF.close();
```

该行关闭文件对象 OldF，停止读取。

第 31 行

NewF.close();

该行关闭文件对象 NewF，停止写入。

示例 12-2 的输出如图 12-6 所示。

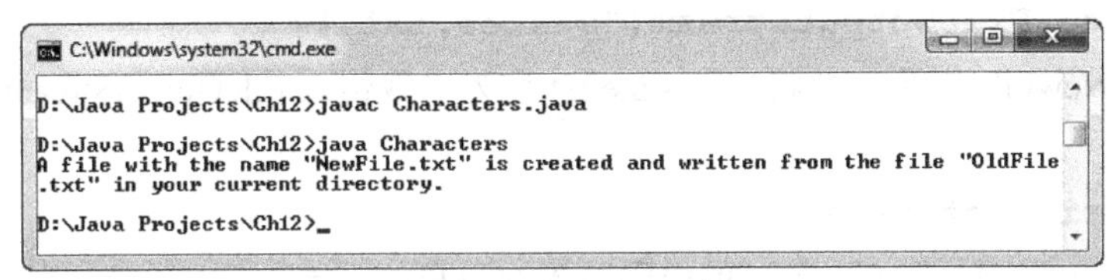

图 12-6 示例 12-2 的输出

12.3.3 读写字节文件

FileInputStream 类和 FileOutputStream 类可用于读写字符文件。

示例 12-3

下面的例子演示了如何使用 FileInputStream 类和 FileOutputStream 类按照字节读写文件。该程序创建一个新的文件并向其中写入一些字节内容。

```
//编写程序，创建一个新的文件并向其中写入一些字节内容
1    import java.io.*;
2    class Bytes
3    {
4       public static void main(String args[])
5       {
6           byte states[]={'C','A','L','I','F','O','R','N','I','A','\t','F','L','O','R',
'I','D','A'};
7           FileOutputStream NewFile=null;
8           try
9           {
10             NewFile=new FileOutputStream("states.txt");
11             NewFile.write(states);
12             System.out.println("The byte file with the name \"states.txt\" has been
created in your current directory");
13             NewFile.close();
14          }
15          catch(IOException e)
16          {
17             System.out.println(e);
18             System.exit(-1);
19          }
20      }
21   }
```

讲解

第 6 行

byte states[]={'C','A','L','I','F','O','R','N','I','A','\t','F','L','O','R','I','D','A'};

该行声明了字节类型数组 states，并将其初始化为一些字母。

第7行

FileOutputStream NewFile=null;

该行声明了 FileOutputStream 类的对象 NewFile，并将其初始化为 null。

第10行

NewFile=new FileOutputStream("states.txt");

该行创建了 NewFile 对象，并将文件 state.txt 作为参数传入 FileOutputStream 类的构造函数。

第11行

NewFile.write(states);

该行使用 write()方法将变量 states 的内容写入 NewFile 对象。

第13行

NewFile.close();

该行关闭 NewFile 对象，停止写入。

第15行

catch(IOException e)

如果在文件 I/O 处理过程中出现任何错误，则抛出 I/O 异常。

示例 12-3 的输出如图 12-7 所示。

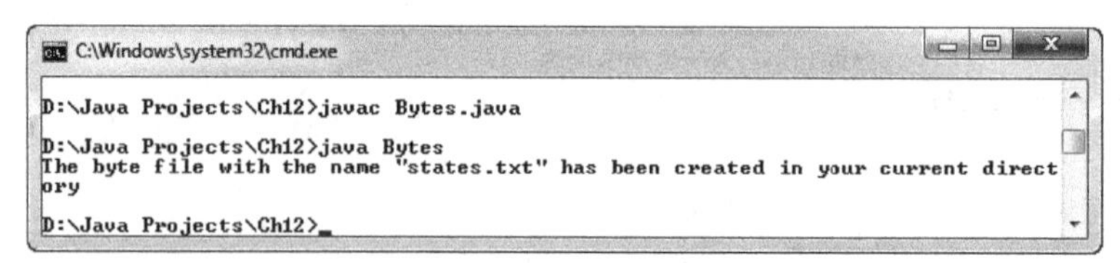

图 12-7 示例 12-3 的输出

12.4 随机访问文件

随机访问意味着能够访问文件中的任意位置并在该位置上读写数据。java.io 包提供了 RandomAccessFile 类，可用于在任何位置读写各种类型的文件数据（文本、字节或原始 Java 数据类型）。它将类视为记录集合。

RandomAccessFile 类提供了文件指针，其行为类似于索引，能够指示读/写操作的起始位置。该类实现了 DataInput 接口和 DataOutput 接口，以读写文件数据。

下列的 Java 代码可以创建用于文件读写的 RandomAccessFile 类实例：

```
RandomAccessFile Ran_File = new RandomAccessFile(File_name, "r");
```

这行代码创建了 RandomAccessFile 类的实例。构造函数 RandomAccessFile()接受两个参数：一个是要读写的文件名称；另一个是操作模式。操作模式可分为读（r）或读写（rw）。上面的代码以读模式打开文件。

下列代码以读写模式打开文件：

```
RandomAccessFile Ran_File = new RandomAccessFile(File_name, "rw");
```

构造函数 RandomAccessFile()检查作为参数传入的文件是否存在。如果该文件不存在，则抛出 IOException 异常。如果试图读取文件结尾，read()方法会抛出 EOFException 异常（属于 IOException 的一部分）。

RandomAccessFile 类提供了如下各种方法用于不同的操作。

- close()。
- getChannel()。
- getFD()。
- getFilePointer()。
- length()。
- read()。
- read(byte [] b))。
- read(byte [] b, int off, int len)。
- write(byte [] b))。
- write(byte [] b, int off, int len)。
- write(int b)。
- seek(long pos)。
- setLength(long newLength)。
- skipBytes()。

示例 12-4

下面的例子演示了如何使用 RandomAccessFile 类及其方法写入文件。

```
// 编写程序，以读写模式打开现有文件并向其中写入字节内容
1   import java.io.*;
2   public class RandomAccessFileDemo
3   {
4      public static void main(String[] args)
5      {
6          try
7          {
8             BufferedReader inF = new BufferedReader(new InputStreamReader(System.in));
9             System.out.print("Enter File name : ");
10            String str = inF.readLine();
11            File file = new File(str);
12            if(!file.exists())
13            {
14                System.out.println("File does not exist.");
15                System.exit(0);
16            }
17            RandomAccessFile rndFile = new RandomAccessFile(file,"rw");
18            rndFile.seek(file.length());
19            rndFile.writeBytes("www.cadcim.com");
20            rndFile.writeBytes("The random access means to go any location within the file.");
21            rndFile.close();
22            System.out.println("Write Successfully");
```

```
23          }
24          catch(IOException e)
25          {
26             System.out.println(e.getMessage());
27          }
28      }
29  }
```

讲解

第 8 行

```
BufferedReader inF = new BufferedReader(new InputStreamReader(System.in));
```

该行创建了 BufferedReader 类的对象 inF，将 InputStreamReader 类的实例作为参数传入。InputStreamReader 类的构造函数的参数 System.in 用于读取用户输入。

第 9 行

```
System.out.print("Enter File name: ");
```

该行输出提示消息 Enter File name:。

第 10 行

```
String str = in.readLine();
```

该行声明了字符串类型变量 str，并将用户输入的值（文件名）赋给该变量。

第 11 行

```
File file = new File(str);
```

该行创建了 File 类的对象 file，将包含文件名的变量 str 作为参数传入 File 类的构造函数。

第 12 行～第 16 行

```
if(!file.exists())
{
          System.out.println("File does not exist.");
          System.exit(0);
}
```

这几行检查指定文件是否存在。如果该文件不存在，则打印出提示消息 File does not exist.，直接退出程序，不再执行剩余代码。

第 17 行

```
RandomAccessFile rndFile = new RandomAccessFile(file, "rw");
```

该行创建了 RandomAccessFile 类的对象 rndFile，将 file 对象和模式 rw 作为参数传入 RandomAccessFile 类的构造函数。

第 18 行

```
rndFile.seek(file.length());
```

该行将文件指针指向文件末尾。其中，file.length()返回文件长度，该长度作为参数传入 seek()方法。seek()方法使用 file.length()的返回值设置文件指针位置。

第 19 行～第 22 行

```
rndFile.writeBytes("www.cadcim.com");
```

```
    rndFile.writeBytes("The random access means to go any location within
the file.");
    rndFile.close();
    System.out.println("Write Successfully");
```

这几行将字节内容写入文件。RandomAccessFile 类的 writeBytes()方法以字符串作为参数，将其写入文件。确保文件以写入模式打开。RandomAccessFile 类的 close()方法用于关闭随机访问文件流，释放程序占用的资源。

第 24 行～第 27 行

```
    catch(IOException e)
    {
    System.out.println(e.getMessage());
    }
```

这几行处理 I/O 操作产生的错误。其中，e.getMessage()方法返回有关错误的文本消息。

示例 12-4 的输出如图 12-8 所示。

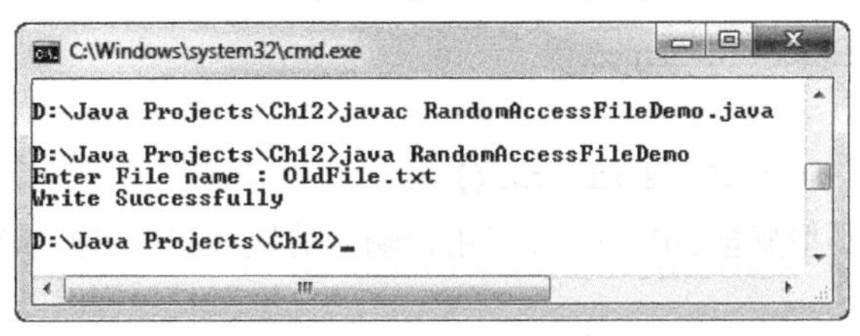

图 12-8　示例 12-4 的输出

示例 12-5

下面的例子演示了如何使用 RandomAccessFile 类及其方法读取文件。

```
//编写程序，打开现有文件并读取文件内容
1   import java.io.*;
2   public class File_read
3   {
4      public static void main(String[] args)
5      {
6          try
7          {
8             BufferedReader inF = new BufferedReader(new InputStreamReader(System.in));
9             System.out.print("Enter File name : ");
10            String strFile = inF.readLine();
11            File file = new File(strFile);
12            if(!file.exists())
13            {
14                System.out.println("File does not exist.");
15                System.exit(0);
16            }
17            RandomAccessFile rndFile = new RandomAccessFile(file,"r");
18            int ctrl=(int)rndFile.length();
19            System.out.println("Length: " + ctrl);
20            rndFile.seek(0);
21            for(int ct = 0; ct < ctrl; ct++)
```

```
22              {
23                  byte b = rndFile.readByte();
24                  System.out.print((char)b);
25              }
26              rndFile.close();
27          }
28          catch(IOException e)
29          {
30              System.out.println(e.getMessage());
31          }
32      }
33  }
```

讲解

第 8 行

```
BufferedReader inF = new BufferedReader(new InputStreamReader(System.in));
```

该行创建了 BufferedReader 类的对象 inF，将 InputStreamReader 类的实例作为参数传入。InputStreamReader 类的构造函数的参数 System.in 用于读取用户输入。

第 9 行

```
System.out.print("Enter File name: ");
```

该行输出提示消息 Enter File name:。

第 10 行

```
String strFile = inF.readLine();
```

该行声明了字符串类型变量 strFile，并将用户输入的值（文件名）赋给该变量。

第 11 行

```
File file = new File(strFile);
```

该行创建了 File 类的对象 file，将包含文件名的变量 strFile 作为参数传入 File 类的构造函数。

第 12 行～第 16 行

```
if(!file.exists())
{
        System.out.println("File does not exist.");
        System.exit(0);
}
```

这几行检查指定文件是否存在。如果该文件不存在，则打印提示消息 File does not exist.，直接退出程序，不再执行剩余代码。

第 17 行

```
RandomAccessFile rndFile = new RandomAccessFile(file,"r");
```

该行创建了 RandomAccessFile 类的对象 rndFile，将 file 对象和模式 r 作为参数传入 RandomAccessFile 类的构造函数。

第 18 行

```
int ctrl=(int)rndFile.length();
```

该行声明了 int 类型变量 ctrl，同时将 rndFile.length()的返回值赋给该变量。其中，rndFile.length()返回所声明的 rndFile 对象（第 17 行）的文件长度。

第 19 行

```
System.out.println("Length: " + ctrl);
```

该行打印出 Length:以及 ctrl 的值。

第 20 行

```
rndFile.seek(0);
```

在该行中，RandomAccessFile 类的 seek()方法将文件指针指向文件头部，接下来的读或写操作将在此处发生。

第 21 行～第 25 行

```
for(int ct = 0; ct < ctrl; ct++)
{
        byte b = rndFile.readByte();
        System.out.print((char)b);
}
```

这几行从文件中读取字节内容。rndFile.readByte()方法从作为参数传入（第 17 行）的文件中按字节读取。for 循环使得 rndFile.readByte()读取完文件中的所有字节，(char)b 将字节转换为字符。

第 28 行～第 31 行

```
catch(IOException e)
{
        System.out.println(e.getMessage());
}
```

这几行处理 I/O 操作产生的错误。其中，e.getMessage()方法返回有关错误的文本消息。

示例 12-5 的输出如图 12-9 所示。

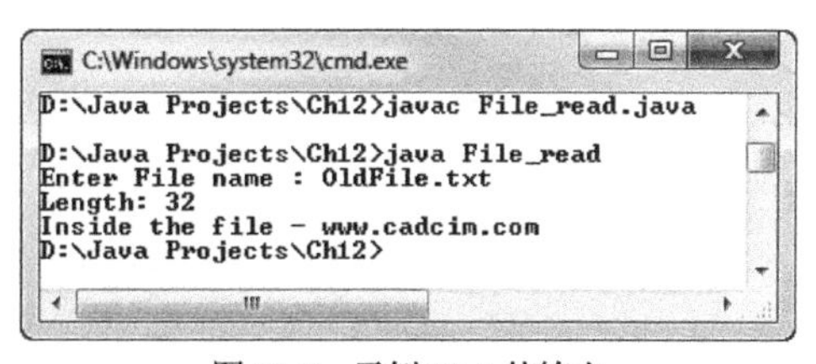

图 12-9 示例 12-5 的输出

12.5 自我评估测试

回答以下问题，然后将其与本章末尾给出的问题答案比对。

1. 术语“流”（stream）表示数据的_______。
2. 字节流类以______为基础执行输入/输出操作。

3．用于读写字节文件的类是________和__________。
4．InputStream 类用于从________中读取字节。
5．OutputStream 类用于向______位置写入字节。
6．Reader 类用于从文件中读取_____。
7．______方法用于标记输入流中的当前位置。
8．______类扩展了 FilterInputStream 类。
9．字节流类包含_______和_______两种类。
10．读写字符文件有_______和_______两种类。

12.6 复习题

1．列举出不同的流类。
2．InputStream 类可以读取的源有哪些？
3．什么是 reset()方法？
4．解释 OutputStream 类。
5．使用 File 类创建一个文件。

12.7 练习

练习 1

编写程序，从现有文件中读取字节。

练习 2

编写程序，使用 RandomAccessFile 向现有文件中添加字节。

自我评估测试答案

1．流动 2．字节 3．FileInputStream, FileOutputStream 4．流 5．内存 6．字符
7．mark() 8．DataInputStream 9．Reader 流, Writer 流 10．FileReader, FileWriter